电气工程、自动化专业规划教材

TMS320F28335 原理
及其在电气工程中的应用

巫付专　但永平　王海泉　彭　圣
王　耕　赵强松　海　涛　李红丽　编著

U0282304

电子工业出版社

Publishing House of Electronics Industry

北京·BEIJING

内 容 简 介

本书主要介绍TI公司TMS320F28335的原理及其在电气工程领域中的应用。全书共9章，包括DSP概述，系统控制、中断及GPIO，ePWM模块工作原理及应用，eCAP模块工作原理及应用，eQEP模块工作原理及应用，ADC模块工作原理及应用，通信模块工作原理及应用，TMS320F28335在电能变换与控制系统中的应用，CCS集成开发环境和自动代码生成。本书力求做到精讲原理，突出DSP在电力电子技术中的应用，每章后附有思考与练习题。

本书可作为高等院校电气工程及其自动化、自动化等专业本科生或研究生的教材，也可供相关工程技术人员参考。

图书在版编目（CIP）数据

TMS320F28335原理及其在电气工程中的应用/巫付专等编著. —北京：电子工业出版社，2020.1
电气工程、自动化专业规划教材
ISBN 978-7-121-38138-6

Ⅰ. ①T… Ⅱ. ①巫… Ⅲ. ①数字信号处理－高等学校－教材 Ⅳ. ①TN911.72

中国版本图书馆 CIP 数据核字（2019）第 273444 号

责任编辑：凌　毅
印　　刷：北京盛通数码印刷有限公司
装　　订：北京盛通数码印刷有限公司
出版发行：电子工业出版社
　　　　　北京市海淀区万寿路 173 信箱　邮编：100036
开　　本：787×1 092　1/16　印张：17.25　字数：470 千字
版　　次：2020 年 1 月第 1 版
印　　次：2024 年 12 月第 7 次印刷
定　　价：49.90 元

凡所购买电子工业出版社图书有缺损问题，请向购买书店调换。 若书店售缺，请与本社发行部联系。联系及邮购电话：（010）88254888，88258888。

质量投诉请发邮件至 zlts@phei.com.cn，盗版侵权举报请发邮件至 dbqq@phei.com.cn。

本书咨询联系方式：（010）88254528，lingyi@phei.com.cn。

前　　言

DSP 芯片的内部采用哈佛总线架构和专门的硬件乘法器等，可用来快速实现各种数字信号处理的算法。由于 TMS320 系列 DSP 芯片具有价格低廉、简单易用和功能强大等特点，逐渐成为目前最有影响的 DSP 系列处理器之一。在 TI 公司主要的 DSP C2000、C5000 和 C6000 三个系列中，C2000 系列 DSP 主要面向控制领域，有电力电子技术专用单片机之称，在电网电力电子化的今天其应用更为广泛。本书主要讲述 C2000 系列中 TMS320F28335 的工作原理及其应用。

本书编写的主导思想是理论与应用相统一、教学与实践相结合，从实际应用出发，筛选了与电力电子技术紧密结合的内容。对于不常用的模块本书没有涉及，若需要详细了解相关内容，读者可参阅 TI 公司有关说明书。针对 TMS320F28335 的模块，按模块的原理与工作过程、寄存器和应用实例三部分来介绍。

（1）模块的原理与工作过程部分：力求做到用通俗的语言，结合其结构图和寄存器进行精讲。

（2）寄存器部分：在介绍寄存器功能后附有完成相应功能设置的编程代码，以加深读者对寄存器功能的理解与应用。

（3）应用实例部分：重点讲解与电力电子技术相结合的内容。例如，在 ePWM 模块中增加了 SPWM 和 SVPWM，在 ADC 模块中增加了均方根法编程及应用等。

本书旨在将理论与实际相结合，循序渐进地培养学生运用理论知识来解决实际问题的能力。本书的最后给出了电力电子技术中常用的 Buck 变换、Boost 变换、三相 DC/AC 变换和单相 AC/DC 变换的控制应用实例，并附加经过调试的程序代码，以供学习参考。

本书共 9 章。第 1 章主要介绍 DSP 概念、发展与应用、TMS320F28335 内部功能结构、TI DSP 命名规则和 TMS320F28335 使用的一些说明等。第 2 章主要介绍时钟系统、CPU 定时器、GPIO、中断系统的构成及工作原理，以及各寄存器设置和应用程序。第 3 章主要介绍 ePWM 模块的构成及工作原理，包括 TB、CC、AQ、DB、PC 和 ET 子模块功能及其控制；ePWM 模块是本书的重点内容，为了加深理解选配了丰富的示例，主要有 ePWM 多模块运行、具有独立频率同步降压变换器的控制、多个频率相同降压变换器的控制、同步半 H 桥（HHB）变换器的控制、电机用双三相逆变器的控制、三相交错式 DC/DC 变换器的控制等，还重点分析了 SPWM 和 SVPWM 原理与编程。第 4 章主要介绍 eCAP 模块的结构及工作原理、寄存器和应用实例，重点分析了绝对模式、差分模式在测量脉宽和频率中的应用。第 5 章主要介绍光电编码器工作原理及测速方法、eQEP 模块的结构及工作原理，以及各子模块的控制和应用实例。第 6 章主要介绍 ADC 模块的结构及工作原理、寄存器和应用实例；为加强应用，分析了均方根法的原理并附加程序代码。第 7 章主要介绍通信模块的工作原理与应用，包括 SCI 模块、SPI 模块和 I²C 模块的结构与工作原理、寄存器和应用实例。第 8 章主要介绍 TMS320F28335 在电能变换与控制系统中的应用，包括 Buck/Boost 变换的原理与控制、三相 DC/AC 变换原理与控制和单相 AC/DC 变换原理与控制。第 9 章主要介绍 CCS 软件的使用和基于模型设计的 MATLAB 代码自动生成。

本书由巫付专、但永平、王海泉等共同编著，具体编写分工如下：但永平编写第 1、4 章；赵强松编写第 2 章；巫付专编写第 3.1～3.8 节；王耕编写第 5 章；王海泉编写第 6 章和第 9.2 节；南阳师范学院海涛编写第 7 章；郑州工程技术学院李红丽编写第 8 章；彭圣编写第 9.1 节；

但永平、王耕和彭圣共同编写了第 3.9 节。最后由巫付专负责全书的统稿、定稿。在本书编写的过程中，参考了有关 DSP 方面的书籍，在此向作者表示诚挚的感谢。同时得到了电子工业出版社凌毅编辑的支持和帮助；研究生霍国平、李昊阳、陈蒙娜和陆小辉等为资料的整理和代码的调试付出了辛勤的努力；郑州易帝普思电子科技有限公司为本书实验调试提供了可靠的设备，在此表示衷心的感谢。

本书提供配套的电子课件和程序源代码，可登录华信教育资源网 www.hxedu.com.cn，注册后免费下载。

由于作者水平有限，书中不妥之处在所难免，诚盼读者提出宝贵意见。

目　录

第1章　DSP 概述 ················· 1

1.1　DSP 概念 ···················· 1

1.2　DSP 的发展历史与应用 ········ 1

1.3　典型 DSP 产品简介 ············ 2

1.4　TMS320F28335 芯片简介 ······· 2

　　1.4.1　内部功能结构 ············ 2

　　1.4.2　封装与引脚 ·············· 4

　　1.4.3　状态寄存器 ·············· 5

　　1.4.4　存储器与存储空间 ········ 6

　　1.4.5　TI 公司 DSP 命名规则 ····· 6

1.5　TMS320F28335 编程的一些说明 ·· 7

　　1.5.1　混合编程 ················ 7

　　1.5.2　TMS320F28335 外设寄存器

　　　　　使用说明 ·············· 7

　　思考与练习题 ·················· 9

第2章　系统控制、中断及 GPIO ··· 10

2.1　时钟系统及配置 ·············· 10

　　2.1.1　时钟系统构成及工作原理 ·· 10

　　2.1.2　DSP 时钟系统寄存器 ······ 12

　　2.1.3　DSP 时钟系统应用程序 ···· 17

2.2　定时器工作原理及应用 ········ 20

　　2.2.1　CPU 定时器结构与工作原理 ·· 20

　　2.2.2　CPU 定时器寄存器 ········ 21

　　2.2.3　CPU 定时器程序 ·········· 22

2.3　GPIO 结构及应用 ············· 24

　　2.3.1　GPIO 结构及工作原理 ······ 24

　　2.3.2　GPIO 寄存器 ············· 25

　　2.3.3　GPIO 程序 ··············· 32

2.4　中断结构及原理 ·············· 33

　　2.4.1　中断系统的结构 ·········· 33

　　2.4.2　中断请求及响应过程 ······ 35

　　2.4.3　中断管理寄存器 ·········· 36

　　2.4.4　中断服务程序 ············ 39

　　思考与练习题 ·················· 41

第3章　ePWM 模块工作原理及应用 · 43

3.1　ePWM 模块构成及工作原理 ····· 43

3.2　时间基准子模块 TB 及其控制 ···· 44

3.3　比较子模块 CC 及其控制 ······· 51

3.4　动作限定子模块 AQ 及其控制 ···· 54

3.5　死区子模块 DB 及其控制 ······· 64

3.6　斩波子模块 PC 及其控制 ······· 68

3.7　错误控制子模块 TZ 及其控制 ···· 71

3.8　事件触发子模块 ET 及其控制 ···· 75

3.9　ePWM 模块应用 ·············· 80

　　3.9.1　在不同拓扑电源中的应用 ··· 80

　　3.9.2　SPWM 原理及编程 ········· 93

　　3.9.3　SVPWM 原理及编程 ········ 100

　　思考与练习题 ·················· 112

第4章　eCAP 模块工作原理与应用 · 114

4.1　eCAP 模块结构及工作原理 ····· 114

4.2　eCAP 寄存器 ················ 116

4.3　eCAP 模块应用程序 ··········· 120

　　4.3.1　eCAP 模块捕获模式应用 ···· 120

　　4.3.2　eCAP 模块 APWM 模式应用 ·· 128

　　思考与练习题 ·················· 130

第5章　eQEP 模块工作原理及应用 · 131

5.1　光电编码器工作原理及测速方法 · 131

　　5.1.1　光电编码器工作原理 ······ 131

　　5.1.2　测速方法 ················ 132

5.2　eQEP 模块结构及工作原理 ····· 132

5.3　eQEP 子模块及其控制 ········· 134

　　5.3.1　QDU 子模块及其控制 ······ 134

　　5.3.2　UTIME 子模块及其控制 ····· 136

　　5.3.3　QWDOG 子模块及其控制 ···· 137

　　5.3.4　PCCU 子模块及其控制 ····· 138

　　5.3.5　QCAP 子模块及其控制 ····· 141

　　5.3.6　eQEP 模块的中断控制 ····· 144

5.4　eQEP 模块应用例程 ··········· 147

　　思考与练习题 ·················· 152

第6章　ADC 模块工作原理与应用 · 153

6.1　ADC 模块结构及工作原理 ······ 153

　　6.1.1　排序器工作原理 ·········· 153

6.1.2 采样模式和通道选择 ·········· 155

6.1.3 A/D 转换结果的读取 ·········· 158

6.1.4 连续转换模式和启动/
停止模式 ·········· 159

6.1.5 A/D 转换时钟系统 ·········· 160

6.1.6 ADC 模块中断 ·········· 160

6.1.7 ADC 模块电源 ·········· 162

6.1.8 偏移误差校正 ·········· 162

6.2 ADC 模块的寄存器 ·········· 163

6.3 ADC 模块程序 ·········· 165

6.4 ADC 模块应用实例 ·········· 167

思考与练习题 ·········· 172

第 7 章 通信模块工作原理与应用 ·········· 173

7.1 SCI 模块 ·········· 173

7.1.1 SCI 模块结构与工作原理 ·········· 173

7.1.2 SCI 模块的寄存器 ·········· 177

7.1.3 SCI 模块应用示例 ·········· 182

7.2 SPI 模块 ·········· 183

7.2.1 SPI 模块结构与工作原理 ·········· 183

7.2.2 SPI 模块的寄存器 ·········· 186

7.2.3 SPI 模块应用示例 ·········· 189

7.3 I²C 模块 ·········· 191

7.3.1 I²C 模块结构与工作原理 ·········· 191

7.3.2 I²C 模块的寄存器 ·········· 197

7.3.3 I²C 模块应用示例 ·········· 203

思考与练习题 ·········· 207

第 8 章 TMS320F28335 在电能变换与
控制系统中的应用 ·········· 208

8.1 TMS320F28335 在 Buck 变换中的
应用 ·········· 208

8.1.1 Buck 变换的原理与控制 ·········· 208

8.1.2 Buck 变换软件编程 ·········· 212

8.2 TMS320F28335 在 Boost 变换中的
应用 ·········· 215

8.2.1 Boost 变换的原理与控制 ·········· 215

8.2.2 Boost 变换软件编程 ·········· 219

8.3 TMS320F28335 在三相 DC/AC
变换中的应用 ·········· 222

8.3.1 三相 DC/AC 变换的原理与
控制 ·········· 222

8.3.2 三相 DC/AC 变换软件编程 ·········· 225

8.4 TMS320F28335 在 AC/DC 变换中的
应用 ·········· 230

8.4.1 AC/DC 变换的原理与控制 ·········· 230

8.4.2 AC/DC 变换软件编程 ·········· 235

思考与练习题 ·········· 237

第 9 章 CCS 集成开发环境和自动
代码生成 ·········· 238

9.1 CCS 集成开发环境 ·········· 238

9.1.1 CCS 安装注意事项 ·········· 238

9.1.2 创建工作区 ·········· 238

9.1.3 导入项目和编译项目 ·········· 238

9.1.4 创建 CCS 项目 ·········· 246

9.1.5 仿真前硬件的连接 ·········· 247

9.1.6 仿真的基本操作 ·········· 247

9.1.7 在 CCS9.1 环境下仿真调试 ·········· 249

9.1.8 CMD 文件简介与烧写
Flash 操作 ·········· 255

9.2 基于 MATLAB 的自动代码生成 ·········· 258

9.2.1 基于 MATLAB 的自动代码
生成流程 ·········· 258

9.2.2 基于 DSP 的自动代码生成
技术的软件设置 ·········· 259

9.2.3 基于 MATLAB 的自动代码
生成模块 ·········· 260

9.2.4 基于直流电机的控制系统自动
代码生成 ·········· 266

参考文献 ·········· 270

第1章 DSP 概述

1.1 DSP 概念

通常人们所讲到的 DSP 包含两个方面的内容，即数字信号处理（Digital Signal Processing）和数字信号处理器（Digital Signals Processor），两者都简称为 DSP。

数字信号处理（DSP）是研究用数字方法对信号进行分析、变换、滤波、检测、调制、解调及快速算法的一门技术学科。20 世纪 60 年代以来，随着计算机和信息技术的飞速发展，数字信号处理技术应运而生并得到迅速发展。在过去的二十多年里，数字信号处理技术已经在通信等领域得到极为广泛的应用。数字信号处理是利用计算机或专用处理设备，以数字形式对信号进行采样、变换、滤波、估值、增强、压缩、识别等处理，以得到符合人们需要的信号形式。在高校的教学中，"数字信号处理"通常作为电子信息类专业的一门专业课而开设，主要讲述数字信号处理的算法与原理等。

数字信号处理器（DSP）是一种特别适合于进行数字信号处理运算的微处理器，其体系结构针对数字信号处理的操作需要进行了优化，其主要应用是实时快速地实现各种数字信号处理算法。DSP 的目标通常是测量、滤波或压缩连续的真实模拟信号。大多数通用微处理器也能成功地执行数字信号处理算法，但是专用的 DSP 通常具有更高的工作效率，因此它们更适合于便携式设备，如移动电话等。DSP 芯片的内部采用哈佛总线架构，具有专门的硬件乘法器，可以快速实现各种数字信号处理的算法。在当今的数字化时代背景下，DSP 已成为通信、计算机和消费类电子产品等领域的基础器件。本书主要讲述数字信号处理器（DSP），所以本书提到的DSP 是指数字信号处理器，以后不再单独说明。

1.2 DSP 的发展历史与应用

DSP 的诞生是时代所需。在 DSP 出现之前，数字信号处理只能依靠微处理器来完成。但由于一般微处理器的处理速度较低，根本无法满足越来越大信息量的高速实时处理要求。因此，应用更快、更高效的信号处理方式成了日渐迫切的社会需求。

1978 年，AMI 公司发布了世界上第一个单片 DSP 芯片 S2811，但没有现代 DSP 芯片所必须有的硬件乘法器。

1979 年，美国 Intel 公司发布的商用可编程器件 920 是 DSP 芯片发展史上一个重要的里程碑，但其仍然没有硬件乘法器。

1980 年，日本 NEC 公司推出的 MPD7720 是第一个具有硬件乘法器的商用 DSP 芯片，从而被认为是第一块单片 DSP。

1982 年，TI（德州仪器）公司推出了 TMS32010 及其系列 DSP 产品。这些 DSP 产品采用微米工艺 NMOS 技术制作，虽功耗和尺寸稍大，但运算速度却比微处理器快了几十倍。这标志着 DSP 应用系统由大型系统向小型化迈进了一大步。至 20 世纪 80 年代中期，随着 CMOS 工艺的 DSP 芯片应运而生，其存储容量和运算速度都得到成倍提高，成为语音处理、图像处理技术的硬件基础。

20 世纪 80 年代后期至 90 年代，DSP 发展很快，集成度大幅提高，运算速度也进一步提高，其应用范围逐步扩大到通信和计算机等领域。

进入 21 世纪后，DSP 芯片在性能上全面超越之前的产品，同时基于商业目的不同发展出了诸多个性化的分支，并开始逐渐拓展新的领域。

未来 DSP 将向以下几个方面继续发展与更新。

（1）DSP 芯片集成度越来越高

缩小 DSP 芯片尺寸一直是 DSP 的发展趋势。随着新工艺技术的引入，越来越多的制造商开始改进 DSP 内核，并且把多个 DSP 内核、MPU 内核及外围的电路单元集成在一个芯片上，实现了 DSP 系统级的集成电路。

（2）可编程 DSP 芯片将是未来主导产品

随着个性化发展的需要，DSP 的可编程化为用户提供了更多的灵活性，满足了用户在同一个 DSP 芯片上开发出更多不同型号特征的系列产品，也为用户对产品的功能升级提供了便利。例如，为了提升产品性能，冰箱和洗衣机等家用电器如今也可换成可编程 DSP 来对大功率电机进行控制。

（3）从定点 DSP 占据主流向浮点 DSP 发展

目前市场上所销售的 DSP 芯片，已从前些年占据主流 16 位的定点可编程 DSP 芯片，向 32 位浮点 DSP 芯片发展，32 位浮点 DSP 芯片将成为主流。

1.3　典型 DSP 产品简介

目前，世界上 DSP 芯片制造商主要有 TI（德州仪器）、ADI（模拟器件公司）和 Motorola（摩托罗拉）等公司，其中 TI 公司作为行业龙头，占据了绝大部分的市场份额，ADI 和 Motorola 公司也有一定的市场。

TI 公司在 1982 年成功推出了其第一代 DSP 芯片 TMS32010。由于 TMS320 系列 DSP 芯片具有价格低廉、简单易用和功能强大等特点，逐渐成为目前最有影响、最为成功的 DSP 系列产品之一。

TI 公司的 DSP 产品主要包括 C2000、C5000 和 C6000 这 3 个系列。C2000 系列主要用于数字控制系统；C5000（C54x、C55x）系列主要用于低功耗和便携式的无线通信终端产品，如 C5000 系列中的 TMS320C54x 系列 DSP 被广泛应用于通信和个人消费电子领域；C6000 系列主要用于高性能复杂的数字图像处理系统。

C2000 系列产品主要面向数字控制和运动控制等，主要包括：

① 32 位定点系列 DSP（240x 基础上升级），主要包括 TMS320x280x/281x/282xx；

② 32 位浮点系列 DSP，(C28x+FPU)(Delfino)TMS320x283xx；

③ Piccolo 小封装系列 DSP（低价格+高性能），主要包括 TMS320F2802x/2803x/2806x；

④ Concerto 系列 DSP，（ARM+C28x 内核）TMS320F28M35x。

本书以 C2000 系列的 TMS320F28335 作为主要内容进行介绍。

1.4　TMS320F28335 芯片简介

1.4.1　内部功能结构

TMS320F28335 的内部功能结构如图 1-1 所示，主要由 CPU、多种类型的存储器和外设等组成，它们之间通过总线连接在一起。

TMS320F28335 内部有 32 位 CPU 和 IEEE-754 单精度浮点单元 FPU；256KW（千字）的 Flash 存储器等；增强 ePWM 单元等片上外设和总线系统等。

（1）高性能 CPU（C28x+FPU）

● 32 位算术逻辑单元（ALU）；

● 32×32 位（双 16×16 位）的乘法器；

● 间接寻址的 8 个 32 位辅助寄存器和辅助算术单元（ARAU）；

● IEEE-754 单精度浮点单元 FPU。

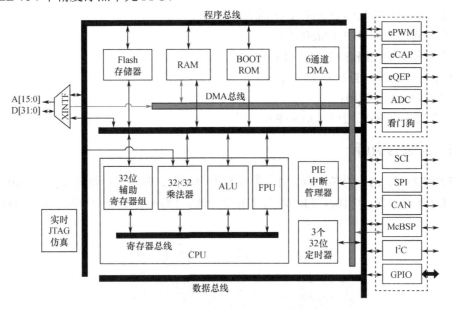

图 1-1　TMS320F28335 内部功能结构图

（2）片上存储器

● 多达 512KB（256K×16 位）的 Flash 存储器；

● 2KB（1K×16 位）的 OTP 型只读存储器；

● 68KB（34K×16 位）的单口随机访问 SARAM；

● 128 位的安全密钥；

● 16KB（8K×16 位）的 BOOT（引导）ROM，支持软件引导模式；

● 标准的数学表。

（3）总线架构与流水线

● 哈佛（Harvard）总线架构，地址总线和数据总线各 3 组；

● 8 级流水线操作，提高处理速度。

（4）中断控制

● 8 个外部中断；

● PIE 模块支持 96（58）个外设中断。

（5）系统时钟

● 工作频率高达 150MHz（指令周期 6.67ns）；

● 支持动态改变锁相环倍频系数，具有片上振荡器和看门狗。

（6）供电要求

● 内核电压为 1.9/1.8V；输入、输出电压为 3.3V。

（7）增强的控制外设

● EV 分解成 ePWM、eCAP 和 eQEP，且互不干扰，可实现复杂的信号输出。

（8）其他外设

● 3 个 32 位 CPU 定时器；

● 1 个 16 通道 12 位 A/D 转换器；

● 3 个串行异步数字通信接口（SCI）；

● 1 个串行外设接口模块（SPI）；

● 2 个增强现场总线通信（eCAN）模块；

● 2 个多通道缓冲串口（McBSP）；

● 1 个内部集成电路总线接口（I²C）；

● 88 个可独立编程的 I/O 口；

● 6 通道 DMA 控制器；

● 16 或 32 位的外部接口（XINTF）。

1.4.2 封装与引脚

TMS320F28335 由于封装不同，引脚数量也有所不同，其封装主要有 LQFP、PBGA 和 BGA 这 3 种。LQFP 有 176 个引脚，PBGA 有 176 个引脚，BGA 有 179 个引脚，其中 LQFP 封装如图 1-2 所示。

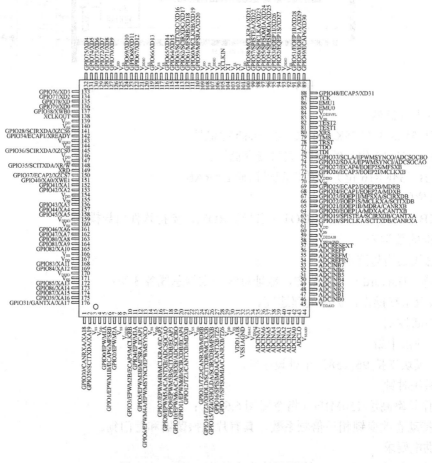

图 1-2 TMS320F28335 LQFP 封装图

引脚主要分为电源接口类引脚、地址总线接口引脚、数据总线接口引脚、JTAG 仿真接口引脚、片内外设和通信接口引脚。详细说明请参考 TI 公司的产品手册。

输入引脚兼容 3.3V CMOS 电平信号（不能承受 5V 电压），输出引脚兼容 3.3V，输出缓冲驱动器的驱动电流典型值为 4mA，外部存储器接口引脚的驱动能力可达 8mA。

1.4.3　状态寄存器

TMS320F28335 的 CPU 寄存器主要有程序计数器 PC 和 RPC、辅助寄存器 XAR0～XAR7、数据页面指针 DP、堆栈指针 SP、状态寄存器 ST0 和 ST1 等。采用高级语言编程时，其他寄存器直接应用不多，在此仅就状态寄存器作出说明，其他请参考 TMS320F28335 数据手册。

1. 状态寄存器 ST0

15 10	9 7	6	5	4	3	2	1	0
OVC/OVCU	PM	V	N	Z	C	TC	OVM	SXM
R/W-000000	R/W-000	R/W-0	R/W-0	R/W-0	R/W-0	R/W-0	R/W-0	R/W-0

位域	名称	说　明
15～10	OVC/OVCU	溢出计数器。有符号运算时为 OVC，用以保存 ACC 的溢出信息；无符号运算时为 OVCU，加法运算时有进位则加，减法运算时有借位则减
9～7	PM	乘积移位模式，决定乘积在输出前如何移位
6	V	溢出标志，反映操作结果是否引起保存结果的寄存器溢出
5	N	负标志，反映某些操作中运算结果是否为负
4	Z	零标志，反映操作结果是否为零
3	C	进位位，反映加法运算是否产生进位，或者减法运算是否产生借位
2	TC	测试/控制位，反映位测试（TBIT）或归一化（NORM）指令的测试结果
1	OVM	溢出模式位，规定是否需要对 ACC 溢出结果进行调整
0	SXM	符号扩展位，决定输入移位器对数据移位时是否需要符号扩展

2. 状态寄存器 ST1

15 13	12	11	10	9	8
ARP	XF	M0M1MAP	保留	OBJMODE	AMODE
R/W-000	R/W-0	R-1	R-0	R/W-0	R/W-0

7	6	5	4	3	2	1	0
IDLESTAT	EALLOW	LOOP	SPA	VMAP	PAGE0	DBGM	INTM
R-0	R-0	R/W-0	R/W-0	R/W-1	R/W-0	R/W-1	R/W-1

位域	名称	说　明
15～13	ARP	辅助寄存器指针，指示当前时刻的工作寄存器
12	XF	XF 状态位。该位反映 XFS 输出信号的当前状态
11	M0M1MAP	M0 和 M1 的映射位，C28x 模式下为 1，C27x 兼容模式下为 0（仅供 TI 产品测试用）
9	OBJMODE	目标兼容模式位，用于在 C28x（该位为 1）和 C27x 模式（该位为 0）间选择
8	AMODE	寻址模式位，用于在 C28x（该位为 0）和 C2xLP 寻址模式（该位为 1）间选择
7	IDLESTAT	空闲状态位，只读。执行 IDLE 指令时置位，下列情况复位：执行中断；CPU 退出 IDLE 状态；无效指令进入指令寄存器或某个外设复位后
6	EALLOW	受保护寄存器访问允许位，对仿真寄存器或受保护寄存器访问前要将该位置 1
5	LOOP	循环指令状态位，CPU 执行循环指令时，该位置位
4	SPA	队列指针定位位，反映 CPU 是否已把堆栈指针 SP 定位到偶地址
3	VMAP	向量映射位，用于确定将 CPU 的中断向量表映射到最低位置（该位为 0）还是最高地址（该位为 1）
2	PAGE0	寻址模式设置位，用于直接寻址（该位为 1）和堆栈寻址（该位为 0）间选择
1	DBGM	调试功能屏蔽位，该位置位时，仿真器不能实现访问存储器和寄存器
0	INTM	中断屏蔽位，即可屏蔽中断的总开关，该位为 1，所有可屏蔽中断被禁止

复位时，即清除了 EALLOW 位，启用 EALLOW 保护。受保护时，CPU 对受保护寄存器的所有写入都将被忽略，只允许 CPU 读取、JTAG 读取和 JTAG 写入。如果通过执行 EALLOW 指令设置了该位，则允许 CPU 自由地写入受保护寄存器。修改寄存器后，可以通过执行 EDIS 指令清除 EALLOW 位，再次保护它们。

1.4.4 存储器与存储空间

如图 1-3 所示为 TMS320F28335 的存储器映射图，可见其数据空间和程序空间是统一的，由于程序地址总线为 22 位，因此最大寻址空间为 $2^{22}=4MW$（地址范围 0x000000～0x3FFFFF）。对于数据存储空间，尽管图 1-3 中仅画出了与程序存储空间地址重合的区域，但由于片内数据地址总线为 32 位，故最大可寻址空间为 $2^{32}=4GW$。

由图 1-3 可见，其片内配置了各种类型的存储器：Flash（256KW）、SARAM（34KW）、BOOT ROM（8KW）、OTP（1KW），另外还预留了用于外扩存储器的空间。

在实际编程应用中，通过 CMD 文件来组织程序和数据存储空间的分配工作，具体参见第 9 章中关于 CMD 文件的内容。

1.4.5 TI 公司 DSP 命名规则

为了标示产品开发周期所处的阶段，TI 公司为所有 TMS320 器件和支持工具的部件分配了分类前缀。每个 TMS320™MCU 商用系列成员都具有以下 3 个分类前缀中的一个：TMX、TMP 或 TMS（如 TMS320F28335）。TMS320 名称中主要包含 6 部分内容，具体含义如下。

① 分类前缀：TMX=实验器件；TMP=原型器件；TMS=合格器件。

② 系列号：320=TMS320 系列。

③ 工艺：C=COMS；E=COMS EPROM；F=Flash EEPROM；LC=低电压 CMOS（3.3V）；LF=Flash EPROM（3.3V）；VC=低电压 CMOS（3V）等。

④ 子系列类型：2xxxx=2000 DSP 系列；5xxxx=5000 DSP 系列；6 xxxx=6000 DSP 系列。

⑤ 封装类型：PGA，64 脚 TQFP；PGE，144 脚 TQFP；PZ，100 脚 TQFP；PGF，176 脚 LQFP 等。

⑥ 温度范围（默认 0～70℃）：L=0～70℃；A=-40～85℃；S=-40～125℃；Q=-40～85℃等。

例如，TMS320F2xxxxPGFS 命名含义如图 1-4 所示。

图 1-3　TMS320F28335 的存储器映射图

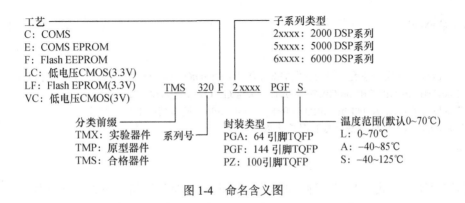

图 1-4　命名含义图

1.5　TMS320F28335 编程的一些说明

1.5.1　混合编程

DSP 的汇编指令系统相对复杂，但效率高；高级语言编程方便，但效率不如汇编语言。所以在有些场合，经常直接插入汇编语言或使用汇编语言+高级语言混合编程。

在 C 语言中直接嵌入汇编语言的格式为：

```
asm("汇编语句")
```

1．与状态寄存器有关的混合编程

ST1[INTM]：总中断屏蔽位。DSP2833x_Device.h 文件中混合编程程序代码为：

```
#define  DINT  asm("setc INTM")    //使 ST1[INTM]=1,屏蔽所有可屏蔽中断
#define  EINT  asm("clrc INTM")    //使 ST1[INTM]=0,使能所有可屏蔽中断
```

ST1[EALLOW]：受保护寄存器访问允许位。DSP 中有些寄存器受 EALLOW 位保护，所以在访问前需解除保护。混合编程程序代码为：

```
#define  EALLOW  asm("EALLOW")    //解除保护,相当于 ST1[EALLOW]置 1
#define  EDIS  asm("EDIS")    //重新保护,相当于 ST1[EALLOW]清 0
```

2．其他常用的混合编程

```
#define  ESTOP0  asm("ESTOP0")    //仿真停止
#define  ERTM  asm("clrc DBGM")    //使能调试功能
#define  DRTM  asm("setc DBGM")    //屏蔽调试功能
```

1.5.2　TMS320F28335 外设寄存器使用说明

为方便使用 C 语言开发的用户，TI 公司为外设寄存器提供了硬件抽象层方法，其思路是采用结构体和位域定义的形式定义片内外设寄存器，以方便访问寄存器或寄存器的某些位，然后在编译时将其映射到 DSP 数据空间对应的地址。外设寄存器的硬件抽象层描述包含在 include 文件夹中，其中的头文件（.h）给出了与片内外设寄存器对应的结构体和位域的定义，source 文件夹下的源文件 DSP2833x_GlobalVariableDefs.c 给出了寄存器结构体变量的段分配，链接命令文件 DSP2833x_Headers_nonBIOS.cmd 给出了段映射情况。

使用时，首先在主程序前应加入相应的头文件，然后在程序中即可对寄存器进行访问。例程如下：

```
#include "DSP2833x_Device.h"
#include "DSP2833x_Examples.h"    //首先包括头文件,放于主程序前
```

```
void main(void)
{
......
    EALLOW;   //宏指令,允许访问受保护寄存器,不是所有寄存器都用,视寄存器是否受 EALLOW 保护而定;
    GpioCtrlRegs.GPADIR.bit.GPIO7 = 0x1;   //将 GPIO7 设置为输出口
    GpioDataRegs.GPADAT.bit.GPIO7= 0x1;   //从 GPIO7 输出高电平
    EDIS; //宏指令,恢复寄存器的保护状态
.......
}
```

访问寄存器的格式主要有两种,即位访问和寄存器整体访问。对外设寄存器进行位访问操作的格式:外设结构体.寄存器共同体.bit.具体位域;对外设寄存器进行整体访问操作的格式:外设结构体.寄存器共同体.all,这样的方法类似于访问文件,即"根目录\子目录\文件"的形式。

bit 是头文件中定义的结构体变量,其中包含多个位域。每个位域可能是一位,也可能是几位,根据实际寄存器中具体的功能需要而定。下面是寄存器访问举例。

（1）访问系统时钟寄存器的格式

SysCtrlRegs.PLLSTS.bit.DIVSEL = 2;   //对指定的位域访问
SysCtrlRegs.HISPCP.all = 0x0001;   //对指定的寄存器整体访问

（2）访问 CPU 定时器寄存器的格式

CpuTimer2Regs.TPRH.all=0;   //对寄存器 TPRH 赋 0
CpuTimer1Regs.TCR.bit.TSS=1;   //对 TCR 寄存器的 TSS 置 1

（3）访问中断寄存器的格式

PieCtrlRegs.PIECTRL.bit.ENPIE=1;   //允许从 PIE 向量表中读取中断向量
PieCtrlRegs.PIEIER3.bit.INTx1=1;   //允许 PIE 中断 INT3.1 即 ePWM1 中断

（4）访问 I/O 寄存器的格式

GpioCtrlRegs.GPAPUD.bit.GPIO0 = 0;   //使能内部上拉
GpioCtrlRegs.GPAMUX1.bit.GPIO0 = 1;   //配置为 EPWM1A 功能

（5）访问 ePWM 寄存器的格式

EPwm1Regs.ETSEL.bit.INTEN=1;   //允许中断使能 ePWM1 中断
EPwm1Regs.ETCLR.bit.INT=1;   //ETCLR.bit.INT 清除标志位

（6）访问 eCAP 寄存器的格式

ECap1Regs.ECCLR.all = 0xFFFF;   //对 ECCLR 赋 0,即写 1 清 0
ECap1Regs.ECCTL1.bit.CAPLDEN =0x0;   //对 ECCTL1 的 CAPLDEN 位赋 0

（7）访问 ADC 寄存器的格式

AdcRegs.ADCMAXCONV.all = 0x0003;   //设置最大通道数
AdcRegs.ADCCHSELSEQ1.bit.CONV00 = 0x0;   //设置排序寄存器

（8）访问 SCI 寄存器的格式

ScibRegs.SCICCR.all =0x0007;   //设置数据格式
ScibRegs.SCICTL2.bit.TXINTENA = 1;   //使能发送中断

注意：对寄存器赋值时,可采用十进制数、二进制数和十六进制数。不同之处在于,十进制数不用标注,二进制数和十六进制数则需要标注。例如:

```
ScibRegs.SCICCR.all =0x0007;        //十六进制设置数据格式
ScibRegs.SCICCR.all =00000111B;     //二进制设置数据格式
ScibRegs.SCICCR.all =7;             //十进制设置数据格式
```

在实际编程中，由于二进制数较长而很少采用，十进制数和十六进制数采用较多。

思考与练习题

1-1 TI 公司的 DSP 产品主要有哪几个系列？各自的特点及应用领域是什么？

1-2 TMS320F28335 有哪些主要特点？

1-3 说明 TMS320F28335 命名的含义。

第2章 系统控制、中断及 GPIO

2.1 时钟系统及配置

DSP 同其他微处理器一样，只有在时钟作用下才能工作，DSP 的时钟系统提供了可编程功能，使其使用范围更广。

2.1.1 时钟系统构成及工作原理

DSP 时钟系统构成如图 2-1 所示，主要由片上振荡器 OSC（On-Chip Oscillator）、锁相环 PLL（Phase-Locked Loop）和完成相应功能的寄存器等组成。

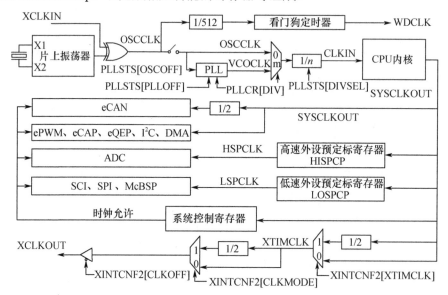

图 2-1 DSP 时钟系统构成图

DSP 时钟系统的工作过程为：片上振荡器或外部时钟源提供时钟信号；一路经 512 分频后提供给看门狗定时器使用，另一路经锁相环 PLL 对其进行编程处理后（CLKIN）提供给 CPU 使用；时钟 CLKIN 经过 CPU 后产生时钟 SYSCLKOUT（CLKIN 和 SYSCLKOUT 频率是一样的），SYSCLKOUT 给各个片内外设提供时钟。除 SPI、SCI、McBSP 模块使用低频预定标时钟，ADC 使用高频预定标时钟外，其他外设模块均采用 SYSCLKOUT 时钟。

为了实现低功耗等，必须对每个片内外设时钟进行开关控制（设置寄存器 PCLKCR0、PCLKCR1、PCLKCR3 完成开关的控制）。为了实现高低频率时钟的配置，必须对 SYSCLKOUT 进行不同的分频处理，因此与外设时钟配置相关的寄存器主要有两类：外设时钟控制寄存器 PCLKCR 和高、低速外设时钟预定标寄存器 HISPCP 和 LOSPCP。

1. OSC 模块

时钟模块（OSC 模块）提供两种操作模式和 3 种输入时钟配置，其中两种操作模式为：晶振操作模式和外部时钟源操作模式。

（1）晶振操作模式

晶振操作模式指允许使用一个外部晶体振荡器来提供时基，接线方式如图 2-2（a）所示。

（2）外部时钟源操作模式

外部时钟源操作模式是指内部振荡器被旁路，由 X1 或 XCLKIN 引脚外接外部时钟源为系统提供时钟，接线方式如图 2-2（b）、（c）所示。

根据输入信号来源和电平高低的不同，其接线方式也不相同。因此，输入时钟配置分为 3 种，分别如图 2-2（a）、（b）和（c）所示。

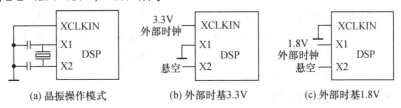

(a) 晶振操作模式   (b) 外部时基3.3V   (c) 外部时基1.8V

图 2-2　3 种输入时钟配置接线图

图 2-2（a）为晶振操作内部振荡模式，其典型值为 30MHz；图 2-2（b）为外部提供时基信号、电平为 3.3V 时的连接方式；图 2-2（c）为外部提供时基信号、电平为 1.8V 时的连接方式。

输入时钟根据使用情况的需求，可以通过设置寄存器 PLLSTS[OSCOFF]进行关闭和使能设置。当该位为 0 时（默认状态），允许来自 X1、X1/X2 或 XCLKIN 的 OSCCLK 信号通过，然后送入 PLL 模块；当该位为 1 时，关闭来自 X1、X1/X2 或 XCLKIN 的 OSCCLK 信号。

2. 基于 PLL 的时钟模块

TMS320F23885 上有一个片载基于 PLL（锁相环）的时钟模块，它提供可编程的时钟信号及实现对低功耗模式的控制。PLL 模块作为 DSP 时钟的重要组成部分，除提高系统内部 SYSCLKOUT 的频率外，还有一个重要的作用，就是监视外部时钟是不是能很好地为 DSP 内部提供所需的系统时钟。时钟正常时，PLL 模块有关闭、旁路和使能 3 种配置模式；若检测到 OSCCLK 丢失，可切换至应急模式（Limp Mode）。

（1）关闭模式

设置 PLLSTS[PLLOFF]=1，PLL 模块处于关闭模式。在此模式下禁用 PLL 模块，其目的是减少系统噪声和实现低功耗操作。在设置此模式之前，锁相环控制寄存器 PLLCR 必须首先设置为 0x0000（PLL 旁路模式）。该模式下，CPU 直接使用 X1/X2、X1 或 XCLKIN 输入的时钟作为时钟源，CPU 时钟（CLKIN）频率由 PLLSTS[DIVSEL]分频数决定：设置为 0 或 1 时为 4 分频；设置为 2 时为 2 分频；设置为 3 时为不分频。

（2）旁路模式

PLL 旁路模式是 PLL 模块上电后或外部复位（XRS）时的默认模式，此时 PLLSTS[PLLOFF]=0。当 PLLCR 寄存器被设置为 0x000 或者当 PLLCR 寄存器被修改后 PLL 锁定到一个新的频率时，选择该模式。在这种模式下，PLL 模块本身被绕过，但 PLL 模块没有关闭。如果检测到 OSCCLK 丢失，系统将自动切换到 PLL 模块，若设置丢失时钟检测状态位，将生成丢失时钟复位。此时系统将运行在 PLL 应急模式频率或 PLL 应急模式频率的一半。同样，CPU 时钟（CLKIN）频率由 PLLSTS[DIVSEL]分频数决定：设置为 0 或 1 时为 4 分频；设置为 2 时为 2 分频；设置为 3 时为不分频。

（3）使能模式

通过写入非零值 n 到 PLLCR 寄存器来实现使能模式。一旦写入 PLLCR，在 PLL 模块锁定之前，系统一直处于 PLL 旁路模式。如果检测到 OSCCLK 丢失，则置位丢失时钟检测状态位，并且生成丢失时钟复位，此时系统频率为 PLL 应急模式频率的一半。该模式下，CPU 时钟（CLKIN）频率由 PLLSTS[DIVSEL]分频数和 PLLCR[DIV]倍频数共同决定。与前两种模式不同的是，设置为 0 或 1 时为 4 分频；设置为 2 时为 2 分频；设置为 3 时无效。

在使能模式下，配置相关的寄存器 PLLSTS 和 PLLCR，对输入到 PLL 模块的时钟信号进行倍频和分频处理后，生成输出信号（CLKIN）提供给 CPU。两个寄存器中最关键的位域分别为 2 位的 PLLSTS[DIVSEL]和 4 位的 PLLCR[DIV]。PLLSTS[DIVSEL]选择 CPU 时钟的分频系数（/4、/2、/1），PLLCR[DIV]选择 CPU 时钟的倍频系数（1、2、…、10）。

比如，TMS320F28335 的最大工作时钟为 150MHz，通常配置是：晶振频率选为 30MHz，30MHz 进行 10 倍频（PLLCR[DIV]=10）变成 300MHz，再对 300MHz 进行 2 分频（PLLSTS[DIVSEL]=2），得到 150MHz 的时钟。

3. 看门狗模块与低功耗模式模块

看门狗模块（Watch Dog, WD）主要用于监控程序的运行。若程序运行正常，系统会周期性地向看门狗复位寄存器写入 0x55+0xAA 复位看门狗计数器（俗称"喂狗"），以防止其溢出产生中断或使 DSP 复位。反之，若程序运行不正常，未能按时复位看门狗计数器，就会使计数器溢出产生中断，复位 DSP，防止程序"跑飞"。

为了降低系统功耗，TMS320F28335 设计有 3 种低功耗模式：睡眠模式 IDLE、备用模式 STANDBY 和暂停模式 HALT。这 3 种模式由寄存器 LPMCR0[LPM]设置，其中主要区别在于关闭的时钟数量的不同，以达到不同的节能等级。

有关看门狗模块与低功耗模式模块的功能及寄存器等详见 TI 公司的使用说明书。

2.1.2 DSP 时钟系统寄存器

OSC 模块和基于 PLL 的时钟模块的寄存器共有 7 个，分别是锁相环控制寄存器 PLLCR、锁相环状态寄存器 PLLSTS、高/低速外设时钟预定标寄存器 HISPCP/LOSPCP 和外设时钟控制寄存器 PCLKCR0/1/3。低功耗模式模块主要介绍控制寄存器 LPMCR0，看门狗模块寄存器主要包括控制状态寄存器 SCSR、看门狗计数器 WDCNTR、看门狗复位寄存器 WDKEY 和看门狗控制寄存器 WDCR。

1. 锁相环控制寄存器 PLLCR

锁相环控制寄存器 PLLCR 主要用于锁相环的倍频数设置。

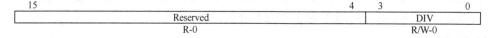

注：R/W-为可读写，R-为只读，0 或 1 为复位后的值（以后寄存器与此相同，不再注明）。

DIV 的取值范围为：0000～1010，1011～1111 为保留不用的范围。

位域	名称	描述
15～4	Reserved	保留
3～0	DIV	倍频数为 DIV[3～0]对应的十进制数

例如，OSCCLK=30MHz，若 DIV=1010B=0AH=10，则为 10 倍频，即倍频后为 300MHz。

2. 锁相环状态寄存器 PLLSTS

锁相环状态寄存器 PLLSTS 主要用于对时钟的分频数设置和状态显示等。

15							9	8
Reserved								DIVSEL
R-0								R/W-0

7	6	5	4	3	2	1	0
DIVSEL	MCLKOFF	OSCOFF	MCLKCLR	MCLKSTS	PLLOFF	Reserved	PLLLOCKS
R/W-0	R/W-0	R/W-0	R/W-0	R-0	R/W-0	R-0	R-1

位域	名称	描述
15～9	Reserved	保留
8～7	DIVSEL	分频数设定位域： 00 或 01—4 分频；10—2 分频；11—不分频（仅在 PLL 关闭模式和旁路模式下使用）
6	MCLKOFF	失效检测关闭位： 0—启用振荡器故障检测逻辑（默认）； 1—故障检测逻辑被禁用，PLL 将不会发出应急模式时钟。当代码不受检测电路影响时，使用此模式。例如，如果外部时钟关闭
5	OSCOFF	OSCCLK 控制位： 0—（默认）允许来自 X1、X1/X2 或 XCLKIN 的 OSCCLK 信号通过送入 PLL 模块； 1—关闭来自 X1、X1/X2 或 XCLKIN 的 OSCCLK 信号。这不会关闭内部振荡器，OSCOFF 位用于测试缺少的时钟检测逻辑。当设置 OSCOFF 为 1 时，不能输入 HALT、STANDBY 模式或写入 PLLCR，因为这些操作可能导致不可预测的行为发生； 看门狗的功能根据使用输入时钟源(X1、X1/X2 或 XCLKIN)的不同而不同：当使用 X1 或 X1/X2 时，看门狗不起作用；当使用 XCLKIN 时，看门狗使能，在设置 OSCOFF 之前必须被禁用
4	MCLKCLR	失效检测状态清除位： 写 0 无效，该位读出时总为 0； 写 1 强制时钟检测电路被清除和复位。如果 OSCCLK 仍然丢失，检测电路将再次复位到系统，设置丢失时钟检测状态位（MCLKSTS），CPU 将工作在应急模式
3	MCLKSTS	丢失时钟检测状态位：以确定是否检测到丢失的振荡器条件。在正常情况下，该位为 0。写 1 该位将被忽略，该位将通过写入 MCLKLR 位或通过强制外部复位来清除
2	PLLOFF	PLL 关闭位：这对于系统噪声测试是有用的。只有当 PLLCR 寄存器设置为 0x0000 时，才能使用此模式。 0—使能 PLL；1—关闭 PLL，此时 PLL 模块将保持断电。必须在 PLL 旁路模式（PLLCR=0x0000）之前，将 PLLOFF 置 1。当 PLL 关闭（PLLOFF=1）时，不向 PLLCR 写入非零值。 当 PLLOFF=1 时，STANDBY 和 HALT 模式将工作正常。从停止或待机唤醒后，PLL 模块将保持断电
1	Reserved	保留
0	PLLLOCKS	锁相状态标志位： 0—表示已有值写入 PLLCR 寄存器，PLL 当前正在锁相。CPU 由 OSCLK/2 计时，直到锁相环锁定为止； 1—表示 PLL 已完成锁相，现在已稳定

TMS320F28335 的可编程时钟主要由锁相环控制寄存器 PLLCR[DIV]和锁相环状态寄存器 PLLSTS[DIVSEL]决定，具体关系见表 2-1。

表 2-1　PLLCR[DIV]和 PLLSTS[DIVSEL]与时钟设置的关系表

PLLCR[DIV]	CLKIN 和 SYSCLKOUT		
	PLLSTS[DIVSEL]=0 或 1	PLLSTS[DIVSEL]=2	PLLSTS[DIVSEL]=3
0000（PLL 旁路）	OSCCLK/4	OSCCLK/2	OSCCLK
0001	（OSCCLK*1）/4	（OSCCLK*1）/2	OSCCLK*1
0010	（OSCCLK*2）/4	（OSCCLK*2）/2	OSCCLK*2
0011	（OSCCLK*3）/4	（OSCCLK*3）/2	OSCCLK*3
0100	（OSCCLK*4）/4	（OSCCLK*4）/2	OSCCLK*4
0101	（OSCCLK*5）/4	（OSCCLK*5）/2	OSCCLK*5

PLLCR[DIV]	CLKIN 和 SYSCLKOUT		
	PLLSTS[DIVSEL]=0 或 1	PLLSTS[DIVSEL]=2	PLLSTS[DIVSEL]=3
0110	（OSCCLK*6）/4	（OSCCLK*6）/2	OSCCLK*6
0111	（OSCCLK*7）/4	（OSCCLK*7）/2	OSCCLK*7
1000	（OSCCLK*8）/4	（OSCCLK*8）/2	OSCCLK*8
1001	（OSCCLK*9）/4	（OSCCLK*9）/2	OSCCLK*9
1010	（OSCCLK*10）/4	（OSCCLK*10）/2	OSCCLK*10
1011～1111	保留	保留	保留

例如，OSCCLK=30MHz，若 PLLCR[DIV]=1010B=0AH=10，则为 10 倍频；PLLSTS[DIVSEL]=010B=02H=2，为 2 分频，则提供给 CPU 的时钟 CLKIN 为 150MHz。

编程代码：

```
SysCtrlRegs.PLLCR.bit.DIV = 10;        //10 倍频
SysCtrlRegs.PLLSTS.bit.DIVSEL =2;      //2 分频，输出频率为 150MHz
```

3．外设时钟控制寄存器 PCLKCR0/1/3

外设时钟控制寄存器主要用于外设时钟的控制，外设时钟控制寄存器 PCLKCR0/1/3 寄存器的每一位对应一个相应的外设。

（1）PCLKCR0

15	14	13	12	11	10	9	8
ECANBENCLK	ECANAENCLK	MCBSPBENCLK	MCBSPAENCLK	SCIBENCLK	SCIAENCLK	Reserved	SPIAENCLK
R/W-0	R/W-0	R/W-0	R/W-0	R/W-0	R/W-0	R-0	R/W-0

7	6	5	4	3	2	1	0
Reserved		SCICENCLK	I2CAENCLK	ADCENCLK	TBCLKSYNC	Reserved	
R-0		R/W-0	R/W-0	R/W-0	R/W-0	R-0	

（2）PCLKCR1

15	14	13	12	11	10	9	8
EQEP2ENCLK	EQEP1ENCLK	ECAP6ENCLK	ECAP5ENCLK	ECAP4ENCLK	ECAP3ENCLK	ECAP2ENCLK	ECAP1ENCLK
R/W-0	R/W-0	R/W-0	R/W-0	R/W-0	R/W-0	R/W-0	R/W-0

7	6	5	4	3	2	1	0
Reserved		EPWM6ENCLK	EPWM5ENCLK	EPWM4ENCLK	EPWM3ENCLK	EPWM2ENCLK	EPWM1ENCLK
R-0		R/W-0	R/W-0	R/W-0	R/W-0	R/W-0	R/W-0

（3）PCLKCR3

15	14	13	12	11	10	9	8
Reserved		GPIOINENCLK	XINTFENCLK	DMAENCLK	CPUTIMER2ENCLK	CPUTIMER1ENCLK	CPUTIMER0ENCLK
R-0		R/W-1	R/W-0	R/W-0	R/W-1	R/W-1	R/W-1

7							0
Reserved							
R-0							

其中，PCLKCR0[TBCLKSYNC]为 ePWM 模块时基时钟（TBCLK）同步位，允许用户全局同步所有已启用的 ePWM 模块到时基时钟（TBCLK）：

0—每个启用的 ePWM 模块内的 TBCLK（时基时钟）停止（默认）。但是，如果在 PCLKCR1 寄存器中设置了 ePWM 时钟启用位，那么即使 TBCLKSYNC 为 0，ePWM 模块仍将由 SYSCLKOUT 提供时钟；

1—所有启用的 ePWM 模块时钟都在 TBCLK 第一个上升沿对齐的情况下启动。对于完全同步的 TBCLK，每个 ePWM 模块的 TBCTL 寄存器中的预分频器位必须设置相同。

启用 ePWM 时钟的正确步骤详见本书第 3 章。

外设时钟控制寄存器 PCLKCR0/1/3 受 EALLOW 保护，寄存器相应位设置为 0 禁止，1 使能。

例如，PCLKCR0 中 ADCENCLK 表示对 ADC 模块时钟的控制，设置为 1 使能 ADC 模块时钟，设置为 0 禁止 ADC 模块时钟。

编程代码：

```
EALLOW;        //注意该寄存器受 EALLOW 保护
SysCtrlRegs.PCLKCR0.bit.TBCLKSYNC=0;        //停止已启用的所有 ePWM 模块的时钟
SysCtrlRegs.PCLKCR0.bit. ADCENCLK =1;        //使能 ADC 模块的时钟
EDIS;
```

4．高/低速外设时钟预定标寄存器 HISPCP/LOSPCP

高/低速外设时钟预定标寄存器 HISPCP/LOSPCP 主要用于外设时钟分频数的设置，其中 HISPCP 负责 ADC 模块时钟的配置，LOSPCP 负责 SPI、SCI 和 McBSP 模块时钟的配置。

（1）高速外设时钟预定标寄存器 HISPCP

15	3	2	0
Reserved		HSPCLK	
R-0		R/W-001	

（2）低速外设时钟预定标寄存器 LOSPCP

15	3	2	0
Reserved		LSPCLK	
R-0		R/W-010	

H/LSPCLK[2～0]	输出给外设时钟频率	备注
000	SYSCLKOUT / 1	
001	SYSCLKOUT / 2	缺省值或默认值（HISPCP）
010	SYSCLKOUT / 4	缺省值或默认值（LOSPCP）
011	SYSCLKOUT / 6	
100	SYSCLKOUT / 8	
101	SYSCLKOUT / 10	
110	SYSCLKOUT / 12	
111	SYSCLKOUT / 14	

高/低速外设时钟预定标寄存器 HISPCP/LOSPCP 的结构相同。H/LSPCLK[15～3]为保留位不用，H/LSPCLK[2～0]为分频位域，设置为 000 时不分频；设置为 001～111 时，分频数为其对应的十进制数的 2 倍。

编程代码：

```
SysCtrlRegs.HISPCP.all = 1；        //2 分频
SysCtrlRegs.LOSPCP.all = 5；        //10 分频
```

若系统时钟 SYSCLKOUT=150MHz，则经分频输出 HSPCLK 时钟为 75MHz，输出 LSPCLK 时钟为 15MHz。

5．低功耗模式控制寄存器 LPMCR0

15	14	8	7	2	1	0
WDINTE	Reserved		QUALSTDBY		LPM	
R/W-0	R-0		R/W-1		R/W-0	

位域	名称	描述
15	WDINTE	看门狗中断使能位： 0—禁止看门狗中断从 STANDBY 模式中唤醒 DSP（默认）； 1—允许看门狗中断从 STANDBY 模式唤醒 DSP，但是看门狗中断必须在 SCSR 寄存器中使能
14~8	Reserved	保留
7~2	QUALSTDBY	从 STANDBY 模式唤醒 DSP 所需的 OSCCLK 时钟周期数（GPIO 信号）。仅在 STANDBY 模式下使用。从 STANDBY 模式唤醒 DSP 的 GPIO 信号可以在 GPIOPLMSEL 寄存器中指定。 000000—2 个 OSCCLK 周期； 000000~111111—（对应十进制数+2）个 OSCCLK 周期
1~0	LPM	低功耗模式设置位： 00—设置为低功耗空闲 IDLE 模式（默认）；01—设置为低功耗待机 STANDBY 模式； 10，11—设置为低功耗停止 HALT 模式

说明：① LPMCR0 寄存器受 EALLOW 保护。

② 低功耗模式设置位（LPM）仅在执行空闲指令时生效。因此，在执行 IDLE 指令之前，必须将 LPM 位设置为适当的模式。

③ 如果 DSP 已经在应急模式下运行，DSP 可能无法正确进入 HALT 模式，此时尝试进入该 DSP 可能会进入 STANDBY 模式或挂起，导致可能无法退出 HALT 模式。因此，在进入 HALT 模式之前，必须检查 PLLST[MCLKSTS]位是否为 0。

6. 看门狗寄存器

（1）控制状态寄存器 SCSR

控制状态寄存器 SCSR 主要用于看门狗中断状态显示、看门狗中断和保护的设置。

15					8
		Reserved			
		R-0			

7			3	2	1	0
	Reserved			WDINTS	WDENINT	WDOVERRIDE
	R-0			R-1	R/W-0	R/W1C-1

位域	名称	描述
15~3	Reserved	保留
2	WDINTS	看门狗中断状态位：反映来自看门狗模块的看门狗中断（WDINT）信号的当前状态： 0— $\overline{\text{WDINT}}$ 信号有效；1— $\overline{\text{WDINT}}$ 无效
1	WDENINT	看门狗中断使能位： 0—看门狗复位（ $\overline{\text{WDRST}}$ ）输出信号被启用，并且 $\overline{\text{WDINT}}$ 输出信号被禁用； 1—禁用 $\overline{\text{WDRST}}$ 输出信号，并启用 $\overline{\text{WDINT}}$ 输出信号
0	WDOVERRIDE	看门狗保护位： 0—写 0 无效。如果该位被清除，则保持该状态直到复位发生。该位的当前状态可由用户读取； 1—可以更改 WDCR 寄存器中的看门狗禁用（WDDIS）位的状态。如果通过写入 1 清除该位，则不能修改 WDDIS 位

（2）看门狗计数器 WDCNTR

15	8	7	0
Reserved		WDCNTR	
R-0		R-0	

这些位包含 WDCNTR 计数器的当前值。8 位计数器在看门狗时钟（WDCLK）周期上持续递增。如果计数器溢出，则看门狗启动复位。如果 WDKEY 寄存器用有效组合写入，则计数器被复位为零。看门狗时钟的频率可在 WDCR 寄存器中进行配置。

（3）看门狗复位寄存器 WDKEY

15	8	7	0
Reserved		WDKEY	
R-0		RW-0	

说明：① 受 EALLOW 保护。

② 写入 0x55，随后再写入 0xAA 到 WDKEY，可使 WDCNTR 计数器复位。

③ 编写除 0x55 或 0xAA 外的任何值都不会产生任何动作。如果 0xAA 以外的任何值在 0x55 之后写入，则序列必须以 0x55 重新启动，从 WDKEY 读取返回 WDCR 寄存器的值。

（4）看门狗控制寄存器 WDCR

看门狗控制寄存器 WDCR 主要用于看门狗复位状态标志位显示、看门狗使能、看门狗检测和看门狗时钟的设置等。

15	8	7	6	5	3	2	0
Reserved		WDFLAG	WDDIS	WDCHK		WDPS	
R-0		R/W1C-0	R/W-0	R/W-0		R/W-0	

位域	名称	描述
15～8	Reserved	保留
7	WDFLAG	看门狗复位状态标志位： 0—复位是由 $\overline{XRS}$ 引脚或由于上电引起的。该位保持锁存，直到置 1，以清除条件。0 的写入被忽略； 1—表示看门狗复位（ $\overline{WDRST}$ ）产生复位条件
6	WDDIS	看门狗使能位：在复位时，看门狗模块被启用。 0—启用看门狗模块。只有当 SCSR 寄存器中的 WDOVERRIDE 位置为 1 时，才能修改 WDDIS（默认）； 1—禁用看门狗模块
5～3	WDCHK	看门狗检查位： 000—无论何时执行对这个寄存器的写入，都必须始终向这些位写入 1、0、1，除非目的是通过软件重置设备。 其他—如果看门狗被启用，那么写入任何其他值都将立即导致设备复位或看门狗中断。这 3 位总是读回为零（0,0,0）。这个特性可以用来产生 DSP 的软件复位
2～0	WDPS	看门狗预分频位：这些位对应于 OSCCLK/512 的看门狗计数器时钟（WDCLK）速率： 000—WDCLK = OSCCLK/512/1（默认） 001—WDCLK = OSCCLK/512/1；010—WDCLK = OSCCLK/512/2 011—WDCLK = OSCCLK/512/4；100—WDCLK = OSCCLK/512/8 101—WDCLK = OSCCLK/512/16；110—WDCLK = OSCCLK/512/32 111—WDCLK = OSCCLK/512/64

2.1.3 DSP 时钟系统应用程序

1. 设置系统时钟时应注意的问题

① 默认情况下，分频系数为 4。

② 在改变 PLLCR[DIV]倍频系数前，必须满足两个条件：

● PLLSTS[DIVSEL]必须为 0，而 PLLSTS[DIVSEL]改变时，PLL 必须完成锁定状态，即 PLLSTS[PLLLOCKS]必须为 1；

● DSP 不能工作在应急模式下，即 PLLSTS[MCLKSTS]必须为 0。

③ 一旦 PLL 稳定之后，会锁定在新的频率下工作，PLLSTS[PLLLOCKS]=1，可以改变 PLLSTS[DIVSEL]。

④ 在写入 PLLCR 寄存器之前，看门狗模块须被禁用。

⑤ 在 PLL 模块稳定后，重新启用看门狗模块，重启的时间为 131072 个 OSCCLK 周期。

⑥ 在 PLL（VCOCLK）的输出频率不超过 300MHz 时，选择输入时钟和 PLLCR[DIV]位。

⑦ 当 PLL 激活时，即 PLL 不是旁路（PLLCR[DIV]!=0），必须要用分频器，即分频系数不

能为1（PLLSTS[DIVSEL]!=3），这是为了确保反馈给内核的时钟具有正确的占空比。

⑧ 只有外部复位信号 RST 和看门狗产生复位信号时，PLLCR 和 PLLSTS 才会复位到默认值，而调试器和丢失时钟检测逻辑产生的复位信号不会使两者复位到默认值。

⑨ PLLCR 和 PLLSTS 受 EALLOW 保护。

注意： 倍频时一定要分频，不倍频时才允许不分频。

2. PLL 初始化流程

由于硬件设计等原因，DSP 时钟初始化流程如图 2-3 所示。PLL 的初始化过程为：

① 确保存在 OSCCLK，系统能正常工作，即判断 PLLSTS[MCLKSTS]=1；

② 改变 PLLCR[DIV]前，确保 PLLSTS[DIVSEL]=0；

③ 改变 PLLCR[DIV]前，禁用主振荡器故障检测逻辑模块，即 PLLSTS[MCLKOFF]=1；

④ 根据需要，改变 PLLCR[DIV]；

⑤ 判断 PLL 是否稳定锁定，即 PLLSTS[PLLLOCKS]=1；

⑥ 使能主振荡器故障检测逻辑模块，即 PLLSTS[MCLKOFF]=0；

⑦ 根据需要，改变 PLLSTS[DIVSEL]。

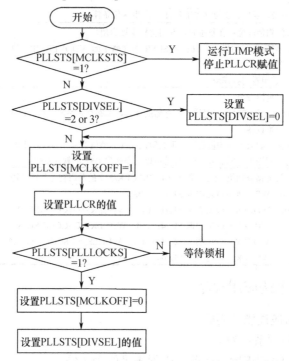

图 2-3　DSP 时钟初始化流程图

3. PLL 初始化代码

```
/* 函数名称:InitPll;函数输入:倍频参数 div,分频参数 divsel, div 取值为0~10,表示倍频数;divsel 取值为0~
3,0 和 1 表示4 分频,2 表示 2 分频,3 表示不分频;
* 函数输出:无;函数调用:InitPll(10,2); 先将外部时钟 10 倍频,再分频 1/2,最后产生的时钟 CLKIN 输入
CPU28x   */
void InitPll(unsigned short div, unsigned short divsel)
{
    //确保 PLL 不是工作在应急模式下,即有外部时钟进入 PLL
    if(SysCtrlRegs.PLLSTS.bit.MCLKSTS != 0)
```

```c
    { //检测到无外部时钟,软件要采用恰当的措施保证系统不出现事故,该措施包括使系统停机、复位等
        SystemShutdown();
        asm(" ESTOP0");
    }
    //PLLCR 从 0x000 改变前,PLLSTS[DIVSEL]必须为 0;外部 RST 复位信号会使 PLLSTS[DIVSEL]复位;
此时分频为 1/4
    if(SysCtrlRegs.PLLSTS.bit.DIVSEL != 0)
    {EALLOW;
        SysCtrlRegs.PLLSTS.bit.DIVSEL = 0;
        EDIS;
    }
    //前面条件都满足后,可以改变 PLLCR[DIV]
    if(SysCtrlRegs.PLLCR.bit.DIV != val)
    {
        EALLOW;
        //在设置 PLLCR[DIV]前,要禁用主振荡器故障检测逻辑
        SysCtrlRegs.PLLSTS.bit.MCLKOFF = 1;
        SysCtrlRegs.PLLCR.bit.DIV = div;
        EDIS;
        //等待 PLL 稳定且处于锁定状态,即 PLLSTS[PLLLOCKS]置位;等待稳定的时间可能略长,需要禁用
看门狗或者循环喂狗;屏蔽注释,禁用看门狗
        DisableDog();
    while(SysCtrlRegs.PLLSTS.bit.PLLLOCKS != 1)
        { //喂狗
            ServiceDog();
        }
        EALLOW;
        SysCtrlRegs.PLLSTS.bit.MCLKOFF = 0;
        EDIS;
    }
    //如果需要分频 1/2
    if((divsel == 1)||(divsel == 2))
    {
        EALLOW;
        SysCtrlRegs.PLLSTS.bit.DIVSEL = divsel;
        EDIS;
    }
    //注意:下面代码只有在 PLL 处于旁路或关闭模式时,才可被执行,其他模式禁止;倍频时一定要分频,不倍频
时才允许不分频;如果需要切换分频到 1/1,首先从默认 1/4 分频切换到 1/2 分频,让电源稳定;
    //稳定所需要的时间依赖于系统运行速度,此处延时 50µs 只是作为一个特例稳定后,再切换到 1/1
    if(divsel == 3)
    {
        EALLOW;
        SysCtrlRegs.PLLSTS.bit.DIVSEL = 2;
        DELAY_US(50L);
        SysCtrlRegs.PLLSTS.bit.DIVSEL = 3;
        EDIS;
    }
}
```

4. 系统时钟程序代码

PLL 初始化代码为 TI 公司官方提供，一般不需要编写，直接使用即可。在使用时，只需在主程序中打开系统初始化函数 InitSysCtrl( )修改倍频参数 div 和分频参数 divsel 即可。示例如下：

（1）打开初始化函数 DSP2833x_SysCtrl.c

```
void InitSysCtrl(void)
{
    DisableDog();
    InitPll(DSP28_PLLCR,DSP28_DIVSEL);
    InitPeripheralClocks();
}
```

修改 InitPll(DSP28_PLLCR,DSP28_DIVSEL);中 DSP28_PLLCR 和 DSP28_DIVSEL，然后在主程序中直接调用即可。

（2）主程序中的调用

```
main()
{
    InitSysCtrl();
}
```

2.2 定时器工作原理及应用

TMS320F28335 有 3 个 32 位的 CPU 定时器，即定时器 0、定时器 1 和定时器 2。其中定时器 2 用于实时操作系统，定时器 0 和定时器 1 留给用户使用，定时器 2 在实时操作系统不用时也可提供给用户使用。

2.2.1 CPU 定时器结构与工作原理

3 个 32 位的 CPU 定时器结构类似，其组成如图 2-4 所示，主要由分频单元、计数器单元、使能单元、周期重加载（周期更新）单元和中断请求单元组成。其工作过程为：

① 计数时基来自 CPU 输出的系统时钟 SYSCLKOUT，时钟信号进入定时器后，与使能信号（由定时器控制寄存器 TIMERxTCR[TSS]提供）相与后输出给分频单元；

② 分频单元的分频数由分频单元寄存器 TIMERxTPR（低 8 位是 TDDR：预定标分频系数，高 8 位是 PSC：预定标计数器）和 TIMERxTPRH（低 8 位是 TDDRH，高 8 位是 PSCH）决定；

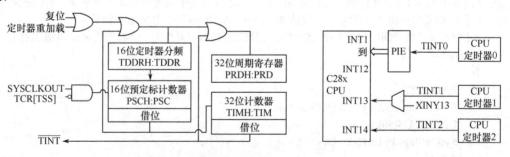

图 2-4 CPU 定时器结构图

③ 计数单元接收分频单元信号后，从周期值开始减计数，计数周期值由寄存器 TIMERxPRD（周期寄存器低 16 位）和 TIMERxPRDH（周期寄存器高 16 位）设定，周期值和分频倍数修改后的更新由控制寄存器 TIMERxTCR[TRB]决定；

④ 计数器减至 0 时置中断标志位，申请中断。

3 个 CPU 定时器工作过程基本相同，不同的是 3 个 CPU 定时器所处的中断级不同，因此中断的申请及响应有所不同，具体内容将在中断章节进行详细介绍。

根据定时器的工作原理，其定时时间为

$$T=(TDDRH:TDDR+1)\times(PRDH:PRD+1)\times T_{SYSCLKOUT} \tag{2-1}$$

式中，$T_{SYSCLKOUT}$ 为系统时钟周期；TDDRH:TDDR 为定时分频寄存器设定的分频数；PRDH:PRD 为周期寄存器设定的周期值。

2.2.2 CPU 定时器寄存器

CPU 定时器寄存器有：控制寄存器 TIMERxTCR、计数器低 16 位寄存器 TIMERxTIM、计数器高 16 位寄存器 TIMERxTIMH、周期寄存器低 16 位 TIMERxPRD、周期寄存器高 16 位 TIMERxPRDH、预定标寄存器 TIMERxTPR（低 8 位是 TDDR：预定标分频系数，高 8 位是 PSC：预定标计数器）和 TIMERxTPRH（低 8 位是 TDDRH，高 8 位是 PSCH）。

1. 控制寄存器 TIMERxTCR

每个定时器对应一个定时器控制寄存器，其结构相同。

15	14	13　12	11	10	9　　6	5	4	3　　0
TIF	TIE	Reserved	FREE	SOFT	Reserved	TRB	TSS	Reserved
W/R-0	W/R-0	R-0	W/R-0	W/R-0	R-0	W/R-0	W/R-0	R-0

位域	名称	描述
15	TIF	定时器中断标志位： 0—定时器未减至 0，写 0 无影响； 1—定时器减至 0，中断标志置位，向该位写 1 清除标志位
14	TIE	中断使能位：0—禁止中断；1—使能中断
13～12	Reserved	保留
11～10	FREE /SOFT	CPU 定时器仿真模式位：这些位是特殊的模拟位，当在高级语言调试器中遇到断点时，它们决定计时器的软状态。如果 FREE=1，则在软件断点上计数器继续运行（即自由运行）。在这种情况下，SOFT 不起作用。但如果 FREE=0，则 SOFT 生效。在这种情况下，若 SOFT=0，则 TIMH:TIM 完成下一次递减后计数器停止；若 SOFT=1，则 TIMH:TIM 递减到 0 后计数器停止。 00—遇到断点时，TIMH:TIM 完成下一次递减后计数器停止； 01—遇到断点时，TIMH:TIM 递减到 0 后计数器停止； 10、11—自由运行 在软件停止模式下，定时器在关机前生成一个中断（因为达到 0 是中断引起条件）
9～6	Reserved	保留
5	TRB	定时器重装载：0—无影响；1—自动重装载周期寄存器和预定标寄存器的值
4	TSS	定时器停止位：0—启动；1—停止
3～0	Reserved	保留

2. 其他寄存器

除控制寄存器 TIMERxTCR 外，其他寄存器都为数据寄存器，根据需要进行读写操作即可，本节不再一一列出。

2.2.3 CPU 定时器程序

1. CPU 定时器初始化编程

由式（2-1）可知，定时时间由系统时钟 $T_{SYSCLKOUT}$、定时分频寄存器设定的分频数和周期寄存器设定的周期值决定。定时时间的计算相对烦琐，TI 公司给出了初始化代码及定时器的配置函数，根据配置函数可以很方便地进行定时时间的设置。具体程序代码如下：

（1）初始化代码

```
#include "DSP2833x_Device.h"
#include "DSP2833x_Examples.h"
struct CPUTIMER_VARS CpuTimer0;
struct CPUTIMER_VARS CpuTimer1;
struct CPUTIMER_VARS CpuTimer2;
void InitCpuTimers(void)
{
    CpuTimer0.RegsAddr = &CpuTimer0Regs;
    CpuTimer0Regs.PRD.all   = 0xFFFFFFFF; //将定时器周期初始化为最大
    //初始化计数器
    CpuTimer0Regs.TPR.all   = 0;
    CpuTimer0Regs.TPRH.all = 0;
    CpuTimer0Regs.TCR.bit.TSS = 1; //确保停止定时器
    CpuTimer0Regs.TCR.bit.TRB = 1; //用值重加载所有计数器寄存器
    CpuTimer0.InterruptCount = 0; //重置中断计数器
    CpuTimer1.RegsAddr = &CpuTimer1Regs; //初始化到各个定时器寄存器的地址指针
    CpuTimer2.RegsAddr = &CpuTimer2Regs;
    CpuTimer1Regs.PRD.all   = 0xFFFFFFFF; //将定时器周期初始化为最大
    CpuTimer2Regs.PRD.all   = 0xFFFFFFFF;
    //初始化计数器
    CpuTimer1Regs.TPR.all   = 0;
    CpuTimer1Regs.TPRH.all = 0;
    CpuTimer2Regs.TPR.all   = 0;
    CpuTimer2Regs.TPRH.all = 0;
    CpuTimer1Regs.TCR.bit.TSS = 1; //确保停止定时器
    CpuTimer2Regs.TCR.bit.TSS = 1;
    CpuTimer1Regs.TCR.bit.TRB = 1; //用值重加载所有计数器寄存器
    CpuTimer2Regs.TCR.bit.TRB = 1;
    CpuTimer1.InterruptCount = 0; //重置中断计数器
    CpuTimer2.InterruptCount = 0;
}
```

（2）配置函数代码

```
void ConfigCpuTimer(struct CPUTIMER_VARS *Timer, float Freq, float Period)
{
    Uint32 temp;
    //初始化定时器周期
    Timer->CPUFreqInMHz = Freq;
    Timer->PeriodInUSec = Period;
    temp =(long)(Freq * Period);
    Timer->RegsAddr->PRD.all = temp;
```

```
                    //设置刻度前计数器除以 1(SYSCLKOUT)
    Timer->RegsAddr->TPR.all    = 0;
    Timer->RegsAddr->TPRH.all   = 0;
                    //初始化定时器控制寄存器
    Timer->RegsAddr->TCR.bit.TSS = 1;    //1 =停止定时器, 0 =启动定时器
    Timer->RegsAddr->TCR.bit.TRB = 1;    //1 =重载定时器
    Timer->RegsAddr->TCR.bit.SOFT = 0;
    Timer->RegsAddr->TCR.bit.FREE = 0;   //禁止自由运行
    Timer->RegsAddr->TCR.bit.TIE = 1;    //0 =禁止,1 =使能定时器中断
                    //重置中断计数器
    Timer->InterruptCount = 0;
}
```

2. CPU 定时器使用

在使用时，只需修改配置函数 **ConfigCpuTimer(struct** CPUTIMER_VARS *Timer, **float** Freq, **float** Period)中的 3 个参数即可。

① **struct** CPUTIMER_VARS *Timer：要选择的定时器 0、定时器 1 和定时器 2。

② **float** Freq：计数时钟的频率（即 SYSCLKOUT），单位为 MHz。

③ **float** Period：定时周期，单位为 μs。

用定时器 0 产生 1s 的定时，其程序如下：

```
#include "DSP2833x_Device.h"
#include "DSP2833x_Examples.h"
interrupt void ISRTimer0(void);
..........

void main(void)
{
    InitSysCtrl();
    DINT;
    InitPieCtrl();
    IER = 0x0000;
    IFR = 0x0000;
    InitPieVectTable();
    EALLOW;    //写到 EALLOW 保护寄存器
    PieVectTable.TINT0 = &ISRTimer0;
    EDIS;       //要禁用对 EALLOW 保护寄存器的写入

    InitCpuTimers();   //初始化定时器
    ConfigCpuTimer(&CpuTimer0, 150, 1000000);//定时器 0 定时 1s
    StartCpuTimer0();//即 CpuTimer0Regs.TCR.bit.TSS = 0,启动定时器 0

    IER |= M_INT1;
    PieCtrlRegs.PIECTRL.bit.ENPIE = 1;
    PieCtrlRegs.PIEIER1.bit.INTx7 = 1;
    EINT;     //总中断 INTM 使能
    ............
    for(; ;);
}
interrupt void ISRTimer0(void)
```

```
{
            ...........//定时 1s 到执行相应的操作
    PieCtrlRegs.PIEACK.all = PIEACK_GROUP1; //清除应答寄存器,以便接收下次或其他中断申请
    CpuTimer0Regs.TCR.bit.TIF=1; //定时到了指定时间,标志位置位,清除标志
    CpuTimer0Regs.TCR.bit.TRB=1;    //重载定时器 0 的定时数据

}
```

上述程序以定时 1s 产生一次中断为例编写。有关中断的内容将在 2.4 节介绍,与定时器本身设置直接相关的代码如下:

```
InitCpuTimers();
ConfigCpuTimer(&CpuTimer0, 150, 1000000);

StartCpuTimer0();
```

2.3 GPIO 结构及应用

TMS320F28335 有 88 个通用数字量输入/输出端 GPIO(General Purpose Input/Output),与其对应有 88 个引脚。88 个 GPIO 分为 3 个 32 位的端口,即端口 A(对应 32 引脚)、端口 B(对应 32 引脚)和端口 C(对应 24 引脚)。每个引脚最多可复用 4 种功能,即通用数字 GPIO 功能、外设 1 功能、外设 2 功能和外设 3 功能。如果设置为通用数字 GPIO 功能,可通过寄存器的配置规定引脚方向(输入或是输出),还可以通过寄存器的设置消除输入信号不需要的噪声。

2.3.1 GPIO 结构及工作原理

GPIO 的结构如图 2-5 所示,主要由输入引脚单元、上拉电阻控制逻辑单元、输入限定控制单元、功能选择单元、I/O 方向选择单元及其相应的寄存器组成。

① 作为通用输入口的配置与工作过程:将方向寄存器 GPxDIR 设置为 0 即输入,功能选择寄存器 GPxMUX1~2 设置为 0,即为通用数字输入 GPIO,输入限定根据需要设置。完成这些设置后,当有信号从相应的引脚输入时,则可利用数据寄存器 GPxDAT 对引脚上相应的数据进行读取。

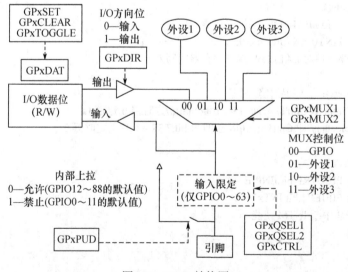

图 2-5 GPIO 结构图

② 作为通用输出口的配置与工作过程：将方向寄存器 GPxDIR 设置为 1 即输出，功能选择寄存器 GPxMUX1～2 设置为 0，即为通用数字输出 GPIO。完成这些设置后，对数据寄存器 GPADAT、置位寄存器 GPASET、清零寄存器 GPACLEAR 或数据翻转寄存器 GPATOGGLE 进行设置，即可从设置的引脚上输出相应的信号。

③ 作为外设功能的配置与工作过程为：首先将功能选择寄存器 GPxMUX1～2 设置（01、10 或 11）为外设功能，根据需要设置是否上拉。完成设置后，即可从相应的引脚输出或接收外设信号。

2.3.2 GPIO 寄存器

GPIO 寄存器可分为 4 类：控制寄存器、数据操作寄存器、外部中断源和低功耗唤醒寄存器。除端口 C 没有输入限定寄存器外，每个端口都有相应的寄存器且结构类似，下面主要以端口 A 为例进行介绍。

GPIO 控制寄存器：包括功能选择寄存器 GPAMUX1～2、方向寄存器 GPADIR、上拉控制寄存器 GPAPUD、输入限定寄存器 GPACTRL 和 GPAQSEL1～2。

GPIO 数据操作寄存器：包括数据寄存器 GPADAT、置位寄存器 GPASET、清零寄存器 GPACLEAR 和数据翻转寄存器 GPATOGGLE。

GPIO 外部中断源和低功耗唤醒寄存器，即 GPAXINTnSEL 和 GPAOLPMSEL。

1. 功能选择寄存器

端口 A 对应 32 引脚，每个引脚最多可复用 4 种功能，即通用 GPIO 功能、外设 1 功能、外设 2 功能和外设 3 功能，因此对 4 种功能进行编码需要占用两位，共需要 64 位。所以 DSP 提供了两个 32 位功能选择控制寄存器 GPAMUX1 和 GPAMUX2，其对应的功能表见表 2-2 和表 2-3。功能选择控制寄存器 GPAMUX1/2 受 EALLOW 保护。

（1）端口 A 功能选择寄存器 GPAMUX1

31	30	29	28	27	26	25	24	23	22	21	20	19	18	17	16
GPIO15		GPIO14		GPIO13		GPIO12		GPIO11		GPIO10		GPIO9		GPIO8	
R/W-0		R/W-0		R/W-0		R/W-0		R/W-0		R/W-0		R/W-0		R/W-0	

15	14	13	12	11	10	9	8	7	6	5	4	3	2	1	0
GPIO7		GPIO6		GPIO5		GPIO4		GPIO3		GPIO2		GPIO1		GPIO0	
R/W-0		R/W-0		R/W-0		R/W-0		R/W-0		R/W-0		R/W-0		R/W-0	

表 2-2　端口 A 功能表

GPAMUX1 控制位	00（复位默认）	01	10	11
1, 0	GPIO0(I/O)	EPWM1A(O)		
3, 2	GPIO1(I/O)	EPWM1B(O)	ECAP6(I/O)	MFSRB(I/O)
5, 4	GPIO2(I/O)	EPWM2A(O)		
7, 6	GPIO3(I/O)	EPWM2B(O)	ECAP5(I/O)	MCLKRB(I/O)
9, 8	GPIO4(I/O)	EPWM3A(O)		
11, 10	GPIO5(I/O)	EPWM3B(O)	MFSRA(I/O)	ECAP1(I/O)
13, 12	GPIO6(I/O)	EPWM4A(O)	EPWMSYNCI(I)	EPWMSYNCO(O)(O)(O)
15, 14	GPIO7(I/O)	EPWM4B(O)	MCLKRA(I/O)	ECAP2(I/O)
17, 16	GPIO8(I/O)	EPWM5A(O)	CANTXB(O)	$\overline{ADCSOCAO}$(O)
19, 18	GPIO9(I/O)	EPWM5B(O)	SCITXDB(O)	ECAP3(I/O)

GPAMUX1 控制位	00（复位默认）	01	10	11
21, 20	GPIO10(I/O)	EPWM6A(O)	CANRXB(I)	$\overline{\text{ADCSOCBO}}$(O)
23, 22	GPIO11(I/O)	EPWM6B(O)	SCIRXDB(I)	ECAP4(I/O)
25, 24	GPIO12(I/O)	$\overline{\text{TZ1}}$(I)	CANTXB(O)	MDXB(O)
27, 26	GPIO13(I/O)	$\overline{\text{TZ2}}$(I)	CANRXB(I)	MDRB(I)
29, 28	GPIO14(I/O)	$\overline{\text{TZ3}}$(I)/$\overline{\text{XHOLD}}$(I)	SCITXDB(O)	MCLKXB(I/O)
31, 30	GPIO15(I/O)	$\overline{\text{TZ4}}$(I)/$\overline{\text{XHOLDA}}$(O)	SCIRXDB(I)	MFSXB(I/O)

（2）端口 A 功能选择寄存器 GPAMUX2

31 30	29 28	27 26	25 24	23 22	21 20	19 18	17 16
GPIO31	GPIO30	GPIO29	GPIO28	GPIO27	GPIO26	GPIO25	GPIO24
R/W-0	R/W-0	R/W-0	R/W-0	R/W-0	R/W-0	R/W-0	R/W-0

15 14	13 12	11 10	9 8	7 6	5 4	3 2	1 0
GPIO23	GPIO22	GPIO21	GPIO20	GPIO19	GPIO18	GPIO17	GPIO16
R/W-0	R/W-0	R/W-0	R/W-0	R/W-0	R/W-0	R/W-0	R/W-0

表 2-3　端口 A 功能表

GPAMUX2 控制位	00（复位默认）	01	10	11
1, 0	GPIO16(I/O)	SPISIMOA(I/O)	CANTXB(O)	$\overline{\text{TZ5}}$(I)
3, 2	GPIO17(I/O)	SPISOMIA(I/O)	CANRXB(I)	$\overline{\text{TZ6}}$(I)
5, 4	GPIO18(I/O)	SPICLKA(I/O)	SCITXDB(O)	CANRXA(I)
7, 6	GPIO19(I/O)	$\overline{\text{SPISTEA}}$(I/O)	SCIRXDB(I)	CANTXA(O)
9, 8	GPIO20(I/O)	EQEP1A(I)	MDXA(O)	CANTXB(O)
11, 10	GPIO21(I/O)	EQEP1B(I)	MDRA(I)	CANRXB(I)
13, 12	GPIO22(I/O)	EQEP1S(I/O)	MCLKXA(I/O)	SCITXDB(O)
15, 14	GPIO23(I/O)	EQEP1I(I/O)	MFSXA(I/O)	SCIRXDB(I)
17, 16	GPIO24(I/O)	ECAP1(I/O)	EQEP2A(I)	MDXB(O)
19, 18	GPIO25(I/O)	ECAP2(I/O)	EQEP2B(I)	MDRB(I)
21, 20	GPIO26(I/O)	ECAP3(I/O)	EQEP2I(I/O)	MCLKXB(I/O)
23, 22	GPIO27(I/O)	ECAP4(I/O)	EQEP2S(I/O)	MFSXB(I/O)
25, 24	GPIO28(I/O)	SCIRXDA(I)	$\overline{\text{XZCS6}}$(O)	$\overline{\text{XZCS6}}$(O)
27, 26	GPIO29(I/O)	SCITXDA(O)	XA19(O)	XA19(O)
29, 28	GPIO30(I/O)	CANRXA(I)	XA18(O)	XA18(O)
31, 30	GPIO31(I/O)	CANTXA(O)	XA17(O)	XA17(O)

（3）端口 B 功能选择寄存器 GPBMUX1（其功能表见表 2-4）

31 30	29 28	27 26	25 24	23 22	21 20	19 18	17 16
GPIO47	GPIO46	GPIO45	GPIO44	GPIO43	GPIO42	GPIO41	GPIO40
R/W-0	R/W-0	R/W-0	R/W-0	R/W-0	R/W-0	R/W-0	R/W-0

15 14	13 12	11 10	9 8	7 6	5 4	3 2	1 0
GPIO39	GPIO38	GPIO37	GPIO36	GPIO35	GPIO34	GPIO33	GPIO32
R/W-0	R/W-0	R/W-0	R/W-0	R/W-0	R/W-0	R/W-0	R/W-0

表 2-4　端口 B 功能表

GPBMUX1 控制位	00（默认）	01	10	11
1, 0	GPIO32(I/O)	SDAA(I/OC)	EPWMSYNCI(I)	$\overline{ADCSOCAO}$(O)
3, 2	GPIO33(I/O)	SCLA(I/OC)	EPWMSYNCO(O)	$\overline{ADCSOCBO}$(O)
5, 4	GPIO34(I/O)	ECAP1(I/O)	XREADY(I)	XREADY(I)
7, 6	GPIO35(I/O)	SCITXDA(O)	XR/$\overline{W}$(O)	XR/$\overline{W}$(O)
9, 8	GPIO36(I/O)	SCIRXDA(I)	$\overline{XZCS0}$(O)	$\overline{XZCS0}$(O)
11, 10	GPIO37(I/O)	ECAP2(I/O)	$\overline{XZCS7}$(O)	$\overline{XZCS7}$(O)
13, 12	GPIO38(I/O)		$\overline{XWE0}$(O)	$\overline{XWE0}$(O)
15, 14	GPIO39(I/O)		XA16(O)	XA16(O)
17, 16	GPIO40(I/O)		XA0/$\overline{XWE1}$(O)	XA0/$\overline{XWE1}$(O)
19, 18	GPIO41(I/O)		XA1(O)	XA1(O)
21, 20	GPIO42(I/O)		XA2(O)	XA2(O)
23, 22	GPIO43(I/O)		XA3(O)	XA3(O)
25, 24	GPIO44(I/O)		XA4(O)	XA4(O)
27, 26	GPIO45(I/O)		XA5(O)	XA5(O)
29, 28	GPIO46(I/O)		XA6(O)	XA6(O)
31, 30	GPIO47(I/O)		XA7(O)	XA7(O)

（4）端口 B 功能选择寄存器 GPBMUX2（其功能表见表 2-5）

31 30	29 28	27 26	25 24	23 22	21 20	19 18	17 16
GPIO63	GPIO62	GPIO61	GPIO60	GPIO59	GPIO58	GPIO57	GPIO56
R/W-0	R/W-0	R/W-0	R/W-0	R/W-0	R/W-0	R/W-0	R/W-0

15 14	13 12	11 10	9 8	7 6	5 4	3 2	1 0
GPIO55	GPIO54	GPIO53	GPIO52	GPIO51	GPIO50	GPIO49	GPIO48
R/W-0	R/W-0	R/W-0	R/W-0	R/W-0	R/W-0	R/W-0	R/W-0

表 2-5　端口 B 功能表

GPBMUX2 控制位	00（默认）	01	10 或 11
1, 0	GPIO48(I/O)	ECAP5(I/O)	XD31(I/O)
3, 2	GPIO49(I/O)	ECAP6(I/O)	XD30(I/O)
5, 4	GPIO50(I/O)	EQEP1A(I)	XD29(I/O)
7, 6	GPIO51(I/O)	EQEP1B(I)	XD28(I/O)
9, 8	GPIO52(I/O)	EQEP1S(I/O)	XD27(I/O)
11, 10	GPIO53(I/O)	EQEP1I(I/O)	XD26(I/O)
13, 12	GPIO54(I/O)	SPISIMOA(I/O)	XD25(I/O)
15, 14	GPIO55(I/O)	SPISOMIA(I/O)	XD24(I/O)
17, 16	GPIO56(I/O)	SPICLKA(I/O)	XD23(I/O)
19, 18	GPIO57(I/O)	$\overline{SPISTEA}$ (I/O)	XD22(I/O)
21, 20	GPIO58(I/O)	MCLKRA(I/O)	XD21(I/O)
23, 22	GPIO59(I/O)	MFSRA(I/O)	XD20(I/O)
25, 24	GPIO60(I/O)	MCLKRB(I/O)	XD19(I/O)
27, 26	GPIO61(I/O)	MFSRB(I/O)	XD18(I/O)
29, 28	GPIO62(I/O)	SCIRXDC(I)	XD17(I/O)
31, 30	GPIO63(I/O)	SCITXDC(O)	XD16(I/O)

（5）端口 C 功能选择寄存器 GPCMUX1（其功能表见表 2-6）

31 30	29 28	27 26	25 24	23 22	21 20	19 18	17 16
GPIO79	GPIO78	GPIO77	GPIO76	GPIO75	GPIO74	GPIO73	GPIO72
R/W-0	R/W-0	R/W-0	R/W-0	R/W-0	R/W-0	R/W-0	R/W-0

15 14	13 12	11 10	9 8	7 6	5 4	3 2	1 0
GPIO71	GPIO70	GPIO69	GPIO68	GPIO67	GPIO66	GPIO65	GPIO64
R/W-0	R/W-0	R/W-0	R/W-0	R/W-0	R/W-0	R/W-0	R/W-0

表 2-6　端口 C 功能表

GPCMUX1 控制位	00 或 01（默认）	10 或 11
1, 0	GPIO64(I/O)	XD15(I/O)
3, 2	GPIO65(I/O)	XD14(I/O)
5, 4	GPIO66(I/O)	XD13(I/O)
7, 6	GPIO67(I/O)	XD12(I/O)
9, 8	GPIO68(I/O)	XD11(I/O)
11, 10	GPIO69(I/O)	XD10(I/O)
13, 12	GPIO70(I/O)	XD9(I/O)
15, 14	GPIO71(I/O)	XD8(I/O)
17, 16	GPIO72(I/O)	XD7(I/O)
19, 18	GPIO73(I/O)	XD6(I/O)
21, 20	GPIO74(I/O)	XD5(I/O)
23, 22	GPIO75(I/O)	XD4(I/O)
25, 24	GPIO76(I/O)	XD3(I/O)
27, 26	GPIO77(I/O)	XD2(I/O)
29, 28	GPIO78(I/O)	XD1(I/O)
31, 30	GPIO79(I/O)	XD0(I/O)

（6）端口 C 功能选择寄存器 GPCMUX2（其功能表见表 2-7）

31　　　　　　　　　　　　　　　　　　　　　　　　　　　　　　16
Reserved
R-0

15 14	13 12	11 10	9 8	7 6	5 4	3 2	1 0
GPIO87	GPIO86	GPIO85	GPIO84	GPIO83	GPIO82	GPIO81	GPIO80
R/W-0	R/W-0	R/W-0	R/W-0	R/W-0	R/W-0	R/W-0	R/W-0

表 2-7　端口 C 功能表

GPCMUX2 控制位	00 或 01（默认）	10 或 11
1, 0	GPIO80(I/O)	XA8(O)
3, 2	GPIO81(I/O)	XA9(O)
5, 4	GPIO82(I/O)	XA10(O)
7, 6	GPIO83(I/O)	XA11(O)
9, 8	GPIO84(I/O)	XA12(O)
11, 10	GPIO85(I/O)	XA13(O)
13, 12	GPIO86(I/O)	XA14(O)
15, 14	GPIO87(I/O)	XA15(O)
31, 16	Reserved	Reserved

编程代码：

```
EALLOW;          //该寄存器受 EALLOW 保护
   GpioCtrlRegs.GPAMUX1.bit.GPIO0 = 1;      //配置 GPIO0 为 EPWM1A,即输出 PWM 波
   GpioCtrlRegs.GPAMUX1.bit.GPIO1 = 0;      //配置 GPIO1 为通用数字 GPIO
EDIS;
```

2. 方向寄存器 GPADIR

方向寄存器 GPADIR 是一个 32 位寄存器,主要用于输入或输出功能的设定,即数据方向设置。

31	30	29	28	27	26	25	24
GPIO31	GPIO30	GPIO29	GPIO28	GPIO27	GPIO26	GPIO25	GPIO24
R/W-0	R/W-0	R/W-0	R/W-0	R/W-0	R/W-0	R/W-0	R/W-0

23	22	21	20	19	18	17	16
GPIO23	GPIO22	GPIO21	GPIO20	GPIO19	GPIO18	GPIO17	GPIO16
R/W-0	R/W-0	R/W-0	R/W-0	R/W-0	R/W-0	R/W-0	R/W-0

15	14	13	12	11	10	9	8
GPIO15	GPIO14	GPIO13	GPIO12	GPIO11	GPIO10	GPIO9	GPIO8
R/W-0	R/W-0	R/W-0	R/W-0	R/W-0	R/W-0	R/W-0	R/W-0

7	6	5	4	3	2	1	0
GPIO7	GPIO6	GPIO5	GPIO4	GPIO3	GPIO2	GPIO1	GPIO0
R/W-0	R/W-0	R/W-0	R/W-0	R/W-0	R/W-0	R/W-0	R/W-0

注：该寄存器受 EALLOW 保护；0—相应引脚为输入口（默认），1—相应引脚为输出口。

编程代码：

```
EALLOW;          //该寄存器受 EALLOW 保护
   GpioCtrlRegs. GPADIR.bit.GPIO0 = 1;      //配置 GPIO0 为输出
   GpioCtrlRegs. GPADIR.bit.GPIO1 = 0;      //配置 GPIO1 为输入
EDIS;
```

3. 上拉控制寄存器 GPAPUD

无论引脚处于 4 种功能的哪一种,都可使用上拉控制寄存器 GPAPUD 对引脚内部是否使用上拉电阻进行设置。同样,寄存器 GPAPUD 为 32 位寄存器,对应端口 A 的 32 个引脚。端口 B 和端口 C 结构类似,在此不再说明。

31	30	29	28	27	26	25	24
GPIO31	GPIO30	GPIO29	GPIO28	GPIO27	GPIO26	GPIO25	GPIO24
R/W-0	R/W-0	R/W-0	R/W-0	R/W-0	R/W-0	R/W-0	R/W-0

23	22	21	20	19	18	17	16
GPIO23	GPIO22	GPIO21	GPIO20	GPIO19	GPIO18	GPIO17	GPIO16
R/W-0	R/W-0	R/W-0	R/W-0	R/W-0	R/W-0	R/W-0	R/W-0

15	14	13	12	11	10	9	8
GPIO15	GPIO14	GPIO13	GPIO12	GPIO11	GPIO10	GPIO9	GPIO8
R/W-0	R/W-0	R/W-0	R/W-0	R/W-0	R/W-0	R/W-0	R/W-0

7	6	5	4	3	2	1	0
GPIO7	GPIO6	GPIO5	GPIO4	GPIO3	GPIO2	GPIO1	GPIO0
R/W-0	R/W-0	R/W-0	R/W-0	R/W-0	R/W-0	R/W-0	R/W-0

注：该寄存器受 EALLOW 保护； 0—使能上拉（GPIO12～GPIO31 默认），1—禁止（GPIO0～GPIO11 默认）。

编程代码：

```
EALLOW;          //该寄存器受 EALLOW 保护
   GpioCtrlRegs.GPAPUD.bit.GPIO0 = 0;      //使能 GPIO0 内部上拉
   GpioCtrlRegs.GPAPUD.bit.GPIO1 = 1;      //禁止 GPIO1 内部上拉,此时外部电路需设计上拉电路
EDIS;
```

或

```
EALLOW;
   GpioCtrlRegs.GPAPUD.all = 0x0000;      //使能 GPIO0～31 内部上拉
```

```
GpioCtrlRegs.GPBPUD.all = 0xffff;        //禁止 GPIO32～63 内部上拉
EDIS;
```

4. 数据寄存器 GPADAT

数据寄存器 GPADAT 主要用于读取和设置端口 A 电平的状态。它也是 32 位寄存器。端口B 和端口 C 结构类似，在此不再说明。

31	30	29	28	27	26	25	24
GPIO31	GPIO30	GPIO29	GPIO28	GPIO27	GPIO26	GPIO25	GPIO24
R/W-x	R/W-x	R/W-x	R/W-x	R/W-x	R/W-x	R/W-x	R/W-x
23	22	21	20	19	18	17	16
GPIO23	GPIO22	GPIO21	GPIO20	GPIO19	GPIO18	GPIO17	GPIO16
R/W-x	R/W-x	R/W-x	R/W-x	R/W-x	R/W-x	R/W-x	R/W-x
15	14	13	12	11	10	9	8
GPIO15	GPIO14	GPIO13	GPIO12	GPIO11	GPIO10	GPIO9	GPIO8
R/W-x	R/W-x	R/W-x	R/W-x	R/W-x	R/W-x	R/W-x	R/W-x
7	6	5	4	3	2	1	0
GPIO7	GPIO6	GPIO5	GPIO4	GPIO3	GPIO2	GPIO1	GPIO0
R/W-x	R/W-x	R/W-x	R/W-x	R/W-x	R/W-x	R/W-x	R/W-x

注：x=在复位后 GPADAT 寄存器的状态未知，这取决于复位后引脚的电平。

读取 0 表示引脚的状态目前较低，与引脚配置的模式无关。如果在相应的 GPxMUX1 和 GPxDIR 寄存器中配置为 GPIO 输出，则写入 0 将强制输出 0；否则，该值被锁存，但不用于驱动引脚。

读取 1 表示引脚的状态目前是高的，而不管引脚被配置的模式。如果在 GPxMUX1 和 GPxDIR 寄存器中配置为 GPIO 输出，则写入 1 将强制输出 1；否则，该值被锁存，但不用于驱动引脚。

编程代码：

```
GpioDataRegs.GPADAT.bit.GPIO7= 0x1;        //GPIO7 输出为 1
```

5. 其他数据寄存器（GPASET, GPACLEAR, GPATOGGLE）

其他数据寄存器包括置位寄存器 GPASET、清零寄存器 GPACLEAR 和数据翻转寄存器 GPATOGGLE，它们都为 32 位寄存器，对应 32 个引脚。对置位寄存器 GPASET、清零寄存器 GPACLEAR 和数据翻转寄存器 GPATOGGLE 进行设置，同样可以改变端口电平状态。端口 B 和端口 C 结构类似，在此不再说明。

31	30	29	28	27	26	25	24
GPIO31	GPIO30	GPIO29	GPIO28	GPIO27	GPIO26	GPIO25	GPIO24
R/W-0	R/W-0	R/W-0	R/W-0	R/W-0	R/W-0	R/W-0	R/W-0
23	22	21	20	19	18	17	16
GPIO23	GPIO22	GPIO21	GPIO20	GPIO19	GPIO18	GPIO17	GPIO16
R/W-0	R/W-0	R/W-0	R/W-0	R/W-0	R/W-0	R/W-0	R/W-0
15	14	13	12	11	10	9	8
GPIO15	GPIO14	GPIO13	GPIO12	GPIO11	GPIO10	GPIO9	GPIO8
R/W-0	R/W-0	R/W-0	R/W-0	R/W-0	R/W-0	R/W-0	R/W-0
7	6	5	4	3	2	1	0
GPIO7	GPIO6	GPIO5	GPIO4	GPIO3	GPIO2	GPIO1	GPIO0
R/W-0	R/W-0	R/W-0	R/W-0	R/W-0	R/W-0	R/W-0	R/W-0

对于 GPASET：写入 0 无影响；写入 1 使相应的输出数据锁存为高。如果引脚被配置为 GPIO 输出，那么它将被驱动为高电平；如果引脚没有被配置为 GPIO 输出，那么仅锁存器被设置为高，但引脚不被驱动。

对于 GPACLEAR：写入 0 无影响；写入 1 使相应的输出数据锁存为低。如果引脚被配置为 GPIO 输出，那么它将被驱动为低电平；如果引脚没有被配置为 GPIO 输出，那么仅锁存器被设置为低，但引脚不被驱动。

对于 GPATOGGLE：写入 0 无影响；写入 1 使相应的输出数据锁存为翻转。如果引脚被配置为 GPIO 输出，那么输出引脚电平将翻转；如果引脚没有被配置为 GPIO 输出，那么仅锁存器被设置为翻转，但引脚不被驱动。

编程代码：

```
GpioDataRegs.GPBSET.bit.GPIO60=1;        //GPIO60 置 1
GpioDataRegs. GPACLEAR.bit.GPIO1=1;       //GPIO1 清零
GpioDataRegs. GPBTOGGLE.bit.GPIO60=1;     //GPIO60 翻转
```

6．中断相关的寄存器

中断相关的寄存器主要包括外部中断源选择寄存器（GPIOXINTnSEL）和 XNMI 中断选择寄存器（GPIOXNMISEL）。它们都受 EALLOW 保护。

（1）外部中断源选择寄存器 GPIOXINTnSEL）（其中 n=1～7，对应 XINT1～XINT7）

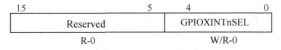

当 n=1 或 2 时，即针对 XINT1 或 XINT2 时 GPIOXINTnSEL 选择功能如下：

位域	名称	描述
15～5	Reserved	保留
4～0	GPIOXINTnSEL	选择端口 A 的 GPIO 信号（GPIO0～GPIO31）作为 XINT1 或 XINT2 中断源。 00000—选择 GPIO0 作为 XINT1 或 XINT2 中断源（默认）； 00001—选择 GPIO1 作为 XINT1 或 XINT2 中断源； …… 11111—选择 GPIO31 作为 XINT1 或 XINT2 中断源

XINT1 和 XINT2 中断选择配置寄存器见表 2-8，有关中断配置寄存器 XINTnCR 将在中断章节进行介绍。

表 2-8　中断选择配置寄存器表

n	中断	中断选择寄存器	中断配置寄存器
1	XINT1	GPIOXINT1SEL	XINT1CR
2	XINT2	GPIOXINT2SEL	XINT2CR

当 n=3～7 时，即针对 XINT3 或 XINT7 时 GPIOXINTnSEL 选择功能如下：

位域	名称	描述
15～5	Reserved	保留
4～0	GPIOXINTnSEL	选择端口 B 的 GPIO 信号（GPIO32～GPIO63）作为 XINT1 或 XINT2 中断源。 00000—选择 GPIO32 作为 XINT1 或 XINT2 中断源（默认）； 00001—选择 GPIO33 作为 XINT1 或 XINT2 中断源； …… 11111—选择 GPIO63 作为 XINT1 或 XINT2 中断源

XINT3 和 XINT7 中断选择配置寄存器见表 2-9，有关中断配置寄存器 XINTnCR 同样将在中断章节进行介绍。

表 2-9　中断选择配置寄存器表

n	中断	中断选择寄存器	中断配置寄存器
3	XINT3	GPIOXINT3SEL	XINT3CR
4	XINT4	GPIOXINT4SEL	XINT4CR

n	中断	中断选择寄存器	中断配置寄存器
5	XINT5	GPIOXINT5SEL	XINT5CR
6	XINT6	GPIOXINT6SEL	XINT6CR
7	XINT7	GPIOXINT7SEL	XINT7CR

（2）XNMI 中断选择寄存器（GPIOXNMISEL）

位域	名称	描述
15～5	Reserved	保留
4～0	GPIOSEL	选择端口 A 的 GPIO 信号（GPIO0～GPIO31）作为 XNMI 中断源。 00000—选择 GPIO0 作为 XNMI 中断源； 00001—选择 GPIO1 作为 XNMI 中断源； …… 11111—选择 GPIO31 作为 XNMI 中断源

7. 低功耗模式唤醒寄存器 GPIOLPMSEL

31	30	29	28	27	26	25	24
GPIO31	GPIO30	GPIO29	GPIO28	GPIO27	GPIO26	GPIO25	GPIO24
R/W-0	R/W-0	R/W-0	R/W-0	R/W-0	R/W-0	R/W-0	R/W-0
23	22	21	20	19	18	17	16
GPIO23	GPIO22	GPIO21	GPIO20	GPIO19	GPIO18	GPIO17	GPIO16
R/W-0	R/W-0	R/W-0	R/W-0	R/W-0	R/W-0	R/W-0	R/W-0
15	14	13	12	11	10	9	8
GPIO15	GPIO14	GPIO13	GPIO12	GPIO11	GPIO10	GPIO9	GPIO8
R/W-0	R/W-0	R/W-0	R/W-0	R/W-0	R/W-0	R/W-0	R/W-0
7	6	5	4	3	2	1	0
GPIO7	GPIO6	GPIO5	GPIO4	GPIO3	GPIO2	GPIO1	GPIO0
R/W-0	R/W-0	R/W-0	R/W-0	R/W-0	R/W-0	R/W-0	R/W-0

位域	名称	描述
31～0	GPIO31～0	低功耗模式唤醒选择位。该寄存器中的每一位对应于一个 GPIO 端口 A 引脚（GPIO0～GPIO31）。 0—相应引脚上的信号将对 HALT 和 STANDBY 低功耗模式没有影响； 1—如果各个位被设置为 1，则相应引脚上的信号能够从 HALT 和 STANDBY 低功率模式唤醒设备

注：该寄存器受 EALLOW 保护。

2.3.3　GPIO 程序

1. GPIO 初始化程序

例如，将 GPIO0 和 GPIO1 设置为 ePWM 功能，同时使能上拉功能的初始化程序如下：

```
void InitEPwm1Gpio(void)
{
  EALLOW;
    GpioCtrlRegs.GPAPUD.bit.GPIO0 = 0;        //使能内部上拉
    GpioCtrlRegs.GPAMUX1.bit.GPIO0 = 1;       //配置为 EPWM1A
    GpioCtrlRegs.GPAPUD.bit.GPIO1 = 0;        //使能内部上拉
    GpioCtrlRegs.GPAMUX1.bit.GPIO1 = 1;       //配置为 EPWM1B
  EDIS;
}
```

2. GPIO 例程程序

要求利用 GPIO7 作为输出口，实现对发光二极管闪烁的控制。

```
#include "DSP2833x_Device.h"
#include "DSP2833x_Examples.h"
  void main(void)
  {
    InitSysCtrl();
    EALLOW;   //宏指令,允许访问受保护寄存器
        GpioCtrlRegs.GPADIR.bit.GPIO7 = 0x1;//GPIO7 作为输出口
      EDIS; //宏指令,恢复寄存器的保护状态
      GpioDataRegs.GPADAT.bit.GPIO7= 0x1;//GPIO7 数据
  while(1)
    {
      GpioDataRegs.GPATOGGLE.bit.GPIO7= 0x1;//翻转
      DELAY_US(0x40000);//延时函数,0x40000 为延时时间的设置,由 TI 公司官方提供
    }
  }
```

2.4　中断结构及原理

TMS320F28335 CPU 支持一个不可屏蔽中断（NMI）和 16 个可屏蔽优先中断请求（INT1～INT14、RTOSINT 和 DLOGINT）。CPU 无法在 CPU 内核级处理过多的外设中断请求，因此需要一个外设中断扩展（Peripheral Interrupt Expansion，PIE）模块仲裁来自外设和其引脚的中断请求。PIE 模块将多个中断源复用为一组中断输入。PIE 模块可以支持 96 个独立的中断源，这些中断源被分为 12 组，每组有 8 个中断源。96 个中断源中的每一个都有自己的中断向量表，这些中断向量表存储在特定的 RAM 中并且可以根据需要进行修改。在响应中断时，CPU 可自动获取相应的中断向量。CPU 获取中断向量和保存重要的寄存器只需 9 个 CPU 时钟周期，因此 CPU 可以快速响应中断事件。此外，中断的优先级由硬件和软件控制。每一个中断也可以在 PIE 模块内控制中断的使能或禁止。

2.4.1　中断系统的结构

TMS320F28335 的中断分为 3 级，分别为外设级、PIE 级和 CPU 级，其系统结构如图 2-6 所示。

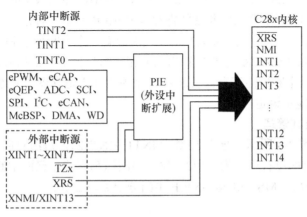

图 2-6　中断系统结构图

1. 中断源分类

TMS320F28335 的中断按请求来源的类别，可分为软件中断和硬件中断。其中，软件中断是指由软件指令 INTR、OR IFR 和 TRAP 引起的中断。硬件中断按中断的来源又可分为外部中断和内部中断。外部中断是指外部引脚引起（包括复位、非屏蔽，控制系统出错和外部 XINT1～XINT7）的中断；内部中断主要指片内外设引起的中断。

按响应请求又分为可屏蔽中断和不可屏蔽中断。可屏蔽中断是指 CPU 通过软件设置可以禁止或使能的中断，绝大多数外设中断属于此类；不可屏蔽中断是指 CPU 无法通过软件设置禁止或使能的中断，如 XRS 和 XNMI/XINT13。

2. 三级中断管理

由于 TMS320F28335 的中断源较多，而 CPU 直接响应的中断个数有限。特别是每个外设往往拥有一个或多个中断源，所以 TMS320F28335 采用外设中断扩展 PIE 模块的方法对中断进行集中化管理，使一个 CPU 级中断能对应多个外设，如图 2-7 所示。

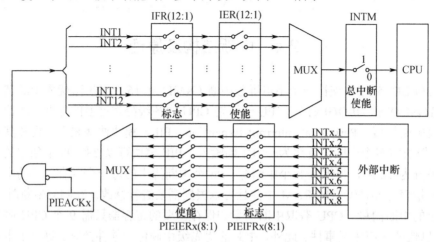

图 2-7　采用外设中断扩展 PIE 模块的中断结构图

TMS320F28335 的 3 级中断，每级都有相应的中断允许、中断禁止与中断标志，负责相应的中断管理。外设级负责外设相应的中断使能与中断标志管理；PIE 级负责对外设级中断分组，并按照优先级管理；CPU 级负责直接向 CPU 申请中断请求等。

TMS320F28335 的三级中断管理如图 2-7 所示。其中，外设级主要由外设本身中断使能和标志寄存器等组成；PIE 级主要由中断使能寄存器 PIEIER 和中断标志寄存器 PIEIFR 组成，PIE 级分为 12 组，每组对应 8 个外设，每组 8 个外设对应有一个中断使能和一个标志寄存器；应答控制单元有应答寄存器 PIEACK 与 PIE 输出信号相"与"控制申请信号是否向 CPU 级传递；CPU 级由 1 个 CPU 级中断使能寄存器 IER 和 1 个中断标志寄存器 IFR 组成；全局使能位由状态寄存器 INTM 的使能位设定。

3. PIE 级中断及其管理

PIE 管理结构如图 2-8 所示，分为 12 组（INT1～INT12），每组对应 8 个外设中断源。PIE 共管理 96 个中断（有的没有用，为保留）。每个中断源都支持自己的中断向量存储在一个专用的 RAM 中，可以修改。TMS320F28335 PIE 中断分配见表 2-10。

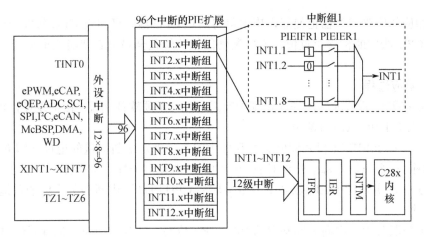

图 2-8　PIE 管理结构

表 2-10　TMS320F28335 PIE 中断分配表

CPU中断请求	PIE 外设中断源							
	INTx.8	INTx.7	INTx.6	INTx.5	INTx.4	INTx.3	INTx.2	INTx.1
INT1	WAKEINI	TINT0	ADCINT	XINT2	XINT1	保留	SEQ2INT	SEQ1INT
INT2	保留	保留	EPWM6_TZINT	EPWM5_TZINT	EPWM4_TZINT	EPWM3_TZINT	EPWM2_TZINT	EPWM1_TZINT
INT3	保留	保留	EPWM6_INT	EPWM5_INT	EPWM4_INT	EPWM3_INT	EPWM2_INT	EPWM1_INT
INT4	保留	保留	ECAP6_INT	ECAP5_INT	ECAP4_INT	ECAP3_INT	ECAP2_INT	ECAP1_INT
INT5	保留	保留	保留	保留	保留	保留	EQEP2_INT	EQEP1_INT
INT6	保留	保留	MXINTA	MRINTA	MXIN'TB	MRINTB	SPITXINTA	SPIRXINTA
INT7	保留	保留	DINTCH6	DINTCH5	DINTCH4	DINTCH3	DINTCH2	DINTCH1
INT8	保留	保留	SCITXINTC	SCIRXINTC	保留	保留	I2CINT2A	I2CINT1A
INT9	ECAN1_INTB	ECAN0_INTB	ECAN1_INTA	ECAN0_INTA	SCITXINTB	SCIRXINTB	SCITXINTA	SCIRXINTA
INT10	保留	保留	保留	保留	保留	保留	保留	保留
INT11	保留	保留	保留	保留	保留	保留	保留	保留
INT12	LUF	LVF	保留	XINT7	XINT6	XINT5	XINT4	XINT3

注：PIE 级中断优先级从表 2-10 中从上至下、从左至右逐渐降低。

4. 软件设置中断优先级

采用 CPU IER 寄存器作为全局优先级，单独的 PIEIER 寄存器作为每个组的优先级。在这种情况下，PIEIER 寄存器只有在产生中断时才能被修改。此外，只有被服务的中断所在的组的 PIEIER 寄存器被修改，且当 PIEACK 位保持来自 CPU 的中断时，修改操作才能执行。当一个来自无关组的中断被执行时，不要禁用 PIEIER 位。

2.4.2　中断请求及响应过程

中断请求及响应过程流程如图 2-9 所示。

1. 中断请求过程

① 当外设有中断请求发生时，使其标志位置位，若其本身的使能位使能，则向 PIE 模块发出中断请求；

② 相应的 PIE 中断标志位置位，若使能位为使能、PIE 总使能位也使能，申请信号送达应答单元；

③ 如相应的应答寄存器也使能，申请信号送达 CPU 级，即可向 CPU 级发出中断请求；

④ 使 CPU 级中断标志位置位，若中断使能位使能且全局中断使能位也使能，则中断请求到达 CPU。

2. 中断响应过程

① CPU 接到中断请求后，CPU 识别中断后自动（无须软件编程）保护现场，并使 IFRx=0、IERx=0、INTM=1 和 EALLOW=0；

② CPU 根据 PIEIERx 和 PIEIFRx 寄存器中的值，确定中断向量的地址（即 PIE 级分为 12 组，每组对应 8 个外设，每个外设对应一个中断使能和一个标志寄存器，体现在 PIEIERx 和 PIEIFRx 中的 x），并清除 PIEIFRx 的标志位，然后 CPU 跳转到中断服务程序的首地址开始执行中断服务程序；

③ 在中断服务程序中向应答寄存器 PIEACKx 位写 1 清除相应位，以便重新响应下次中断或其他中断，INTM=0，中断服务程序返回。

注意：① CPU 响应中断后可自动保护现场，并清除标志位 IFR，置位全局中断位及保护有关的寄存器，在中断服务程序中无须编程干预，但是外设级的标志位和应答寄存器必须在中断服务程序中进行复位，否则无法执行下次中断。

② 片内外设中断事件的发生到 CPU 执行相应的中断服务程序至少需要 14 个时钟周期的延时，外部引脚引起的外部中断至少需要再增加 2 个时钟周期，即至少需要 16 个时钟周期的延时。

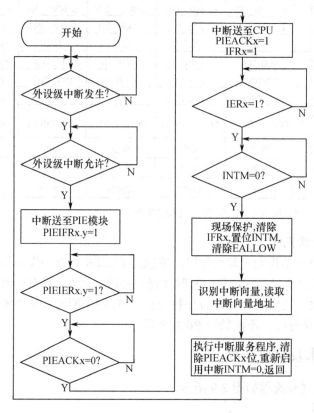

图 2-9 中断请求及响应过程流程图

2.4.3 中断管理寄存器

和中断管理相关的寄存器主要有：状态寄存器 ST1、CPU 级中断使能寄存器 IER、中断标志寄存器 IFR；PIE 级寄存器包括 PIE 中断使能寄存器 PIEIER、PIE 标志寄存器 PIEIFR、PIE 控制寄存器 PIECTRL、PIE 中断响应寄存器（PIEACK）；外设级寄存器包括外部中断控制寄存器 XINTnCR、外部 NMI 中断控制寄存器 XNMICR、外部中断计数器 XINTnCTR、外部 NMI 中断计数器 XNMICTR，其他外设级和中断有关的寄存器，将在相关章节介绍。

1. 总中断控制寄存器

总中断由状态寄存器 ST1[INTM]位控制，INTM=0 使能中断，INTM=1 禁止中断。

编程代码：

```
        DINT;  //使 ST1[INTM]=1,屏蔽所有可屏蔽中断
或      asm( "SETC   INTM");
        EINT;   //使 ST1[INTM]=0,使能所有可屏蔽中断
或      asm("CLRC   INTM");
```

2. CPU 级中断寄存器

CPU 级中断使能寄存器 IER 和标志寄存器 IFR 为 16 位寄存器，分别对应 16 个 CPU 级可屏蔽中断的使能与标志（INT1～INT14 和 RTOSINT、DLOGINT）。其中，RTOSINT 和 DLOGINT 是两个特殊中断请求。前者仅用于实时操作系统中的中断请求，后者为数据日志中断请求，保留给 TI 公司测试使用，一般用户不用。

（1）使能寄存器 IER

15	14	13	12	11	10	9	8
RTOSINT	DLOGINT	INT14	INT13	INT12	INT11	INT10	INT9
R/W-0	R/W-0	R/W-0	R/W-0	R/W-0	R/W-0	R/W-0	R/W-0

7	6	5	4	3	2	1	0
INT8	INT7	INT6	INT5	INT4	INT3	INT2	INT1
R/W-0	R/W-0	R/W-0	R/W-0	R/W-0	R/W-0	R/W-0	R/W-0

对相应的位写 1 使能中断，写 0 禁止中断。

（2）标志寄存器 IFR

15	14	13	12	11	10	9	8
RTOSINT	DLOGINT	INT14	INT13	INT12	INT11	INT10	INT9
R/W-0	R/W-0	R/W-0	R/W-0	R/W-0	R/W-0	R/W-0	R/W-0

7	6	5	4	3	2	1	0
INT8	INT7	INT6	INT5	INT4	INT3	INT2	INT1
R/W-0	R/W-0	R/W-0	R/W-0	R/W-0	R/W-0	R/W-0	R/W-0

有中断请求时，相应的位置 1，当中断请求被响应后，CPU 自动对其清 0，无须软件编程干预，若没有被响应，则一直保持为 1。通过软件编程，向其写 1 可申请中断，写 0 可清除标志位。

编程代码：

```
IER = 0x0000;//清除使能位
IFR = 0x0000;//清除标志位
IER |= M_INT3;//使能第 3 组中断,其中 M_INT3= 0x0004
```

3. PIE 级寄存器

（1）PIE 中断使能寄存器 PIEIERx（x = 1～12）

15　8	7	6	5	4	3	2	1	0
Reserved	INT8	INT7	INT6	INT5	INT4	INT3	INT2	INT1
R-0	W/R-0	W/R-0	W/R-0	W/R-0	W/R-0	W/R-0	W/R-0	W/R-0

PIE 中断使能控制寄存器 PIEIERx（x = 1～12）共 12 个，每个最多对应 8 个外设。对相应

的位写 1 为使能中断，写 0 为禁止中断。

编程代码：

```
PieCtrlRegs.PIEIER1.bit.INTx6 = 1;          //使能第 1 组第 6 个外设中断,即使能 A/D 中断
PieCtrlRegs.PIEIER3.bit.INTx1 = 1;          //使能第 3 组第 1 个外设中断,即使能 ePWM1 中断
```

（2）PIE 标志寄存器 PIEIFRx（$x = 1 \sim 12$）

15 8	7	6	5	4	3	2	1	0
Reserved	INT8	INT7	INT6	INT5	INT4	INT3	INT2	INT1
R-0	W/R-0	W/R-0	W/R-0	W/R-0	W/R-0	W/R-0	W/R-0	W/R-0

PIE 标志寄存器 PIEIFRx（$x = 1 \sim 12$）共 12 个，每个最多对应 8 个外设。同 CPU 级一样，有中断请求时相应的位置 1，当中断请求被响应后，CPU 自动对其清 0，无须软件编程干预，若没有被响应，则一直保持为 1。通过软件编程向其写 1 可申请中断，写 0 可清除标志位。

编程代码：

```
PieCtrlRegs.PIEIFR3.bit.INTx4 = 1;      //第 1 组第 4 个外设中断标志置位
PieCtrlRegs.PIEIFR1.bit.INTx6 = 0;      //清除第 1 组第 6 个外设中断标志
```

（3）PIE 控制寄存器 PIECTRL

15 1	0
PIEVECT	ENPIE
R-0	W/R-0

PIEVECT 为中断向量在 PIE 中断向量表中的地址；ENPIE 为 PIE 中断向量表的使能位，设置为 1 使能，设置为 0 禁止。

编程代码：

```
PieCtrlRegs.PIECTRL.bit.ENPIE = 1;      //PIE 使能
```

（4）中断响应寄存器（PIEACK）

15 12	11 0
Rerserved	PIEACK
R-0	R/W1C-1

注：R/W1C-1 为可读写，写 1 清 0，复位时默认值为 1。

中断响应寄存器 PIEACK[0～11]对应 PIE 中 1～12 组的应答。0 表示未响应，1 表示已响应。当 CPU 响应中断后，相应的位自动置 1，阻止其他中断的申断请求通过。若要进行再次中断，需在中断服务程序中对相应的位写 1 清 0。

编程代码：

```
PieCtrlRegs.PIEACK.all=PIEACK_GROUP3; //清除第 3 组应答标志位,PIEACK_GROUP3=0x0004
```

4．外设级寄存器

TMS320F28335 除众多的片内中断外，还有 7 个外部可屏蔽中断（XINT1～XINT7）、一个外部中断 XINT13 与非屏蔽中断 XNMI 复用。这些中断可选择不同的 I/O 引脚作为触发源，可通过设置外部中断控制寄存器 XINTnCR 和外部 NMI 中断控制寄存器 XNMICR 禁止及使能。

（1）外部中断控制寄存器 XINTnCR（$n=1 \sim 7$）

15 4	3 2	1	0
Rerserved	Polarity	保留	Enable
R-0	W/R-0	R-0	W/R-0

位域	名称	描述
15～4	Reserved	保留
3～2	Polarity	Polarity 中断产生时刻： x0（00 或 10）—下降沿；01—上升沿；11—上升沿和下降沿
1	Reserved	保留
0	Enable	Enable 为中断使能位：0—禁止该中断；1—使能该中断

（2）外部 NMI 中断控制寄存器 XNMICR

15		4	3		2	1		0
Rerserved			Polarity			Select		Enable
R-0			W/R-0			R-0		W/R-0

位域	名称	描述
15～4	Reserved	保留
3～2	Polarity	中断产生时刻：x0（00 或 10）—下降沿；01—上升沿；11—上升沿和下降沿
1	Select	中断源选择： 0—选择定时器 1 作为 INT13 中断源；1—选择 XNMI/XINT13 作为 INT13 中断源
0	Enable	中断使能位：0—禁止该中断；1—使能该中断

（3）外部中断计数器 XINTnCTR（n=1～2）

对于 XIT1 和 XIT2，还有一个 16 位计数器，当检测到中断边沿时，计数器被复位到 0x000。这些计数器可以用来精确地对中断的发生时间进行标记。

15	0
INTCTR[15～0]	
R-0	

这是一个 16 位加计数器，采用 SYSCLKOUT 为计数时钟。当检测到有效的中断边沿时，计数器值被复位为 0x000，然后继续计数直到检测到下一个有效的中断边沿。当中断被禁用时，计数器停止。计数器是一个自由运行计数器，当达到最大值时将返回零。计数器是只读寄存器，只能通过有效的中断边沿或复位来复位为零。

（4）外部 NMI 中断计数器 XNMICTR

对于外部 NMI 中断也有一个 16 位计数器，每当检测到中断边沿时，计数器被复位到 0x000。该计数器可以用来精确地对中断的发生时间进行标记。其结构与外部中断计数器 XINTnCTR 相同，在此不再赘述。

2.4.4 中断服务程序

1. 中断服务程序编写步骤

本程序以 ePWM1 中断为例介绍中断服务程序编写的步骤，有关 PWM 的具体内容将在第 3 章中讲解，在此读者暂时可不深究，主要以掌握中断服务程序编写的步骤为主。

```
#include "DSP2833x_Device.h"
#include "DSP2833x_Examples.h"
void EPwmSetup(void);
interrupt void ISRepwm1(void);   //①声明中断服务程序名称
void main(void)
{
InitSysCtrl();
InitGpio();
```

```
DINT;            //②关闭总中断
InitPieCtrl();   //③初始化 PIE 控制
IER = 0x0000;    //④复位 CPU 级使能寄存器
IFR = 0x0000;    //⑤复位 CPU 级标志寄存器
InitPieVectTable();  //⑥中断向量表初始化
EALLOW;
PieVectTable.EPWM1_INT=&ISRepwm1;  //⑦重新映射本例中的中断向量,使其指向中断服务程序
EDIS;            //注意受 EALLOW 保护
EPwmSetup();//初始化 ePWM
PieCtrlRegs.PIECTRL.bit.ENPIE = 1;   //⑧PIE 总使能
PieCtrlRegs.PIEIER3.bit.INTx1 = 1;   //⑨PIE 第 3 组第 1 位使能,即对应外设 ePWM1 中断使能
IER |= M_INT3;   //⑩CPU 第 3 级使能
EINT;            //⑪开总中断
for(;;){ }       //等待中断
}
interrupt void ISRepwm1(void)    //⑫中断服务程序
{
EINT;    //⑬允许该中断被打断,否则可以不写此句。在此可用于设置中断的优先级
EALLOW;
EPwm1Regs.CMPA.half.CMPA=1464;
EPwm1Regs.CMPB==1464;
EPwm2Regs.CMPA.half.CMPA=1464;
EPwm2Regs.CMPB==1464;
EPwm3Regs.CMPA.half.CMPA=1464;
EPwm3Regs.CMPB==1464;
EDIS;
EPwm1Regs.ETSEL.bit.INTEN=1;
EPwm1Regs.ETCLR.bit.INT=1;  //⑭清除中断标志位,否则下次中断无法响应
PieCtrlRegs.PIEACK.all=PIEACK_GROUP3;//⑮复位应答响应寄存器
}
```

程序以 ePWM1 中断为例,三级中断管理的中断服务程序一般需要经过上例中的①～⑮共15 个步骤才能完成。具体到不同外设略有区别,请注意相关外设章节的介绍。

2. 中断例程程序

要求利用 CPU 定时器 0 中断,控制 LED 闪烁,闪烁频率为 1Hz,LED 由 GPIO7 驱动。

```
#include "DSP2833x_Device.h"
#include "DSP2833x_Examples.h"
#define LED GpioDataRegs.GPADAT.bit.GPIO7
interrupt void ISRTimer0(void);
void configtestled(void);    //I/O 初始化函数
void main(void)
{
InitSysCtrl();       //系统初始化
InitXintf16Gpio();   //初始化 GPIO
DINT;    //禁止可屏蔽中断
InitPieCtrl();       //初始化 PIE 控制
IER = 0x0000;        //禁止 CPU 中断
IFR = 0x0000;        //清除所有 CPU 中断标志
InitPieVectTable();  //PIE 中断向量表指针指向中断服务程序(ISR)完成其初始化。即使在程序中不使用中
```

断功能,也应对 PIE 中断向量表进行初始化,这样做是为了避免 PIE 引起的错误

```
    EALLOW;        //允许访问受保护寄存器
    PieVectTable.TINT0 = &ISRTimer0;        //重新映射本例中使用的中断向量
    EDIS;        //恢复保护
    InitCpuTimers();        //初始化 CPU 定时器
    ConfigCpuTimer(&CpuTimer0, 150, 500000);
    StartCpuTimer0();        //启用 CPU int1 连接到 CPU 定时器 0;
    IER |= M_INT1;        //使能 CPU 的 INT1 中断
    PieCtrlRegs.PIECTRL.bit.ENPIE = 1;        //允许从 PIE 中断向量表中读取中断向量,即使能 PIE
    PieCtrlRegs.PIEIER1.bit.INTx7 = 1;        //允许 PIE 中断组 1 中第 7 个中断使能,即定时器 0 中断使能
    EINT;        //总中断 INTM 使能
    ERTM;        //使能总实时中断 DBGM
    configtestled();
    LED=1;
    DELAY_US(10);
    for(; ;);        //空循环,等待中断
}
interrupt void ISRTimer0(void)
{
PieCtrlRegs.PIEACK.all = PIEACK_GROUP1; //0x0001 赋给响应寄存器,对其清除,允许接收下一次中断
CpuTimer0Regs.TCR.bit.TIF=1;        //定时到了指定时间,标志位置位,清除标志
CpuTimer0Regs.TCR.bit.TRB=1;        //重载定时器 0 的定时数据
LED=~LED;        //取反
}
void configtestled(void)
{
    EALLOW;
        GpioCtrlRegs.GPAMUX1.bit.GPIO7 = 0;        //设置 GPIO7 为通用 I/O
        GpioCtrlRegs.GPADIR.bit.GPIO7 = 1;        //设置 GPIO7 为输出
    EDIS;
}
```

思考与练习题

2-1 简述 TMS320F28335 的 3 种输入时钟配置。

2-2 基于 PLL 的时钟模块有哪 3 种工作配置模式?

2-3 若系统时钟 SYSCLKOUT=150MHz,编程代码如下:

```
SysCtrlRegs.HISPCP.all = 2;
SysCtrlRegs.LOSPCP.all = 3;
```

则经分频后,HSPCLK 和 LSPCLK 输出时钟分别为多少?

2-4 设置系统时钟时应注意什么问题?

2-5 简述 PLL 初始化流程。

2-6 简述 CPU 定时器结构与工作原理。

2-7 一般在使用 CPU 定时器时,只需在主程序中修改配置函数 ConfigCpuTimer(struct CPUTIMER_VARS *Timer, float Freq, float Period)中的 3 个参数即可,试说明 3 个参数的含义。

2-8　试用定时器 1 编写定时时间为 2s 的程序，要求利用中断实现。

2-9　简述 GPIO 结构及工作原理。

2-10　试编写将 GPIO2 和 GPIO3 设置为 ePWM 功能的初始化程序代码。

2-11　要求利用 GPIO7 作为输出口，实现对发光二极管闪烁的控制，具体要求：

（1）延时时间的设置由 TI 公司官方提供的函数 DELAY_US(0x…)完成；

（2）发光二极管闪烁的控制由寄存器 GPASET 和 GPACLEAR 设置实现；

（3）编写主程序和 GPIO 初始化程序代码。

2-12　简述 TMS320F28335 的中断特点。

2-13　TMS320F28335 的中断分为哪三级？

2-14　简述 TMS320F28335 的中断请求和响应的过程。

2-15　简述 TMS320F28335 的中断服务程序编写的步骤。

2-16　利用 GPIO7 作为输出口，CPU 定时器 1 中断，控制发光二极管闪烁，闪烁频率为 1Hz。

具体要求：编写主程序、I/O 初始化和 CPU 定时器 1 中断服务程序代码。

第3章 ePWM 模块工作原理及应用

增强型脉宽调制器（ePWM）广泛应用于电机、开关电源、不间断电源（UPS）和其他形式电能转换的控制中。ePWM 实质上是一种数模转换器（DAC），其中占空比等于 DAC 模拟值，所以有时也被称为功率 DAC。ePWM 模块有自己的定时和控制资源，能够以最小的 CPU 开销或干预产生复杂的脉冲宽度波形。ePWM 模块由独立的子模块构建而成，并且可以根据需要协同操作以形成系统。

3.1 ePWM 模块构成及工作原理

TMS320F28335 有多达 18 路的 PWM 输出，其中包含 12 路普通 PWM 输出和 6 路高精度 PWM 输出。PWM 广泛应用于电机控制和逆变器等领域，本章主要介绍 12 路普通 PWM 的结构、原理与应用。12 路普通 PWM 输出由 6 个 ePWM 单元组成，即 ePWM1～6；每个单元输出 2 路 PWM 波（PWMxA/B），共有 12 路 PWM 波输出。每个 ePWM 模块又包含 7 个子模块，即时间基准子模块 TB、计数比较子模块 CC、动作限定子模块 AQ、死区控制子模块 DB、PWM 斩波子模块 PC、错误控制子模块 TZ 和事件触发子模块 ET，其组成如图 3-1 所示。

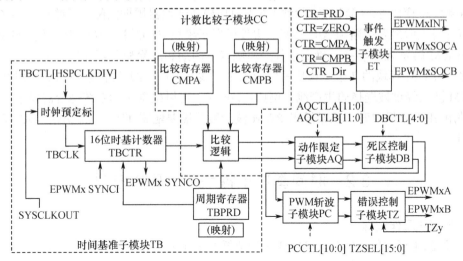

图 3-1　ePWM 模块构成

1. 时间基准子模块 TB（Time-Base）

时间基准子模块 TB（简称 TB 模块）主要由时钟预定标（分频）单元、16 位时基计数器 TBCTR 和周期寄存器 TBPRD（带映射）等组成。其功能是：为输出 PWM 提供时钟基准 TBCLK；设置计数器的计数模式；配置硬件或软件同步时钟基准计数器，确定 ePWM 同步信号输出源；通过对计数器模式的配置和对周期寄存器 TBPRD 值的设定产生不同频率的 PWM 波；同时可以产生周期匹配和计数器下溢匹配事件，触发相应中断和 A/D 转换等。

2. 计数比较子模块 CC（Counter-Compare）

计数比较子模块 CC（简称 CC 模块）主要由两个比较寄存器 CMPA/B（带映射）和比较逻辑单元组成。其功能是根据比较寄存器 CMPA/B 的值，确定 PWM 波的占空比；同时可产生比较匹配事件，根据需要触发相应的中断和 A/D 转换。

3. 动作限定子模块 AQ（Action-Qualifier）

动作限定子模块 AQ（简称 AQ 模块）主要由动作限定寄存器 AQCTLA/AQCTLB 组成。其功能是当 TB 模块的周期、下溢匹配和 CC 模块比较匹配事件发生时，限定对应引脚电平的高低，产生所需的 PWM 波。

4. 死区控制子模块 DB（Dead-Band Generator）

死区控制子模块 DB（简称 DB 模块）主要由输入选择逻辑、上升沿计数器、下降沿计数器、输出极性选择逻辑和死区功能选择逻辑单元组成。其功能是通过配置输出 PWM 上升沿或下降沿延时的时间，在输出的 PWM 波中插入死区，也可以将 A、B 两通道配置成互补模式等。死区时间可以通过编程确定。

5. PWM 斩波子模块 PC（PWM-Chopper）

PWM 斩波子模块 PC（简称 PC 模块）允许高频载波信号调制由动作限定器和 DB 模块生成的 PWM 波，主要用于由脉冲变压器栅极驱动器控制的功率开关元件系统中。

6. 错误控制子模块 TZ（Trip-Zone）

当外部有错误信号产生时，错误控制子模块 TZ（简称 TZ 模块）对 PWM 输出信号进行相应处理，比如全置高，或拉低，或置为高阻态，从而起到保护作用，该功能也可以通过软件强制产生。

7. 事件触发子模块 ET（Event-Trigger）

事件触发子模块 ET（简称 ET 模块）根据 TB 模块计数器周期匹配、下溢匹配、CC 模块比较匹配事件发生时触发中断和 A/D 转换。事件触发子模块 ET 的主要功能为：使能 ePWM 中断和使能 ePWM 触发 A/D 转换，确定事件产生触发的周期和清除相关事件标志位等。

总之，ePWM 模块的 7 个子模块就像一条生产线，一级一级地经过，可以通过相应配置，使得 PWM 波只经过被选择的生产线。例如，DB 模块可以根据实际系统是否需要来进行设置。在实际使用 ePWM 模块时，正常发出 PWM 波一般只需要配置 TB、CC、AQ、DB 和 ET 这 5 个模块即可。

3.2 时间基准子模块 TB 及其控制

1. TB 模块工作过程

TB 模块的主要作用是定时，可完成对计数器的工作模式（增计数模式、减计数模式、增减计数模式）、周期和相位等的设置。TB 模块接收来自系统时钟 SYSCLKOUT，经时钟预定标单元分频后提供给 16 位时基计数器 TBCTR，计数器根据设定的计数模式进行计数，并与周期寄存器的值进行比较。当计数器 TBCTR 的值与周期寄存器 TBPRD 的值相等（匹配）或等于零（下溢匹配）时，产生的匹配事件与 AQ 模块配合产生 PWM 波。PWM 波的周期由计数模式和周期寄存器的值确定。

2. 时基计数器的计数模式与 PWM 波周期的关系

（1）计数脉冲周期

计数脉冲也称为时基，如第 2 章所述，由系统时钟分频得到。其频率为

$$f_{TBCLK} = f_{SYSCLKOUT}/(HSPCLKDIV \times CLKDIV) \tag{3-1}$$

式中，f_{TBCLK} 为 TB 模块时基的频率；$f_{SYSCLKOUT}$ 为系统时钟的频率；HSPCLKDIV 和 CLKDIV 由 TB 模块定时控制寄存器 TBCTL[HSPCLKDIV] 与 TBCTL[CLKDIV] 的设置决定。即通过设置

定时控制寄存器 TBCTL[HSPCLKDIV] 与 TBCTL[CLKDIV] 的值，可以改变 TB 模块时基的频率。

（2）计数模式与周期和频率的关系

计数器 TBCTR 有 4 种计数模式，由控制寄存器 TBCTL[CTRMODE] 的设置确定，分别为停止、连续增、连续减和连续增减计数模式。

① 停止模式（CTRMODE=11）：复位时默认状态，计数器保持当前值不变。

② 连续增计数模式（CTRMODE=00）：对 TB 时钟信号进行连续加计数，计数到周期寄存器值后，复位到 0，然后重新下一个增计数周期。主要用于非对称 PWM 波产生。

③ 连续减计数器模式（CTRMODE=01）：对 TB 时钟信号进行连续减计数，计数到 0 后，重新从周期寄存器值开始进行下一个减计数周期。主要用于非对称 PWM 波产生。

④ 连续增减计数模式（CTRMODE=10）：对 TB 时钟信号进行连续加计数，直至计数器的值等于周期寄存器的值后进行连续减计数，减计数到 0 后再重新开始下一个周期。主要用于对称 PWM 波的产生。

计数模式与周期和频率关系如图 3-2 所示。

图 3-2（a）为连续增计数模式（即对计数时基进行加计数），当计数值等于周期寄存器值时，计数器复位为 0。与 CC、AQ 模块配合可产生非对称 PWM 波。

图 3-2（b）为连续减计数模式（即对计数时基进行减计数），当计数值等于 0 时，计数器重新从周期寄存器值开始进行下一个周期运行。同样，与 CC、AQ 模块配合可产生非对称 PWM 波。

连续增计数和连续减计数模式产生 PWM 波的周期为

$$T_{PWM}=(TBPRD+1)\times T_{TBCLK} \tag{3-2}$$

式中，T_{TBCLK} 为 TB 时基周期（s）；T_{PWM} 为 PWM 波周期（s）。

图 3-2（c）为连续增减计数模式（即对计数时基进行增减计数），当计数值增至周期寄存器值时，开始减计数，减计数至 0 后再重新开始下一个周期。与 CC 和 AQ 模块配合可产生对称 PWM 波，其周期为

$$T_{PWM}=2\times TBPRD\times T_{TBCLK} \tag{3-3}$$

式中，T_{TBCLK} 为 TB 时基周期（s）；T_{PWM} 为 PWM 波周期（s）。

由上述分析可知，PWM 波周期由计数模式和周期寄存器 TBPRD 的值决定。可根据系统要求合理地设置控制寄存器 TBCTL[CTRMODE] 的值和周期寄存器 TBPRD 的值，即可产生系统所需不同周期的 PWM 波。

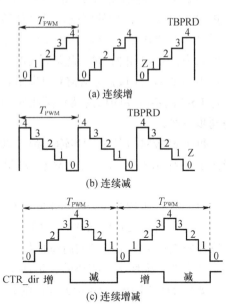

图 3-2 计数模式与周期和频率关系图

3. 时基定时器的同步

外设时钟控制寄存器中的 PCLKCR0[TBLKSYNC] 允许所有用户将所有启用的 ePWM 模块的全局时钟同步到时基时钟（TBCLK）。设置后，所有启用的 ePWM 模块时钟将在 TBCLK 的第一个上升沿对齐的情况下启动。对于完全同步的 TBCLK，每个 ePWM 模块的预分频器必须设置相同。启用 ePWM 时钟的正确步骤如下：

① 在 PCLKCRx 寄存器中启用 ePWM 模块时钟；

② 设置 TBLKSYNC=0；

③ 配置 ePWM 模块；

④ 设置 TBLKSYNC＝1。

编程代码：

```
SysCtrlRegs.PCLKCR1.bit.EPWM1ENCLK = 1;
//使能 ePWM1 时钟,一般在系统初始化函数 InitSysCtrl()中设置
EALLOW;
SysCtrlRegs.PCLKCR0.bit.TBCLKSYNC = 0;        //停止已启用的所有 ePWM 模块的时钟
EDIS;
EPwmSetup();        //初始化 ePWM 模块
EALLOW;
SysCtrlRegs.PCLKCR0.bit.TBCLKSYNC = 1;        //启用的所有 ePWM 模块时钟的同步
EDIS;
```

4. 时基计数器的同步

ePWM 模块可以独立运行，也可以根据需要通过时钟同步方案连接在一起形成一个系统，这种同步方案可以扩展到捕获外围模块（eCAP）。时基同步方案连接系统上的所有 ePWM 模块，每个 ePWM 模块都有一个同步输入（EPWMxSYNCI）和一个同步输出（EPWMxSYNCO）。同步方案配置逻辑如图 3-3（a）所示，同步输出（EPWMxSYNCO）信号可以来自同步输入（EPWMxSYNCI）、软件强制、时基计数器等于零（TBCTR=0x0000）和时基计数器等于比较寄存器 B（TBCTR=CMPB）。同步系统连接如图 3-3（b）所示，对于第一个 ePWM 模块（ePWM1），该信号来自 DSP 引脚。对于随后的 ePWM 模块，该信号从另一个 ePWM 模块传递。例如，ePWM2 同步由 ePWM1 生成，ePWM3 同步由 ePWM2 生成等。不同型号的 DSP，同步方案不同，有关特定 DSP 同步顺序的信息请参阅相应的数据手册。图 3-3（b）所示为 TMS320F28335 等所采用的同步方案。

每个 ePWM 模块的同步输入都可以配置为使用或忽略。如果设置了 TBCTL[PHSEN]位，则当出现下列情况之一时，ePWM 模块的时基计数器（TBCTR）将自动加载相位寄存器（TBPHS）的值。

（1）检测到 EPWMxSYNCI 同步输入脉冲信号

当检测到输入同步脉冲时，相位寄存器的值加载到计数器寄存器中（TBPHS→TBCTR）。此操作发生在下一个有效的时基时钟（TBCLK）边沿。

从内部主模块到从模块的延迟如下：

如果 TBCLK=SYSCLKOUT，则为 2×SYSCLKOUT；

如果 TBCLK!= SYSCLKOUT，则为 1×TBCLK。

（2）软件强制同步脉冲

将 1 写入 TBCTL[SWFSYNC]控制位，即可调用软件强制同步。该脉冲与同步输入信号作用类似，因此与脉冲 EPWMxSYNCI 具有相同的效果。

此功能可使 ePWM 模块自动同步到另一个 ePWM 模块的时基。在不同的 ePWM 模块产生的波形中，可以加入超前或滞后的相位控制，使之同步。在增减计数模式下，TBCTL[PHSDIR]位在同步事件后立即配置时基计数器的方向。新方向独立于同步事件之前的方向，在增计数或减计数模式中忽略 PHSDIR 位。具体示例见图 3-4 至图 3-7。

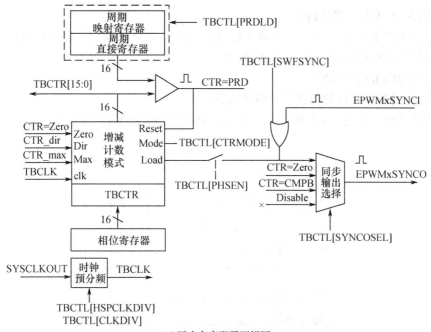

(a) 同步方案配置逻辑图

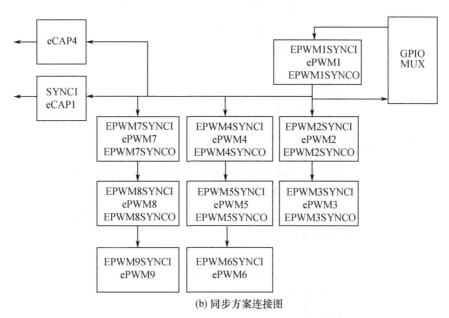

(b) 同步方案连接图

图 3-3　时基计数器同步方案

同步脉冲仍可以通过 EPWMxSYNCO 并用于同步其他 ePWM 模块。通过这种方式，可以设置主时基（如 ePWM1），从模块（ePWM2～ePWMx）可以选择与主时基同步运行。有关同步策略的更多详细信息，请参阅本书 3.9.1 节。

5. 多 ePWM 模块的时基时钟

PCLKCR0[TBCLKSYNC] 位可用于所有启用 ePWM 模块的时基时钟同步。当 TBCLKSYSNC=0 时，所有 ePWM 模块的时基时钟停止（默认）。当 TBCLKSYSNC=1 时，所有 ePWM 时基时钟以 TBCLK 的上升沿对齐开始。对于完全同步的 TBCLK，每个 ePWM 模块的 TBCTL 寄存器中的预分频器位必须设置相同。启用 ePWM 时钟的正确步骤如下：

① 启用各个 ePWM 模块时钟；

② 设置 TBCLKSYSNC=0，这将停止任何启用的 ePWM 模块内的时基时钟；

③ 配置预分频器值和所需的 ePWM 模式；

④ 设置 TBCLKSYSNC=1。

6. 时基计数器不同计数模式下的时序波形

下面的时序图（见图 3-4 至图 3-7）给出了事件的生成时间及时基如何响应 EPWMxSYNCI 信号。

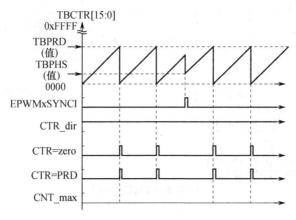

图 3-4 增计数模式波形

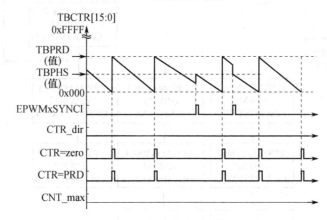

图 3-5 减计数模式波形

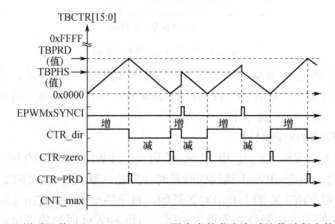

图 3-6 增减计数 TBCTL[PHSDIR=0]同步事件发生在减计数过程中的波形

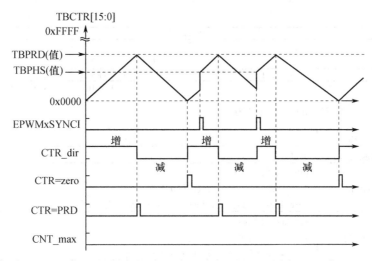

图 3-7 增减计数 TBCTL[PHSDIR=1]同步事件发生在加计数过程中的波形

7. TB 模块的寄存器

TB 模块的寄存器主要包括周期寄存器 TBPRD、相位寄存器 TBPHS、计数器 TBCTR、状态寄存器 TBSTS 和控制寄存器 TBCTL 等。这些寄存器均为 16 位的寄存器。

（1）周期寄存器 TBPRD

周期寄存器 TBPRD 为双缓冲结构，包括动作寄存器（Active Register）和映射寄存器（Shadow Register）。动作寄存器直接控制硬件动作，映射寄存器为动作寄存器提供缓冲或暂存的位置，主要为了防止由软件异步修改寄存器造成的冲突或错误。

15		0
	TBPRD	
	R/W-0	

编程代码：

EPwm1Regs.TBPRD = 7499;　　//设置周期寄存器的值为 7499

（2）相位寄存器 TBPHS

相位寄存器 TBPHS 与同步有关，主要用于设置计数器的起始计数位置。

15		0
	TBPHS	
	R/W-0	

编程代码：

EPwm1Regs.TBPHS.half.TBPHS = 0x0000;　　//在相位寄存器中设置计数器的起始计数位置

（3）计数器 TBCTR

计数器 TBCTR 主要用于 TB 模块的时基计数。

15		0
	TBCTR	
	R/W-0	

编程代码：

EPwm1Regs.TBCTR =0x0000;　　//计数器清 0

（4）状态寄存器 TBSTS

状态寄存器 TBSTS 主要用于计数方向、同步状态锁存和最大计数值的锁存显示等。

15							8
Reserved							
R-0							

7			3	2	1	0
Reserved				CTRMAX	SYNCI	CTRDIR
R-0				R/W1C-0	R/W1C-0	R-1

注：R/W1C-0 表示可读写，写 1 清 0，复位状态为 0。

位域	名称	描述
15～3	Reserved	保留
2	CTRMAX	最大计数状态位： 0—计数器没有达到最大值，写 0 无效； 1—计数器达到最大值 0xFFFF，写 1 可清除该锁存事件
1	SYNCI	同步事件状态位： 0—无同步事件发生，写 0 无效； 1—有同步事件发生，写 1 可清除该锁存事件
0	CTRDIR	计数方向状态位：0—当前减计数；1—当前加计数

（5）控制寄存器 TBCTL

控制寄存器 TBCTL 主要用于计数模式和分频等的设置。

15	14	13	12		10	9	8
FREE.SOFT		PHSDIR	CLKDIV			HSPCLKDIV	
R/W-0		R/W-0	R/W-0			R/W-0,0,1	

7	6	5	4	3	2	1	0
HSPCLKDIV	SWFSYNC	SYNCOSEL		PRDLD	PHSEN	CTRMODE	
R/W-0,0,1	R/W-0	R/W-0		R/W-0	R/W-0	R/W-0	

注：R/W-0,0,1 表示可读写，复位时的值为 001，即默认值 2 分频数。

位域	名称	描述
15～14	PREE,SOFT	仿真模式，规定仿真挂起时时基计数器动作： 00—下一次递增或递减后停止；01—完成整个周期后停止；1x—自由运行
13	PHSDIR	相位方向，规定同步后计数方向（仅连续增减模式有效）： 0—减计数；1—加计数
12～10	CLKDIV	时基时钟分频位： 000—不分频（复位后默认值）；其他—若设置的值对应的十进制数为 x，则分频数为 2^x
9～7	HSPCLKDIV	高速时基时钟分频位： 000—不分频；001—2 分频（复位后默认值）；其他—若设置的值对应的十进制数为 x，则分频数为 $2x$。 CLKDIV 和 HSPCLKDIV 共同决定 TB 的时钟 TBCLK=SYSCLKOUT/(CLKDIV×HSPCLKDIV)
6	SWFSYNC	软件强制产生同步脉冲信号： 0—无影响；1—产生一次同步脉冲信号
5～4	SYNCOSEL	同步输出选择位，为 EPWMxSYNCO 选择输入： 00—选择 EPWMxSYNCI；01—选择 CTR=ZERO； 10—选择 CTR=CMPB；11—禁止同步选择
3	PRDLD	映射使用装载位： 0—使用映射模式（CTR=TPRD 时装载）；1—直接装载周期寄存器值
2	PHSEN	同步允许位，规定是否允许 TBCTR 从 TBPHS 装载： 0—禁止时基相位寄存器（TBPHS）加载时基计数器（TBCTR）； 1—当出现 EPWMxSYNCI 输入信号或软件同步被 SWFSYNC 位强制时，用相位寄存器加载时基计数器
1～0	CTRMODE	计数模式位： 00—连续增；01—连续减；10—连续增减；11—停止/保持（复位默认位）

编程代码：

```
EPwm1Regs.TBCTL.bit.CTRMODE = TB_COUNT_UP;  //或赋值为 0x0,设置计数模式为连续增计数模式
EPwm1Regs.TBCTL.bit.PHSEN = TB_DISABLE;  //或赋值为 0x0,将定时器相位使能位关闭
EPwm1Regs.TBCTL.bit.HSPCLKDIV = 0;  //或赋值为 TB_DIV1,不分频
EPwm1Regs.TBCTL.bit.CLKDIV = 1;  //或赋值为 TB_DIV2,2 分频,若系统时钟为150MHz,则 fTBCLK=75MHz
EPwm1Regs.TBCTL.bit.PRDLD = TB_SHADOW;  //或赋值为 0x0,使能映射寄存器功能
```

3.3 比较子模块 CC 及其控制

1. CC 模块工作过程

CC 模块主要由两个比较寄存器 CMPA/CMPB（带映射）和比较逻辑单元等组成，如图 3-8 所示。其工作过程为：当 TB 模块中计数器的值与比较寄存器 CMPA/CMPB 的值相等时，可产生 2 个比较匹配事件，2 个比较匹配事件分别为 CTR=CMPA（即当计数值和比较寄存器 A 的值相等时）和 CTR=CMPB（即当计数值和比较寄存器 B 的值相等时），动作限定子模块 AQ 接收到该事件后，根据设定改变 ePWM 模块相应引脚的电平，产生 PWM 波。因此，PWM 波占空比由比较寄存器 CMPA/CMPB 的值确定。同时，根据 ET 模块的设置，比较匹配事件也可以触发中断和 A/D 转换。比较寄存器 CMPA/CMPB 的值可以在周期匹配或定时器下溢匹配事件发生时装载，具体由哪个事件装载可通过控制寄存器 CMPCTL 的设置决定。

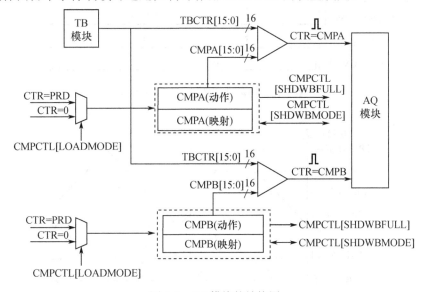

图 3-8　CC 模块的结构图

2. 计数模式时序波形

CC 模块可以在 3 种计数模式下生成比较事件，利用增计数、连续减计数模式可以生成不对称的 PWM 波；利用连续增减计数模式可以生成对称的 PWM 波。

为了更好地说明这 3 种模式的操作，图 3-9 至图 3-12 中的时序图给出了事件的生成时间以及与 EPWMxSYNCI 信号的相互关系。

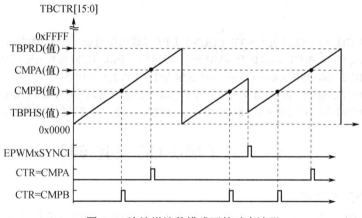

图 3-9　连续增计数模式下的时序波形

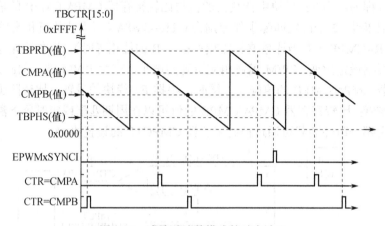

图 3-10　连续减计数模式的时序波形

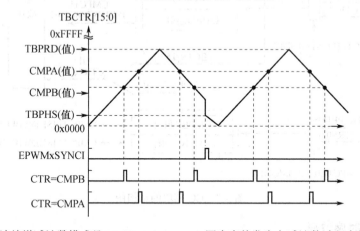

图 3-11　连续增减计数模式且 TBCTL[PHSDIR=0]同步事件发生在减计数过程中的时序波形

　　注意：外部同步事件 EPWMxSYNCI 可能会导致 TBCTR 计数序列不连续，这可能导致跳过比较事件。这种跳跃被认为是正常的操作，在实际应用中针对不同的系统必须加以考虑。

　　3．CC 模块的寄存器

　　CC 模块的寄存器主要由两个比较寄存器 CMPA（16 位）、CMPB（16 位）和一个控制寄存器 CMPCTL 组成。

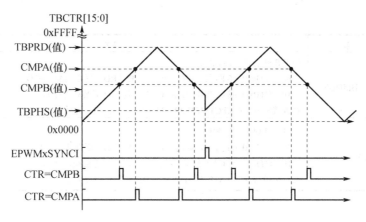

图 3-12　连续增减计数模式且 TBCTL[PHSDIR=1]同步事件发生在加计数过程中时序波形

（1）CMPA/CMPB

CMPA/CMPB 两者结构一样，且都为双缓冲结构，包括动作寄存器（Active Register）和映射寄存器（Shadow Register），其双缓冲结构和装载与 TB 模块中的周期寄存器 TBPRD 类似。使用缓冲模式时，修改后比较值的装载时刻由 TB 模块周期匹配或计数器下溢匹配事件决定。CMPA/CMPB 的值决定了产生 PWM 波占空比的大小，具体原理将在模块 AQ 中介绍。

15		0
	CMPA	
	R/W-0	

编程代码：

```
EPwm1Regs.CMPA.half.CMPA = 2000;    //设置比较寄存器 CMPA 的值
EPwm1Regs.CMPB = 1000;    //设置比较寄存器 CMPB 的值
```

（2）控制寄存器 CMPCTL

控制寄存器 CMPCTL 主要用于比较寄存器 CMPA/CMPB 映射模式、装载时刻的设置和状态的显示。

15					10	9	8
			Reserved			SHDWBFULL	SHDWAFULL
			R-0			R-0	R-0

7	6	5	4	3	2	1	0
Reserved	SHDWBMODE	Reserved	SHDWAMODE	LOADBMODE		LOADAMODE	
R-0	R/W-0	R-0	R/W-0	R/W-0		R/W-0	

位域	名称	描述
15～10	Reserved	保留
9	SHDWBFULL	CMPB 映射寄存器满标志： 0—未满；1—满，再次写入将覆盖当前映射值
8	SHDWAFULL	CMPA 映射寄存器满标志： 0—未满；1—满，再次写入将覆盖当前映射值
7	Reserved	保留
6	SHDWBMODE	CMPB 映射模式使用位： 0—使用映射模式（写数据时装入映射寄存器）； 1—直接模式（数据装入动作寄存器）
5	Reserved	保留
4	SHDWAMODE	CMPA 映射模式使用位： 0—使用映射模式（写数据时装入映射寄存器）； 1—直接模式（数据装入动作寄存器）

位域	名称	描述
3～2	LOADBMODE	CMPB 映射模式装载位： 　　00—CTR=0（0 匹配）装载；01—CTR=PRD（周期匹配）装载； 　　10—CTR=0 或 CTR=PRD 装载；11—冻结（无装载可能）。 在直接模式（CMPCTL[SHDWBMODE] = 1），该位无效
1～0	LOADAMODE	CMPA 映射模式装载位： 　　00—CTR=0（0 匹配）装载；01—CTR=PRD（周期匹配）装载； 　　10—CTR=0 或 CTR=PRD 装载；11—冻结（无装载可能）。 在直接模式（CMPCTL[SHDWAMODE] = 1），该位无效

编程代码：

```
EPwm2Regs.CMPCTL.bit.SHDWAMODE = CC_SHADOW;     //或赋值为 0x0，使用映射模式
EPwm2Regs.CMPCTL.bit.SHDWBMODE = CC_SHADOW;     //或赋值为 0x0，使用映射模式
EPwm2Regs.CMPCTL.bit.LOADAMODE = CC_CTR_PRD;    //或赋值为 0x0，周期匹配装载 CMPA
EPwm2Regs.CMPCTL.bit.LOADBMODE = CC_CTR_PRD;    //或赋值为 0x0，周期匹配装载 CMPB
```

3.4　动作限定子模块 AQ 及其控制

1. AQ 模块工作过程

AQ 模块接收来自 TB 模块和 CC 模块的匹配事件。匹配事件主要包括来自 TB 模块周期匹配（TBCTR=TBPRD）和下溢匹配事件（TBCTR=0），以及来自 CC 模块加匹配和减匹配事件（TBCTR=CMPA 和 TBCTR=CMPB）。通过 AQ 模块的设置，当匹配事件发生时，可以改变 ePWM 模块对应引脚的电平，从而产生所需的 PWM 波。其工作过程如图 3-13 所示。

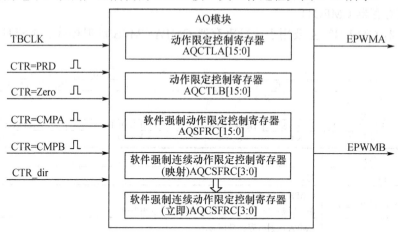

图 3-13　AQ 模块工作过程图

图 3-13 中 AQ 模块接收的事件有 4 个：

CTR = PRD（TBCTR = TBPRD）　　　即周期匹配

CTR = Zero（TBCTR = 0x0000）　　　即下溢匹配

CTR = CMPA（TBCTR = CMPA）　　　即 CMPA 比较匹配

CTR = CMPB（TBCTR = CMPB）　　　即 CMPB 比较匹配

AQ 模块根据这 4 个事件可产生相应的动作有置位、清除、翻转和无动作。另外，也可使

用软件实现这些动作。动作描述见表 3-1。

表 3-1　AQ 模块接收事件和产生相应动作的对应表

软件强制	TBCTR=				动作描述
	Zero	CMPA	CMPB	PRD	
SW ×	Z ×	CA ×	CB ×	P ×	无动作
SW ↓	Z ↓	CA ↓	CB ↓	P ↓	置低
SW ↑	Z ↑	CA ↑	CB ↑	P ↑	置高
SW T	Z T	CA T	CB T	P T	翻转

2. AQ 模块的寄存器

AQ 模块的寄存器包括动作限定控制寄存器（AQCTLA/AQCTLB）、软件强制动作限定控制寄存器 AQSFRC 和软件强制连续动作限定控制寄存器 AQCSFRC。动作限定寄存器的功能为在各种事件发生时规定 EPWMxA 和 EPWMxB 的动作（即电平的高低）。两个寄存器的功能一样，在此只列出一个进行介绍。

（1）动作限定控制寄存器 AQCTLA

15			12	11		10	9		8
	Reserved				CBD			CBU	
	R-0				R/W-0			R/W-0	

7		6	5		4	3		2	1		0
	CAD			CAU			PRD			ZRO	
	R/W-0			R/W-0			R/W-0			R/W-0	

位域	名称	描述
15～12	Reserved	保留
11～10	CBD	减计数过程中 CTR=CMPB 时输出的动作： 00—无动作（复位默认值）；01—置低；10—置高；11—翻转
9～8	CBU	增计数过程中 CTR=CMPB 时输出的动作： 00—无动作（复位默认值）；01—置低；10—置高；11—翻转
7～6	CAD	减计数过程中 CTR=CMPA 时输出的动作： 00—无动作（复位默认值）；01—置低；10—置高；11—翻转
5～4	CAU	增计数过程中 CTR=CMPA 时输出的动作： 00—无动作（复位默认值）；01—置低；10—置高；11—翻转
3～2	PRD	周期匹配事件发生时输出的动作： 00—无动作（复位默认值）；01—置低；10—置高；11—翻转
1～0	ZRO	下溢事件发生时输出的动作： 00—无动作（复位默认值）；01—置低；10—置高；11—翻转

编程代码：

```
EPwm1Regs.AQCTLA.bit.CAU = AQ_SET;      //加匹配置 1
EPwm1Regs.AQCTLA.bit.CAD = AQ_CLEAR;    //减匹清 0
EPwm1Regs.AQCTLA.bit.PRD = AQ_CLEAR;    //周期匹配清 0
EPwm1Regs.AQCTLB.bit.CBU =AQ_CLEAR;     //加匹清 0
EPwm1Regs.AQCTLB.bit.CBD = AQ_SET;      //减匹配置 1
EPwm1Regs.AQCTLB.all=0x0;               //无动作
```

（2）软件强制动作限定控制寄存器 AQSFRC

15							8
Reserved							
R-0							

7	6	5	4	3	2	1	0
RLDCSF		OTSFB	ACTSFB		OTSFA	ACTSFA	
R/W-0		R/W-0	R/W-0		R/W-0	R/W-0	

位域	名称	描述
15～8	Reserved	保留
7～6	RLDCSF	AQCSFRC 映射模式装载位： 00—CTR=0（0 匹配）装载；01—CTR=PRD（周期匹配）装载；10—CTR=0 或 CTR=PRD 装载； 11—立即装载（动作寄存器直接由 CPU 访问，而不是从映射寄存器加载）
5	OTSFB	由软件单次强制触发一个 B 输出事件： 0—写 0 无影响，读取总是为 0； 一旦对该寄存器的写入完成，即强制事件开始，该位自动清除。这是一次性的强制事件，它可以被输出 B 上的另一个后续事件覆盖。 1—启动单次软件强制事件
4～3	ACTSFB	由软件单次强制触发一个 B 输出事件的动作： 00—无动作（复位默认值）；01—置低；10—置高；11—翻转 注意：此操作不受计数方向限制（CNT_dir）
2	OTSFA	由软件单次强制触发一个 A 输出事件： 0—写 0 无影响，读取总是为 0； 一旦对该寄存器的写入完成，即强制事件开始，该位自动清除。这是一次性的强迫事件，它可以被输出 A 上的另一个后续事件覆盖。 1—启动单次软件强制事件
1～0	ACTSFA	由软件单次强制触发一个 A 输出事件的动作： 00—无动作（复位默认值）；01—置低；10—置高；11—翻转 注意：此操作不受计数方向限制（CNT_dir）

编程代码：

```
EPwm1Regs.AQCSFRC.all=0x0;    //无软件强制输出高或低
```

（3）软件强制连续动作限定控制寄存器 AQCSFRC

15							8
Reserved							
R-0							

7			4	3	2	1	0
Reserved				CSFB		CSFA	
R-0				R/W-0		R/W-0	

位域	名称	描述
15～4	Reserved	保留
3～2	CSFB	对输出 B 连续强制： 00—强制未启用，即没有作用；01—对输出 B 连续强制输出低电平信号； 10—对输出 B 连续强制输出高电平信号；11—软件强制被禁用且无效。 在立即模式下，连续强制对下一个 TBCLK 边沿起作用。在映射模式下，连续强制从映射装载到动作寄存器之后的下一个 TBCLK 边沿起作用。要配置映射模式，请使用 AQCSFRC[RLDCSF]
1～0	CSFA	对输出 A 连续强制： 00—强制未启用，即没有作用；01—对输出 A 连续强制输出低电平信号； 10—对输出 A 连续强制输出高电平信号；11—软件强制被禁用且无效。 在立即模式下，连续强制对下一个 TBCLK 边沿起作用。在映射模式下，连续强制从映射装载到动作寄存器之后的下一个 TBCLK 边沿起作用。要配置映射模式，请使用 AQCSFRC[RLDCSF]

3．利用 TB、CC 和 AQ 模块产生 PWM 波

（1）利用连续增计数模式产生单边不对称（高电平有效）PWM 波

要求频率 10kHz，EPWM1A 产生占空比 D_A 为 60%的 PWM 波，EPWM1B 产生占空比 D_B 为 30%的 PWM 波，其他要求如图 3-14 所示。

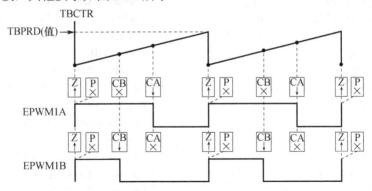

图 3-14 利用连续增计数模式产生单边不对称（高电平有效）PWM 波

① 周期寄存器值和比较寄存器值的计算

设系统时钟为 150MHz，经 TB 模块分频后，f_{TBCLK} 为 75MHz，由式（3-2）可知周期寄存器的值为

$$TBPRD = \frac{T_{PWM}}{T_{TBCLK}} - 1 = \frac{f_{TBCLK}}{f_{PWM}} - 1 = 7499 \tag{3-4}$$

由图 3-14 可知为高电平有效（指比较寄存器的值与高电平时间成正比），则比较寄存器的值为

$$T_{CMPRA} = T_{PWM} \times D \tag{3-5}$$

式中，$D = t_{on}/T_{PWM}$，为 PWM 波的占空比；T_{CMP} 为用时间表示的比较寄存器的值。

$$\begin{cases} CMPA = (TBPRD + 1) \times D_A \\ CMPB = (TBPRD + 1) \times D_B \end{cases} \tag{3-6}$$

式中，CMPRA 和 CMPRB 为时基脉冲数表示的比较寄存器的值。

依题目要求，比较寄存器的值为

$$CMPA = (TBPRD+1) \times 60\% = 4500$$
$$CMPB = (TBPRD+1) \times 30\% = 2250$$

② 程序代码

为了编程方便，TI 公司官方对常用寄存器的位进行了定义。本书多数例程采用了这种定义或声明，所以在介绍有关例程之前，首先就有关 ePWM 模块的一些位定义进行说明，具体内容如下：

```
#define   TB_COUNT_UP       0x0  //增计数模式        #define   AQ_SET       0x2 //置1
#define   TB_COUNT_DOWN     0x1  //减计数模式        #define   AQ_TOGGLE    0x3 //翻转
#define   TB_COUNT_UPDOWN   0x2 //增减计数模式        //DBCTL(Dead-Band Control)
#define   TB_FREEZE         0x3                      //=========================
//PHSEN bit                                          //OUT MODE bits
#define   TB_DISABLE        0x0                       #define   DB_DISABLE    0x0
#define   TB_ENABLE         0x1                       #define   DBA_ENABLE    0x1
//PRDLD bit                                           #define   DBB_ENABLE    0x2
```

#define	TB_SHADOW	0x0	#define	DB_FULL_ENABLE 0x3	
#define	TB_IMMEDIATE	0x1	//POLSEL bits		
//SYNCOSEL bits			#define	DB_ACTV_HI	0x0
#define	TB_SYNC_IN	0x0	#define	DB_ACTV_LOC	0x1
#define	TB_CTR_ZERO	0x1	#define	DB_ACTV_HIC 0x2	
#define	TB_CTR_CMPB	0x2	#define	DB_ACTV_LO 0x3	
#define	TB_SYNC_DISABLE	0x3	//IN MODE		
//HSPCLKDIV and CLKDIV bits			#define DBA_ALL		0x0
#define	TB_DIV1	0x0	#define DBB_RED_DBA_FED 0x1		
#define	TB_DIV2	0x1	#define DBA_RED_DBB_FED 0x2		
#define	TB_DIV4	0x2	#define DBB_ALL		0x3
//PHSDIR bit			//ETSEL(Event Trigger Select)		
#define	TB_DOWN	0x0	//===============		
#define	TB_UP	0x1	#define	ET_CTR_ZERO 0x1	
//CMPCTL(Compare Control)			#define	ET_CTR_PRD	0x2
//LOADAMODE and LOADBMODE bits			#define	ET_CTRU_CMPA	0x4
#define	CC_CTR_ZERO	0x0	#define	ET_CTRD_CMPA	0x5
#define	CC_CTR_PRD	0x1	#define	ET_CTRU_CMPB	0x6
#define	CC_CTR_ZERO_PRD	0x2	#define	ET_CTRD_CMPB	0x7
#define	CC_LD_DISABLE	0x3			
//SHDWAMODE and SHDWBMODE bits			//ETPS(Event Trigger Prescale)		
#define	CC_SHADOW	0x0	//===============		
#define	CC_IMMEDIATE	0x1	//INTPRD, SOCAPRD, SOCBPRD bits		
//AQCTLA and AQCTLB(Action Qualifier Control)			#define	ET_DISABLE	0x0
//ZRO, PRD, CAU, CAD, CBU, CBD bits			#define	ET_1ST	0x1
#define	AQ_NO_ACTION	0x0	#define	ET_2ND	0x2
#define	AQ_CLEAR	0x1 //清0	#define	ET_3RD	0x3

```
void InitPwm1AB()
{    /****TB 模块配置****/
    EPwm1Regs.TBPRD = 7499; //设置周期寄存器的值,产生 10kHz 的 PWM 波
    EPwm1Regs.TBPHS.half.TBPHS = 0x0000; //在相位寄存器中设置计数器的起始计数位置
    EPwm1Regs.TBCTR =0x0000;   //计数器清 0
    EPwm1Regs.TBCTL.bit.CTRMODE = TB_COUNT_UP; //或赋值为 0x0,设置计数模式为增计数模式
    EPwm1Regs.TBCTL.bit.PHSEN = TB_DISABLE; //或赋值为 0x0,将定时器相位使能位关闭
    EPwm1Regs.TBCTL.bit.HSPCLKDIV =0;// 或赋值为 TB_DIV1,不分频
    EPwm1Regs.TBCTL.bit.CLKDIV = 1;// 或赋值为 TB_DIV2,2 分频,若系统时钟为 150MHz,fTBCLK=75MHz
    EPwm1Regs.TBCTL.bit.PRDLD = TB_SHADOW;//映射寄存器 SHADOW 使能
    /****CC 模块配置****/
    EPwm1Regs.CMPA.half.CMPA =4500;//设置比较寄存器 A 的值
    EPwm1Regs.CMPB =2250;//设置比较寄存器 B 的值
    EPwm1Regs.CMPCTL.bit.SHDWAMODE = CC_SHADOW;//A 比较映射模式使能
    EPwm1Regs.CMPCTL.bit.SHDWBMODE = CC_SHADOW;//B 比较映射模式使能
    EPwm1Regs.CMPCTL.bit.LOADAMODE = CC_CTR_PRD;//CTR= PRD 装载
    EPwm1Regs.CMPCTL.bit.LOADBMODE = CC_CTR_PRD; //CTR= PRD 装载
    /****AQ 模块配置****/
    EPwm1Regs.AQCTLA.bit.CAU = AQ_CLEAR; //增计数匹配配置低
    EPwm1Regs.AQCTLA.bit.ZRO = AQ_SET;     //零匹配配置高
```

```
    EPwm1Regs.AQCTLB.bit.CBU = AQ_CLEAR; //增计数匹配置低
    EPwm1Regs.AQCTLB.bit.ZRO = AQ_SET;    //零匹配置高
}
```

（2）利用连续增计数模式产生单边不对称（低电平有效）PWM 波

要求频率 10kHz，EPWM1A 产生占空比 D_A 为 30%的 PWM 波，EPWM1B 产生占空比 D_B 为 60%的 PWM 波，其他要求如图 3-15 所示。

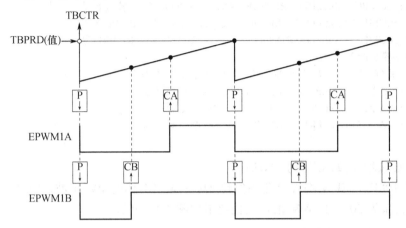

图 3-15　利用连续增计数模式产生单边非对称（低电平有效）PWM 波

① 周期寄存器和比较寄存器值的计算

设系统时钟为 150MHz，经 TB 模块分频后，f_{TBCLK} 为 75MHz，由式（3-2）可知周期寄存器的值为

$$TBPRD = \frac{T_{PWM}}{T_{TBCLK}} - 1 = \frac{f_{TBCLK}}{f_{PWM}} - 1 = 7499$$

由图 3-15 可知，为低电平有效（指比较寄存器的值与低电平时间成正比），则比较寄存器的值为

$$T_{CMPR} = (T_{PWM} - D \times T_{PWM}) = T_{PWM} \times (1 - D) \tag{3-7}$$

式中，T_{CMPR} 为时间表示的比较寄存器的值。

$$\begin{cases} CMPA = (TBPRD + 1) \times (1 - D_A) \\ CMPB = (TBPRD + 1) \times (1 - D_B) \end{cases} \tag{3-8}$$

式中，CMPA 和 CMPB 为时基脉冲数表示的比较寄存器的值。

依题目要求，比较寄存器的值为

$$CMPA = (TBPRD+1) \times (1-30\%) = 5250$$

$$CMPB = (TBPRD+1) \times (1-60\%) = 3000$$

② 程序代码

```
void Init Pwm1AB()
{    /****TB 模块配置****/
    EPwm1Regs.TBPRD = 7499; //设置周期寄存器值,产生 10kHz 的 PWM 波
    EPwm1Regs.TBPHS.half.TBPHS = 0X0000; //在相位寄存器中设置计数器的起始计数位置
    EPwm1Regs.TBCTR =0x0000;   //计数器清 0
    EPwm1Regs.TBCTL.bit.CTRMODE = TB_COUNT_UP; //设置计数模式为增计数模式
    EPwm1Regs.TBCTL.bit.PHSEN = TB_DISABLE; //将定时器相位使能位关闭
```

```
EPwm1Regs.TBCTL.bit.HSPCLKDIV =0;//或赋值为 TB_DIV1,不分频
EPwm1Regs.TBCTL.bit.CLKDIV=1;//或赋值为 TB_DIV2,2 分频,若系统时钟为 150MHz,fTBCLK=75MHz
EPwm1Regs.TBCTL.bit.PRDLD = TB_SHADOW;//映射寄存器 SHADOW 使能
/****CC 模块配置****/
EPwm1Regs.CMPA.half.CMPA =5250;//设置比较寄存器 A 的值
EPwm1Regs.CMPB =3000;//设置比较寄存器 B 的值
EPwm1Regs.CMPCTL.bit.SHDWAMODE = CC_SHADOW;//A 比较映射模式使能
EPwm1Regs.CMPCTL.bit.SHDWBMODE = CC_SHADOW;//B 比较映射模式使能
EPwm1Regs.CMPCTL.bit.LOADAMODE = CC_CTR_PRD;//CTR = PRD 装载
EPwm1Regs.CMPCTL.bit.LOADBMODE = CC_CTR_PRD; //CTR= PRD 装载
  /****AQ 模块配置****/
EPwm1Regs.AQCTLA.bit.CAU = AQ_SET;     //增计数匹配置高
EPwm1Regs.AQCTLA.bit.PRD = AQ_CLEAR; //周期匹配置低
EPwm1Regs.AQCTLB.bit.CBU = AQ_SET;     //增计数匹配置高
EPwm1Regs.AQCTLB.bit.PRD = AQ_CLEAR; //周期匹配置低
}
```

（3）利用连续增计数模式产生 PWM 波

要求频率 10kHz，EPWM1A 产生占空比 D_A 为 40%对称的 PWM 波，EPWM1B 产生频率 5kHz、占空比 D_B 为 50%的 PWM 波，其他要求如图 3-16 所示。

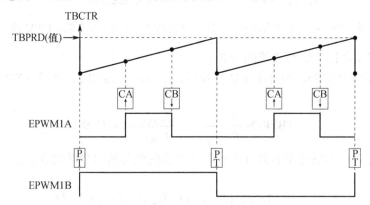

图 3-16　利用连续增计数模式产生 PWM 波图

① 周期寄存器和比较寄存器值的计算

设系统时钟为 150MHz，经 TB 模块分频后，f_{TBCLK} 为 75MHz，由式（3-2）可知周期寄存器的值为

$$TBPRD = \frac{T_{PWM}}{T_{TBCLK}} - 1 = \frac{f_{TBCLK}}{f_{PWM}} - 1 = 7499$$

由图 3-16 可知，要求 EPWM1A 产生对称的 PWM 波，则比较寄存器的值为

$$\begin{cases} T_{CMPRA} = (T_{PWM} - D_A \times T_{PWM}) / 2 = T_{PWM} \times (1 - D_A) / 2 \\ T_{CMPRB} = (T_{PWM} - D_A \times T_{PWM}) / 2 + D_A \times T_{PWM} = T_{PWM} \times (1 + D_A) / 2 \end{cases} \tag{3-9}$$

式中，T_{CMPRA} 和 T_{CMPRB} 为时间表示的比较寄存器的值。

由图 3-16 可知要产生对称的 PWM 波，则需满足

$$CMPA=(TBPRD+1)\times(1-D_A)/2 \tag{3-10}$$

$$CMPB=(TBPRD+1)\times(1+D_B)/2 \tag{3-11}$$

依题目要求，比较寄存器的值为

$$CMPA=(TBPRD+1)\times(1-40\%)/2=2250$$

$$CMPB=(TBPRD+1)\times(1+40\%)/2=5250$$

若利用上述方式产生不对称的 PWM 波，则需要根据具体要求，利用式（3-12）分别计算 CMPA 和 CMPB 的值。

$$D=\frac{T_{\text{CMPRB}}-T_{\text{CMPRA}}}{T_{\text{PWM}}}\frac{\text{CMPB}-\text{CMPA}}{\text{TBPRD}+1} \tag{3-12}$$

对于要求 EPWM1B 产生频率 5kHz、占空比为 50%的 PWM 波，设置周期匹配翻转即可。

② 程序代码

```
void InitPwm1AB()
{     /****TB 模块配置****/
      EPwm1Regs.TBPRD = 7499; //设置周期寄存器值产生 10kHz 的 PWM 波
      EPwm1Regs.TBPHS.half.TBPHS = 0x0000; //在相位寄存器中设置计数器的起始计数位置
      EPwm1Regs.TBCTR =0x0000;    //计数器清 0
      EPwm1Regs.TBCTL.bit.CTRMODE = TB_COUNT_UP; //设置计数模式为增计数模式
      EPwm1Regs.TBCTL.bit.PHSEN = TB_DISABLE; //将定时器相位使能位关闭
      EPwm1Regs.TBCTL.bit.HSPCLKDIV =0;//或赋值为 TB_DIV1,不分频
      EPwm1Regs.TBCTL.bit.CLKDIV = 1;//或赋值为 TB_DIV2,2 分频,若系统时钟为 150MHz,则 fTBCLK=75MHz
      EPwm1Regs.TBCTL.bit.PRDLD = TB_SHADOW;//映射寄存器 SHADOW 使能
      /****CC 模块配置****/
      EPwm1Regs.CMPA.half.CMPA =2250;//设置比较寄存器 A 的值
      EPwm1Regs.CMPB =5250;//设置比较寄存器 B 的值
      EPwm1Regs.CMPCTL.bit.SHDWAMODE = CC_SHADOW;//A 比较映射模式使能
      EPwm1Regs.CMPCTL.bit.SHDWBMODE = CC_SHADOW;//B 比较映射模式使能
      EPwm1Regs.CMPCTL.bit.LOADAMODE = CC_CTR_PRD;//CTR= PRD 装载
      EPwm1Regs.CMPCTL.bit.LOADBMODE = CC_CTR_PRD; //CTR= PRD 装载
      /****AQ 模块配置****/
      EPwm1Regs.AQCTLA.bit.CAU = AQ_SET;      //增计数匹配置高
      EPwm1Regs.AQCTLA.bit.CBU = AQ_CLEAR;    //增计数匹配置低
      EPwm1Regs.AQCTLB.bit.PRD = AQ_TOGGLE;//周期匹配翻转,产生 5kHz 占空比为 50%的 PWM 波
}
```

（4）利用连续增减计数模式产生双边独立可调对称低电平有效 PWM 波

要求频率 12.8kHz，EPWM1A 产生占空比 D_A 为 40%的对称 PWM 波，EPWM1B 产生占空比 D_B 为 20%的对称 PWM 波，其他要求如图 3-17 所示。

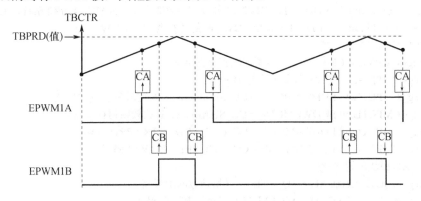

图 3-17　利用连续增减计数模式产生双边独立可调对称 PWM 波图

① 周期寄存器和比较寄存器值的计算

设系统时钟为 150MHz，经 TB 模块分频后，f_{TBCLK} 为 37.5MHz，由式（3-3）可知周期寄存器的值为

$$TBPRD = \frac{T_{PWM}}{2 \times T_{TBCLK}} = \frac{f_{TBCLK}}{2 \times f_{PWM}} = 1465$$

由图 3-17 可知 EPWM1A 比较寄存器的值为

$$T_{CMPRA} = T_{PWM} \times (1 - D_A) / 2 \tag{3-13}$$

式中，T_{CMPRA} 为时间表示的比较寄存器的值；D_A 为 EPWM1A 产生 PWM 波的占空比。

由图 3-17 可知 EPWM1B 比较寄存器的值为

$$T_{CMPRB} = T_{PWM} \times (1 - D_B) / 2 \tag{3-14}$$

式中，T_{CMPRB} 为时间表示的比较寄存器的值；D_B 为 EPWM1B 产生 PWM 波的占空比，则

$$\begin{cases} D_A = \dfrac{T_{PWM} - 2T_{CMPRA}}{T_{PWM}} = \dfrac{2 \times TBPRD - 2 \times CMPA}{2 \times TBPRD} = \dfrac{TBPRD - CMPA}{TBPRD} \\ D_B = \dfrac{T_{PWM} - 2T_{CMPRB}}{T_{PWM}} = \dfrac{2 \times TBPRD - 2 \times CMPB}{2 \times TBPRD} = \dfrac{TBPRD - CMPB}{TBPRD} \end{cases} \tag{3-15}$$

$$CMPA = TBPRD \times (1 - D_A) \tag{3-16}$$
$$CMPB = TBPRD \times (1 - D_B) \tag{3-17}$$

依题目要求，比较寄存器的值为

$$CMPA = TBPRD \times (1 - 40\%) = 879$$
$$CMPB = TBPRD \times (1 - 20\%) = 1172$$

② 程序代码

```
void InitPwm1AB()
{    /****TB 模块配置****/
EPwm1Regs.TBPRD = 1465; //周期寄存器中设置计数器的计数周期,对应频率为 12.8kHz
EPwm1Regs.TBPHS.half.TBPHS = 0x0000; //在相位寄存器中设置计数器的起始计数位置
EPwm1Regs.TBCTR =0x0000;    //计数器清 0
EPwm1Regs.TBCTL.bit.CTRMODE = TB_COUNT_UPDOWN; //设置计数模式为增减计数模式
EPwm1Regs.TBCTL.bit.PHSEN = TB_DISABLE; //将定时器相位使能位关闭
EPwm1Regs.TBCTL.bit.HSPCLKDIV = TB_DIV2;//2 分频
EPwm1Regs.TBCTL.bit.CLKDIV = TB_DIV2;//2 分频,若系统时钟为 150MHz,4 分频,fTBCLK=37.5MHz
EPwm1Regs.TBCTL.bit.PRDLD = TB_SHADOW;//映射寄存器 SHADOW 使能
    /****CC 模块配置****/
EPwm1Regs.CMPA.half.CMPA =879;//设置比较寄存器 A 的值
EPwm1Regs.CMPB =1172;//设置比较寄存器 B 的值
EPwm1Regs.CMPCTL.bit.SHDWAMODE = CC_SHADOW;// /A 比较映射模式使能
EPwm1Regs.CMPCTL.bit.SHDWBMODE = CC_SHADOW;//B 比较映射模式使能
EPwm1Regs.CMPCTL.bit.LOADAMODE = CC_CTR_PRD;//CTR= PRD 装载
EPwm1Regs.CMPCTL.bit.LOADBMODE = CC_CTR_PRD; //CTR= PRD 装载
    /****AQ 模块配置****/
EPwm1Regs.AQCTLA.bit.CAU = AQ_SET;    //增计数匹配配置高
EPwm1Regs.AQCTLA.bit.CAD = AQ_CLEAR;    //减计数匹配配置低
EPwm1Regs.AQCTLB.bit.CBU = AQ_SET;    //增计数匹配配置高
```

EPwm1Regs.AQCTLB.bit.CBD = AQ_CLEAR; //减计数匹配置低
}

（5）利用连续增减计数模式产生互补对称 PWM 波

要求频率 12.8kHz，利用 CMPA 或 CMPB 产生占空比 D_A 为 30%的对称互补 PWM 波，其他要求波形如图 3-18 所示。

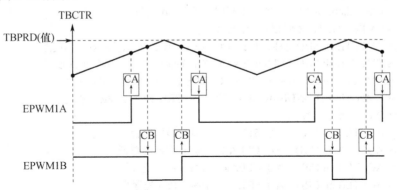

图 3-18　利用连续增减计数模式产生互补对称 PWM 波

① 周期寄存器和比较寄存器值的计算

设系统时钟为 150MHz，经 TB 模块分频后，f_{TBCLK} 为 37.5MHz，由式（3-3）可知周期寄存器的值为

$$TBPRD = \frac{T_{PWM}}{2 \times T_{TBCLK}} = \frac{f_{TBCLK}}{2 \times f_{PWM}} = 1465$$

由图 3-18 可知，EPWM1A 为低电平有效，则比较寄存器的值为

$$T_{CMPA} = T_{PWM} \times (1 - D_A) / 2 \tag{3-18}$$

式中，T_{CPMA} 为时间表示的比较寄存器 CMPA 的值。

由图 3-18 可知，死区时间为 $T_{DB} = T_{CMPB} - T_{CMPA}$（有关死区子模块内容将在 3.5 节详细介绍），则比较寄存器 CMPB 的值为

$$T_{CMPB} = T_{CMPA} + T_{DB} \tag{3-19}$$

式中，T_{CMPB} 为时间表示的比较寄存器 CMPB 的值。

$$D_A = \frac{T_{PWM} - 2T_{CMPA}}{T_{PWM}} = \frac{2 \times TBPRD - 2 \times CMPA}{2 \times TBPRD} = \frac{TBPRD - CMPA}{TBPRD} \tag{3-20}$$

$$CMPA = TBPRD \times (1 - D_A) \tag{3-21}$$

$$CMPB = CMPA + T_{DB} / T_{TBCLK} \tag{3-22}$$

依题目要求，比较寄存器 CMPA 的值为

$$CMPA = TBPRD \times (1 - 30\%) = 1026$$

设死区时间为 $T_{DB} = 3\mu s$，则比较寄存器 CMPA 的值为

$$CMPB = CMPA + T_{DB} / T_{TBCLK} = 1138$$

② 程序代码

```
void InitPwm1AB()
{    /****TB 模块配置****/
EPwm1Regs.TBPRD = 1465; //周期寄存器中设置计数器的计数周期,对应频率为 12.8kHz
EPwm1Regs.TBPHS.half.TBPHS = 0x0000; //在相位寄存器中设置计数器的起始计数位置
EPwm1Regs.TBCTR =0x0000;   //计数器清 0
```

```
EPwm1Regs.TBCTL.bit.CTRMODE = TB_COUNT_UPDOWN; //设置计数模式为增减计数模式
EPwm1Regs.TBCTL.bit.PHSEN = TB_DISABLE; //将定时器相位使能位关闭
EPwm1Regs.TBCTL.bit.HSPCLKDIV = TB_DIV2;//2 分频
EPwm1Regs.TBCTL.bit.CLKDIV = TB_DIV2; //2 分频,共 4 分频,f_TBCLK=37.5MHz
EPwm1Regs.TBCTL.bit.PRDLD = TB_SHADOW;//映射寄存器 SHADOW 使能
    /****CC 模块配置****/
EPwm1Regs.CMPA.half.CMPA =1026;//设置比较寄存器 A 的值
EPwm1Regs.CMPB =1138;//设置比较寄存器 B 的值
EPwm1Regs.CMPCTL.bit.SHDWAMODE = CC_SHADOW;// A 比较映射模式使能
EPwm1Regs.CMPCTL.bit.SHDWBMODE = CC_SHADOW;//B 比较映射模式使能
EPwm1Regs.CMPCTL.bit.LOADAMODE = CC_CTR_PRD;//CTR= PRD 装载
EPwm1Regs.CMPCTL.bit.LOADBMODE = CC_CTR_PRD; //CTR= PRD 装载
    /****AQ 模块配置****/
EPwm1Regs.AQCTLA.bit.CAU = AQ_SET;        //增计数匹配置高
EPwm1Regs.AQCTLA.bit.CAD = AQ_CLEAR;      //减计数匹配置低
EPwm1Regs.AQCTLB.bit.CBU = AQ_CLEAR;      //增计数匹配置低
EPwm1Regs.AQCTLB.bit.CBD = AQ_SET;        //减计数匹配置高
}
```

注意：利用连续增计数模式产生不对称波形时，可采用一个比较寄存器，也可以采用两个比较寄存器；产生对称波形时，则需要采用两个比较寄存器实现，如图 3-19（a）、（b）所示。利用连续增减计数模式产生双边对称波形时，可采用一个比较寄存器，也可以采用两个比较寄存器；产生非对称波形时，则需要采用两个比较寄存器实现，如图 3-19（c）、（d）所示。

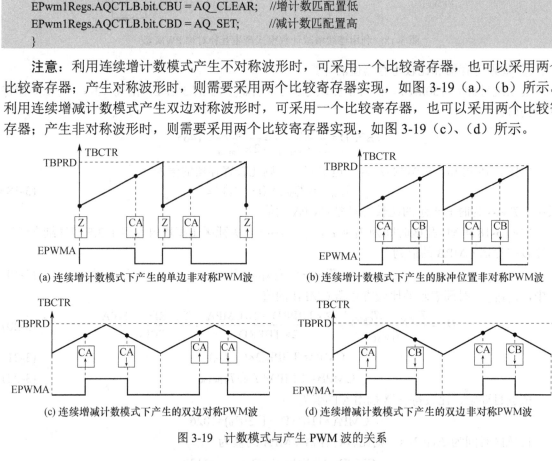

图 3-19　计数模式与产生 PWM 波的关系

3.5　死区子模块 DB 及其控制

如图 3-20 所示，由电力电子技术原理可知，由于开关器件结电容等的存在，开关之间存在过渡过程。如果不加以控制，轻则增加系统损耗，降低效率，重则损坏变流器的开关管。为了避免这种情况的发生，在 PWM 控制过程中需加入死区。死区的生成可由 AQ 模块配合 CMPA

和 CMPB 的设置实现，这种方法相对烦琐（例如，3.4 节利用连续增减计数模式产生互补对称 PWM 波）。TMS320F28335 提供了专门的死区子模块 DB，例如在图 3-20 的结构中利用 DB 模块产生死区则更为方便。

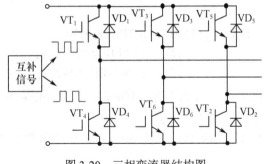

图 3-20　三相变流器结构图

1．DB 模块结构组成与工作过程

DB 模块的结构如图 3-21 所示，主要由输入选择逻辑、上升沿延时计数器、下降沿延时计数器、输出极性选择和死区功能选择逻辑单元组成。这些功能主要通过设置控制寄存器 DBCTL 来完成。

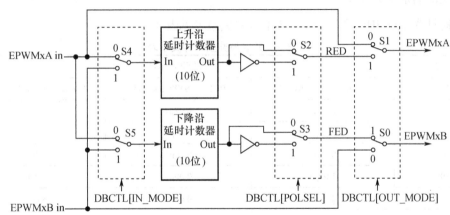

图 3-21　DB 模块的结构图

其工作过程为：由 AQ 模块产生的 EPWMxA、EPWMxB 信号进入 DB 模块后，通过对控制寄存器 DBCTL[IN_MODE]的设置，完成信号源的选择（即 EPWMxA 还是 EPWMxB，或者两者同时进入 DB 模块）；选择后的信号进入上升沿和下降沿延时计数器，进行边沿的延时处理，该过程的延时时间由寄存器 DBRED（上升沿延时）和 DBFED（下升沿延时）的设置决定；延时后的信号传递至极性选择单元（极性的选择主要视变流器驱动高低有效而定），是否反相由控制寄存器 DBCTL[POLSEL]设定；死区功能选择逻辑单元由控制寄存器 DBCTL[OUT_MODE] 设定值控制信号的选择，实现系统是否使用死区功能的选择。

2．DB 模块的寄存器

DB 模块共有 3 个寄存器，两个数据寄存器 DBRED 和 DBFED 主要用于死区时间的设定，一个控制寄存器 DBCTL 用于死区模式的选择。

（1）数据寄存器 DBRED 和 DBFED

数据寄存器 DBRED 和 DBFED 主要用于死区上升沿和下降沿延时时间的设置，两者格式相同。

15									10	9	8

15	10	9	8
Reserved		DEL	
R-0		R/W-0	

7	0
DEL	
R/W-0	

死区延时时间与 DBRED[DEL]和 DBFED[DEL]关系为

$$\begin{cases} T_{FED} = DBFED[DEL] \times T_{TBCLK} \\ T_{RED} = DBRED[DEL] \times T_{TBCLK} \end{cases} \tag{3-23}$$

式中，T_{FED} 为下降沿延时时间；T_{RED} 为上升沿延时时间；DBFED[DEL]为下降沿寄存器的设定值；DBRED[DEL]为上升沿寄存器的设定值。

若根据选定的开关器件要求的死区时间为 3μs，TB 时钟为 75MHz，则 DBRED[DEL]的设定值为

$$DBFED[DEL] = \frac{T_{FED}}{T_{TBCLK}} = T_{FED} \times f_{TBCLK} = 3 \times 10^{-6} \times 75 \times 10^6 = 225 \tag{3-24}$$

编程代码：

```
EPwm1Regs.DBRED = 225;
EPwm1Regs.DBFED = 225;
```

系统时钟为 100MHz 时，死区与典型时钟关系表见表 3-2。

表 3-2　死区与典型时钟关系表

死区	死区延时（μs）		
DBFED, DBRED	TBCLK = SYSCLKOUT/1	TBCLK = SYSCLKOUT/2	TBCLK = SYSCLKOUT/4
1	0.01μs	0.02μs	0.04μs
5	0.05μs	0.10μs	0.20μs
10	0.10μs	0.20μs	0.40μs
100	1.00μs	2.00μs	4.00μs
200	2.00μs	4.00μs	8.00μs
300	3.00μs	6.00μs	12.00μs
400	4.00μs	8.00μs	16.00μs
500	5.00μs	10.00μs	20.00μs
600	6.00μs	12.00μs	24.00μs
700	7.00μs	14.00μs	28.00μs
800	8.00μs	16.00μs	32.00μs
900	9.00μs	18.00μs	36.00μs
1000	10.00μs	20.00μs	40.00μs

（2）控制寄存器 DBCTL

控制寄存器 DBCTL 主要用于死区输入模式、输出模式和极性模式选择的设置。

15	8
Reserved	
R-0	

7	6	5	4	3	2	1	0
Reserved		IN_MODE		POLSEL		OUT_MODE	
R-0		R/W-0		R/W-0		R/W-0	

位域	名称	描述
15～6	Reserved	保留
5～4	IN_MODE	DBRED 和 DBFED 选择输入信号源： 00—选择 EPWMxA 同时作为上升沿和下降沿延时输入源； 01—选择 EPWMxB 上升沿延时，选择 EPWMxA 下降沿延时源； 10—选择 EPWMxA 上升沿延时，选择 EPWMxB 下降沿延时源； 11—选择 EPWMxB 同时作为上升沿和下降沿延时的输入源
3～2	POLSEL	极性选择，确定延时后输出是否需反相： 00—高有效（AH）模式，EPWMxA 和 EPWMxB 输出均不反相； 01—低有效互补（ALC）模式，EPWMxA 输出反相； 10—高有效互补（AHC）模式，EPWMxB 输出反相； 11—低有效（AL）模式，EPWMxA 和 EPWMxB 输出均反相
1～0	OUT_MODE	确定输出模式： 00—死区旁路模式，EPWMxA 和 EPWMxB 直接送至 PC 模块； 01—EPWMxA 送 PC 模块，下降沿延时输出送至 EPWMxB； 10— EPWMxB 送 PC 模块，上升沿延时输出送至 EPWMxA； 11—死区完全使能

极性选择与变流器驱动的高低有效相关，其波形图如图 3-22 所示。

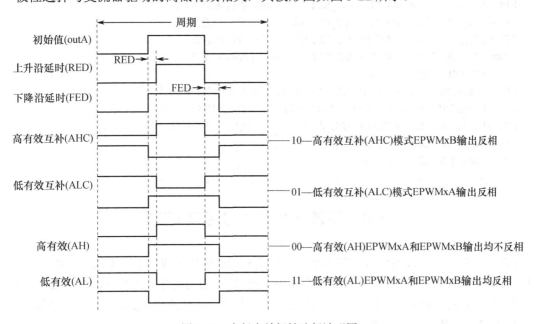

图 3-22　高低有效极性选择波形图

编程代码：

```
EPwm1Regs.DBCTL.bit.OUT_MODE = DB_FULL_ENABLE;//或赋值为 0x3,使能死区
EPwm1Regs.DBCTL.bit.IN_MODE = DBA_ALL;// 或赋值为 0x0,选择 EPWMA 作为输入
EPwm1Regs.DBCTL.bit.POLSEL =DB_ACTV_LOC;// 或赋值为 0x1,使能低有效互补(与变流器驱动有关)
```

3．编程示例

例如，在 3.4 节"（5）利用连续增减计数模式产生互补对称 PWM 波"的例程中加入 3μs 的死区，由式（3-24）可知死区寄存器的值为

$$DBFED[DEL]=\frac{T_{FED}}{T_{TBCLK}}=T_{FED}\times f_{TBCLK}=3\times10^{-6}\times37.5\times10^{6}=113$$

```
void InitPwm1AB()
{     /****TB 模块配置****/
EPwm1Regs.TBPRD = 1465; //周期寄存器中设置计数器的计数周期,对应频率为 12.8kHz
EPwm1Regs.TBPHS.half.TBPHS = 0x0000; //在相位寄存器中设置计数器的起始计数位置
EPwm1Regs.TBCTR =0x0000;    //计数器清 0
EPwm1Regs.TBCTL.bit.CTRMODE = TB_COUNT_UPDOWN; //设置计数模式为连续增减计数模式
EPwm1Regs.TBCTL.bit.PHSEN = TB_DISABLE; //关闭定时器相位使能位
EPwm1Regs.TBCTL.bit.HSPCLKDIV = TB_DIV2;// 2 分频
EPwm1Regs.TBCTL.bit.CLKDIV = TB_DIV2;//2 分频,共 4 分频,fTBCLK=37.5MHz
EPwm1Regs.TBCTL.bit.PRDLD = TB_SHADOW;//映射寄存器 SHADOW 使能
      /****CC 模块配置****/
EPwm1Regs.CMPA.half.CMPA =1026;//设置比较寄存器 A 的值
EPwm1Regs.CMPB =1026;//设置比较寄存器 B 的值
EPwm1Regs.CMPCTL.bit.SHDWAMODE = CC_SHADOW;//A 比较映射模式使能
EPwm1Regs.CMPCTL.bit.SHDWBMODE = CC_SHADOW;//B 比较映射模式使能
EPwm1Regs.CMPCTL.bit.LOADAMODE = CC_CTR_PRD;//CTR= PRD 装载
EPwm1Regs.CMPCTL.bit.LOADBMODE = CC_CTR_PRD; //CTR= PRD 装载
      /****AQ 模块配置****/
EPwm1Regs.AQCTLA.bit.CAU = AQ_SET;       //增计数匹配配置高
EPwm1Regs.AQCTLA.bit.CAD = AQ_CLEAR;    //减计数匹配配置低
EPwm1Regs.AQCTLB.bit.CBU = AQ_CLEAR;    //增计数匹配配置低
EPwm1Regs.AQCTLB.bit.CBD = AQ_SET;       //减计数匹配配置高
      /****DB 模块配置****/
EPwm1Regs.DBCTL.bit.OUT_MODE = DB_FULL_ENABLE; //使能死区
EPwm1Regs.DBCTL.bit.IN_MODE = DBA_ALL;   //选择 EPWMA 作为输入
EPwm1Regs.DBCTL.bit.POLSEL =DB_ACTV_LOC; //使能低有效互补(与变流器驱动有关)
EPwm1Regs.DBRED = 113; //3μs
EPwm1Regs.DBFED = 113; //3μs
}
```

3.6　斩波子模块 PC 及其控制

PC 模块允许高频载波信号调制由动作限定器和 DB 模块生成的 PWM 波,主要用于由脉冲变压器栅极驱动器控制的功率开关元件系统中。PC 模块的功能有:可编程斩波(载波)频率;第一脉冲宽度可通过编程调节;第二和后续脉冲的占空比也可编程设置。如果不需要这些功能,可通过设置使其禁止(即旁路)。

1. PC 模块的结构

PC 模块主要由载波生成单元、单脉冲控制单元和输出选择单元等组成,其结构如图 3-23 所示。

2. PC 模块工作过程

PC 模块的工作过程为:载波时钟来自 SYSCLKOUT,其频率和占空比通过 PCCTL 寄存器中的[CHPFREQ]和[CHPDUTY]位来控制;根据系统要求,若需要设置第一脉冲宽度,以确保开关器件的快速导通,则可以通过[OSHTWTH]位编程实现,也可以通过[CHPEN]位的设置使 PC模块禁用(即旁路)。不使用第一脉冲宽度调节功能时工作的波形如图 3-24 所示。

(1)单脉冲

第一脉冲宽度可以编程为 16 个可能的脉冲宽度值中的任何一个。第一脉冲的周期为

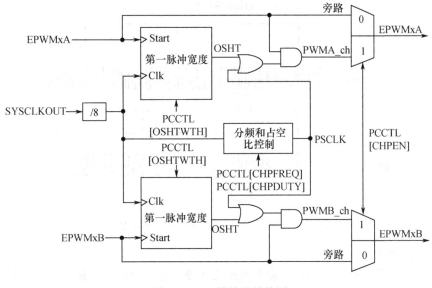

图 3-23 PC 模块的结构图

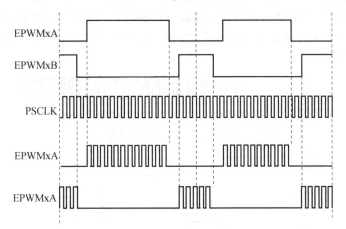

图 3-24 无第一脉冲宽度调节功能 PC 斩波模块波形

$$T_{\text{lstpulse}}=T_{\text{SYSCLKOUT}}\times8\times([\text{OSHTWTH}]+1) \tag{3-25}$$

式中，$T_{\text{SYSCLKOUT}}$ 为系统时钟 SYSCLKOUT 的周期；[OSHTWTH]为可编程控制位（值为 1～16）。

图 3-25 所示为使用第一脉冲可编程功能的波形图。第一个脉冲可调节，随后的脉冲维持调制波的频率与脉冲宽度。表 3-3 给出了系统时钟 SYSCLKOUT 为 100MHz 时可编程脉冲的宽度。

表 3-3 SYSCLKOUT＝100MHz 可编程的脉冲宽度

[OSHTWTH]（十六进制数）	脉冲宽度（ns）	[OSHTWTH]（十六进制数）	脉冲宽度（ns）
0	80	8	720
1	160	9	800
2	240	A	880
3	320	B	960
4	400	C	1040
5	480	D	1120
6	560	E	1200
7	640	F	1280

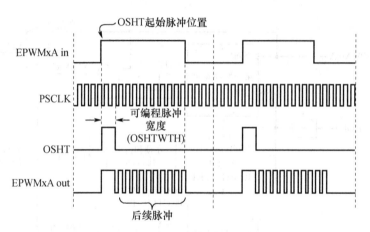

图 3-25　使用第一脉冲可编程功能的波形图

（2）占空比控制

基于脉冲变压器的栅极驱动设计需要理解变压器和相关电路的电磁特性（如磁饱和特性）。为了满足栅极驱动设计者的需要，第二脉冲和随后脉冲的占空比也可编程。为使脉冲信号能有合适的驱动强度和极性来驱动电源开关的栅极，PC 模块允许通过软件控制来调节占空比从而进行优化设计。占空比共有 7 种选择，范围从 12.5%～87.5%，图 3-26 给出了通过设置[CHPDUTY]位对占空比调节的示意图。

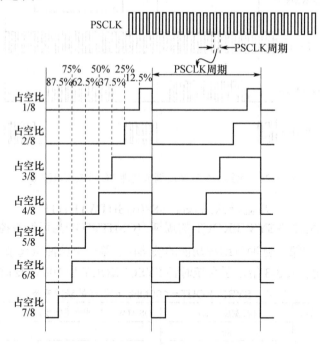

图 3-26　使用[CHPDUTY]位设置调节占空比示意图

3．PC 模块的寄存器

PC 模块只有一个寄存器，即控制寄存器 PCCTL。

15	11	10	8
Reserved		CHPDUTY	
R-0		R/W-0	

7		5	4		1	0
	CHPFREQ			OSHTWTH		CHPEN
	R/W-0			R/W-0		R/W-0

位域	名称	描述
15～11	Reserved	保留
10～8	CHPDUTY	斩波时钟占空比设置，若 CHPDUTY 对应十进制数为 x，则斩波时钟占空比为(x+1)/8。例如，000—Duty = 1/8(12.5%)；001—Duty = 2/8(25.0%)；111—保留
7～5	CHPFREQ	斩波时钟频率设置，若 CHPFREQ 设置为 x，则斩波时钟频率 SYSCLKOUT/(x+1)，例如： 000 —Divide by 1（不分频，12.5MHz at 100MHz SYSCLKOUT）； 001— Divide by 2（6.25MHz at 100MHz SYSCLKOUT）
4～1	OSHTWTH	单脉冲宽度设置：若 OSHTWTH 赋值对应十进制数为 x，单脉冲宽度为：(x+1)倍 (SYSCLKOUT/8)的宽度。例如： 0000— 1×SYSCLKOUT/ 8 wide(= 80ns at 100MHz SYSCLKOUT)； 0001— 2×SYSCLKOUT / 8 wide(= 160ns at 100MHz SYSCLKOUT)； ⋮ 1111— 16×SYSCLKOUT / 8 wide(= 1280ns at 100MHz SYSCLKOUT)
0	CHPEN	斩波使能位：0—不使能（旁路）；1—使能

3.7 错误控制子模块 TZ 及其控制

TZ 模块的结构如图 3-27 所示，每个 ePWM 模块均与来自 GPIO 的故障信号（共 6 个，$\overline{TZ1}$ ～ $\overline{TZ6}$ ）相连。当故障发生时，ePWM 模块可以通过配置响应这些信号，然后改变输出状态，从而实现对系统的相应保护。

1. TZ 模块的功能

TZ 模块的主要功能有：

① 故障输入信号 $\overline{TZ1}$ ～ $\overline{TZ6}$ 可灵活映射至任何 ePWM 模块；

② 当故障发生时，EPWMxA 和 EPWMxB 的输出可以强制为高电平、低电平、高阻态或无动作；

③ 支持短路或过流情况下的单次触发（OSHT）；

④ 支持限流操作的逐周期触发（CBC）；

⑤ 允许每个故障信号输入引脚实现单次或逐周期操作；

⑥ 允许每个故障信号输入引脚产生中断；

⑦ 支持软件强制触发；

⑧ 如果不需要，可完全绕过 TZ 模块。

2. TZ 模块的工作过程

引脚 $\overline{TZ1}$ ～ $\overline{TZ6}$ 的故障信号（统称为 $\overline{TZn}$ ）为低电平有效输入信号。当其中一个引脚变低时，表示有故障事件发生。每个 ePWM 模块是否响应这些故障信号，可通过配置寄存器 TZSEL 确定。故障信号与系统时钟（SYSCLKOUT）可以同步，也可以不同步，并在 GPIO MUX 中进行数字滤波。$\overline{TZn}$ 输入上有一个系统时钟输出低电平，就可以触发 ePWM 模块中的故障状态。只要 GPIO 配置正确，异步触发可以确保在时钟错误的情况下，$\overline{TZn}$ 输入上的有效事件仍然可以触发输出。

每个 $\overline{TZn}$ 输入可以单独配置为逐周期或单次触发事件。该配置分别由 TZSEL[CBCn]和 TZSEL[OSHTn]控制位（其中，n 对应于故障信号引脚）决定。

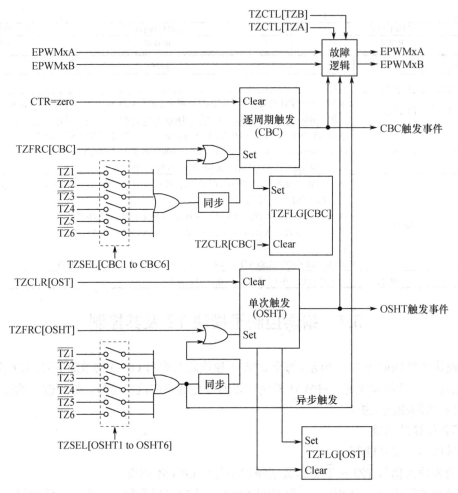

图 3-27　TZ 模块结构图

（1）逐周期触发（CBC）

当发生逐周期触发事件时，寄存器 TZCTL 中指定的动作将立即在 EPWMxA 或 EPWMxB 输出上执行。表 3-4 列出了可能的操作。此外，如果寄存器 TZEINT 和 PIE 模块中使能了该中断，则会置位逐周期触发事件中断标志位 TZFLG[CBC]，并生成一个 PWMx_TZINT 中断。

如果触发事件不再存在，当 ePWM 时基计数器达到零（TBCTR=0x0000）时，引脚上的指定条件将自动清除。因此，在此模式下，每个 PWM 周期都会清除或重置触发事件。TZFLG[CBC]标志位将保持，直到通过写入 TZCLR[CBC]位进行手动清除。如果清除 TZFLG[CBC]位时仍存在逐周期触发事件，则会立即再次设置该事件。

（2）单次触发（OSHT）

当单次触发事件发生时，TZCTL 寄存器中指定的动作立即在 EPWMxA 或 EPWMxB 输出上执行。表 3-4 列出了可能的操作。此外，设置了单次触发中断标志位（TZFLG[OST]），如果在 TZEINT 寄存器和 PIE 模块中使能，则会产生一个 PWMx_TZINT 中断。必须通过写入 TZCLR[OST]位，手动清除单次故障条件。

当故障事件发生时，寄存器 TZCTL[TZA]和 TZCTL[TZB]可以为每个 ePWM 输出独立配置故障触发事件。

表 3-4　故障触发事件的可能操作

TZCTL[TZA]和/或 TZCTL[TZB]	EPWMxA 和/或 EPWMxB
0,0	高阻态
0,1	强制置高电平
1,0	强制置低电平
1,1	不变

（3）配置实例

① $\overline{TZ1}$ 上的单次触发事件将 EPWM1A、EPWM1B 置低电平，同时强制 EPWM2A 和 EPWM2B 置高电平。

● 配置 EPWM1 寄存器

TZSEL[OSHT1]=1：启用 $\overline{TZ1}$ 作为 EPWM1 的单次事件源；

TZCTL[TZA]=2：EPWM1A 在触发事件中被强制置低电平；

TZCTL[TZB]=2：EPWM1B 在触发事件中被强制置低电平。

● 配置 EPWM2 寄存器

TZSEL[OSHT1]=1：启用 $\overline{TZ1}$ 作为 EPWM2 的单次事件源；

TZCTL[TZA]=1：EPWM2A 在触发事件中被强制置高电平；

TZCTL[TZB]=1：EPWM2B 在触发事件中被强制置高电平。

② $\overline{TZ5}$ 上的逐周期事件将 EPWM1A 和 EPWM1B 置低电平；$\overline{TZ1}$ 或 $\overline{TZ6}$ 上的一次性触发事件使 EPWM2A 进入高阻态。

● 配置 EPWM1 寄存器

TZSEL[CBC5]=1：启用 $\overline{TZ5}$ 作为 EPWM1 的单次事件源；

TZCTL[TZA]=2：EPWM1A 在触发事件中被强制置低电平；

TZCTL[TZB]=2：EPWM1B 在触发事件中被强制置低电平。

● 配置 EPWM2 寄存器

TZSEL[OSHT1]=1：启用 $\overline{TZ1}$ 作为 EPWM2 的单次事件源；

TZSEL[OSHT6]=1：启用 $\overline{TZ6}$ 作为 EPWM2 的单次事件源；

TZCTL[TZA]=0：EPWM2A 将在触发事件中进入高阻态；

TZCTL[TZB]=3：EPWM2B 将忽略触发事件。

3．TZ 模块的寄存器

TZ 模块共有 6 个寄存器，即选择寄存器（TZSEL）、控制寄存器（TZCTL）、中断使能寄存器（TZEINT）、中断标志寄存器（TZFLG）、中断标志清除寄存器（TZCLR）和中断强制寄存器（TZFRC）。所有寄存器均受 EALLOW 保护，只有在执行 EALLOW 指令后才能修改。

（1）选择寄存器（TZSEL）

该寄存器主要用于单次或逐周期触发的设置。

15	14	13	12	11	10	9	8
Reserved		OSHT6	OSHT5	OSHT4	OSHT3	OSHT2	OSHT1
R-0		R/W-0	R/W-0	R/W-0	R/W-0	R/W-0	R/W-0

7	6	5	4	3	2	1	0
Reserved		CBC6	CBC5	CBC4	CBC3	CBC2	CBC1
R-0		R/W-0	R/W-0	R/W-0	R/W-0	R/W-0	R/W-0

[OSHT6～OSHT1]：设置为 0 时禁止，设置为 1 时启用单次触发源；

[CBC6～CBC1]：设置为 0 时禁止，设置为 1 时启用逐周期触发源。

（2）控制寄存器（TZCTL）

该寄存器主要用于在设定被选择的事件发生时 EPWMxB/EPWMxA 上对应的状态。

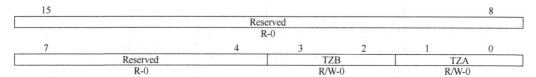

其中，TZB 对应 EPWMxB，TZA 对应 EPWMxA，具体动作如下：

00—高阻态；01—强制为高电平；10—强制为低电平；11—无动作。

（3）中断使能寄存器（TZEINT）

该寄存器主要用于单次或逐周期触发中断使能的设置。

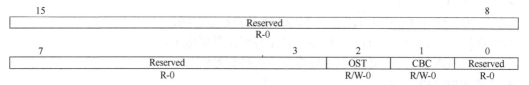

OST：单次触发中断使能位，0—禁止，1—使能。

CBC：逐周期触发中断使能位，0—禁止，1—使能。

（4）中断标志寄存器（TZFLG）

15					8
Reserved					
R-0					

7		3	2	1	0
Reserved			OST	CBC	INT
R-0			R-0	R-0	R-0

OST：单次触发中断标志位，0—无中断发生，1—有中断发生；

CBC：逐周期触发中断标志位，0—无中断发生，1—有中断发生；

INT：中断标志位，0—无中断发生，1—有中断发生。

（5）中断标志清除寄存器（TZCLR）

15					8
Reserved					
R-0					

7		3	2	1	0
Reserved			OST	CBC	INT
R-0			R/W-0	R/W-0	R/W-0

OST：单次触发中断标志清除位，0—无影响，1—清除中断标志位；

CBC：逐周期触发中断标志清除位，0—无影响，1—清除中断标志位；

INT：中断标志清除位，0—无影响，1—清除中断标志位。

（6）中断强制寄存器（TZFRC）

15					8
Reserved					
R-0					

7		3	2	1	0
Reserved			OST	CBC	Reserved
R-0			R/W-0	R/W-0	R-0

OST：强制单次触发中断位，0—无影响，1—强制单次触发中断，并置位 TZFLG[OST]；

CBC：强制逐周期触发中断位，0—无影响，1—强制逐周期触发中断，并置位 TZFLG[CBC]。

3.8 事件触发子模块 ET 及其控制

ET 模块可根据 TB 模块和 CC 模块生成的事件，申请中断和触发 ADC 的采样与转换。

1. ET 模块构成及工作过程

ET 模块的构成及工作过程如图 3-28 所示，ET 模块主要由事件信号选择单元、事件信号计数单元和信号输出单元等组成。其工作过程为：ET 模块接收来自 TB 模块的 0 匹配（也称下溢匹配）和周期匹配事件，也可接收来自 CC 模块的比较匹配事件（包括加匹配和减匹配），然后选择哪些事件可以申请中断和作为 ADC 触发信号（由选择寄存器 ETSEL 设置决定），以及多少个事件（1～3）后申请中断或触发 ADC（由预定标寄存器 ETPS 设置决定），如图 3-29 所示。当中断或触发事件发生时，置位标志寄存器 ETFLG 中的标志位；标志位的清除由清除寄存器 ETCLR 完成。另外，ET 模块申请中断或触发 ADC 也可由软件完成，其控制可通过设置强制寄存器 ETFRC 实现。

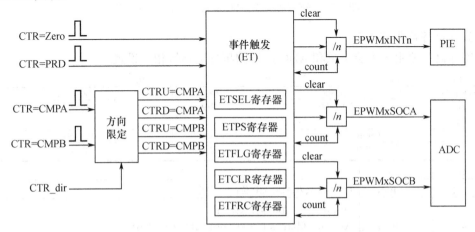

图 3-28 ET 模块的构成

2. ET 模块的寄存器

ET 模块共有 5 个寄存器，包括选择寄存器 ETSEL、预定标寄存器 ETPS、标志寄存器 ETFLG、清除寄存器 ETCLR 和强制寄存器 ETFRC。

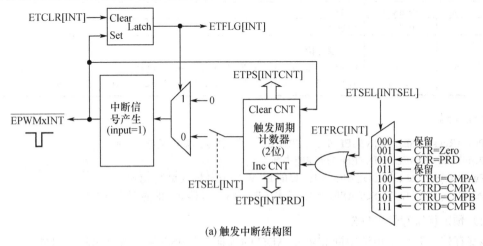

(a) 触发中断结构图

图 3-29 ET 模块触发中断和 ADC 结构图

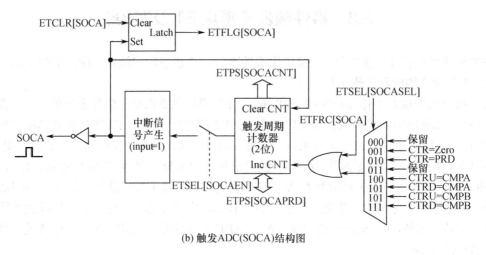

(b) 触发ADC(SOCA)结构图

图 3-29　ET 模块触发中断和 ADC 结构图（续）

（1）选择寄存器 ETSEL

该寄存器主要用于中断请求和 ADC 触发的事件选择等相关设置。

15	14	12	11	10	8
SOCBEN	SOCBSEL		SOCAEN	SOCASEL	
R/W-0	R/W-0		R/W-0	R/W-0	

7	4	3	2	0
Reserved		INTEN	INTSEL	
R-0		R/W-0	R/W-0	

位域	名称	描述
15	SOCBEN	EPWMB 触发 ADC 允许位：0—禁止；1—允许
14～12	SOCBSEL	EPWMB 触发 ADC 事件选择位： 000 和 011 保留；001—CTR=Zero；010—CTR=PRD； 100—CTR=CAU；101—CTR=CAD；110—CTR=CBU；111—CTR=CBD
11	SOCAEN	EPWMA 触发 ADC 允许位：0—禁止；1—允许
10～8	SOCASEL	EPWMA 触发 ADC 事件选择： 000 和 011 保留；001—CTR=Zero；010—CTR=PRD； 100—CTR=CAU；101—CTR=CAD；110—CTR=CBU；111—CTR=CBD
7～4	Reserved	保留
3	INTEN	中断允许使能位：0—禁止；1—允许
2～0	INTSEL	中断触发事件选择： 000 和 011 保留；001—CTR=Zero；010—CTR=PRD； 100—CTR=CAU；101—CTR=CAD；110—CTR=CBU；111—CTR=CBD

编程代码：

```
EPwm1Regs.ETSEL.bit.INTSEL=ET_CTR_ZERO; //选择 0 匹配触发申请中断
EPwm1Regs.ETSEL.bit.INTEN=1; //使能中断
EPwm1Regs.ETSEL.bit.SOCAEN = 1; //使能 EPWMA 比较器 A 触发 ADC
EPwm1Regs.ETSEL.bit.SOCASEL = 4; //选择 EPWMA 比较器 A 加匹配触发 ADC
```

（2）预定标寄存器 ETPS

该寄存器主要用于申请中断和触发 ADC 的周期（几个事件）选择等相关设置。

15	14	13	12	11	10	9	8
SOCBCNT		SOCBPRD		SOCACNT		SOCAPRD	
R-0		R/W-0		R-0		R/W-0	

7			4	3	2	1	0
Reserved				INTCNT		INTPRD	
R-0				R-0		R/W-0	

位域	名称	描述
15～14	SOCBCNT	EPWMB 触发 ADC 事件计数器，反映当前已经发生了多少个选定事件： 00—无；01—1 个；10—2 个；11—3 个
13～12	SOCBPRD	EPWMB 触发 ADC 周期选择： 00—禁用事件计数器；01—选定 1 个事件；10—选定 2 个事件；11—选定 3 个事件
11～10	SOCACNT	EPWMA 触发 ADC 事件计数器，反映当前已经发生了多少个选定事件： 00—无；01—1 个；10—2 个；11—3 个
9～8	SOCAPRD	EPWMA 触发 ADC 周期选择： 00—禁用事件计数器；01—选定 1 个事件；10—选定 2 个事件；11—选定 3 个事件
7～4	Reserved	保留
3～2	INTCNT	中断事件计数器，反映当前已经发生了多少个选定事件： 00—无；01—1 个；10—2 个；11—3 个
1～0	INTPRD	中断周期选择： 00—禁用事件计数器；01—选定 1 个事件；10—选定 2 个事件；11—选定 3 个事件

编程代码：

```
EPwm1Regs.ETPS.bit.INTPRD=1; //1 个事件申请触发中断
EPwm1Regs.ETPS.bit.SOCAPRD = 1; //1 个事件触发 ADC
```

（3）标志寄存器 ETFLG、清除寄存器 ETCLR 和强制寄存器 ETFRC

① 标志寄存器 ETFLG

15							8
Reserved							
R-0							

7			4	3	2	1	0
Reserved				SOCB	SOCA	Reserved	INT
R-0				R-0	R-0	R-0	R-0

标志寄存器 ETFLG 为只读，0—表示无触发信号或无中断发生，1—表示有触发信号或中断发生。

② 清除寄存器 ETCLR

15							8
Reserved							
R=0							

7			4	3	2	1	0
Reserved				SOCB	SOCA	Reserved	INT
R-0				R/W-0	R/W-0	R-0	R/W-0

清除寄存器 ETCLR 可读写，写 0 无效，写 1 清除相应的标志位。

③ 强制寄存器 ETFRC

15							8
Reserved							
R=0							

7			4	3	2	1	0
Reserved				SOCB	SOCA	Reserved	INT
R-0				R/W-0	R/W-0	R-0	R/W-0

对强制寄存器 ETFRC 相应位写入 1，强制触发 ADC 和中断，主要用于测试目的。

编程代码：

```
EPwm1Regs.ETCLR.bit.INT=1;//清除标志位
EPwm1Regs. ETFRC.bit.INT=1;//强制一次中断
```

3．ET 模块初始化代码

例如，在 3.4 节"（5）利用连续增减计数模式产生互补对称 PWM 波"的例程中加入中断和触发 ADC，要求 0 匹配触发中断，中断周期选择为 1，EPWM1A 比较器 A 加匹配触发 ADC，触发 ADC 周期选择为 1。例程代码如下：

```
void InitPwm1AB()
{
        /****TB 模块配置****/
    EPwm1Regs.TBPRD = 1465; //周期寄存器中设置计数器的计数周期,对应周期为 12.8kHz
    EPwm1Regs.TBPHS.half.TBPHS = 0x0000; //在相位寄存器中设置计数器的起始计数位置
    EPwm1Regs.TBCTR =0x0000;    //计数器清 0
    EPwm1Regs.TBCTL.bit.CTRMODE = TB_COUNT_UPDOWN; //设置计数模式为连续增减计数模式
     EPwm1Regs.TBCTL.bit.PHSEN = TB_DISABLE; //将关闭相位使能位
    EPwm1Regs.TBCTL.bit.HSPCLKDIV = TB_DIV2; //2 分频
    EPwm1Regs.TBCTL.bit.CLKDIV = TB_DIV2; //2 分频,共 4 分频,fTBCLK=37.5MHz
    EPwm1Regs.TBCTL.bit.PRDLD = TB_SHADOW;//映射寄存器 SHADOW 使能

        /****CC 模块配置****/
    EPwm1Regs.CMPA.half.CMPA =1026;//设置比较寄存器 A 的值
     EPwm1Regs.CMPB =1026;//设置比较寄存器 B 的值

    EPwm1Regs.CMPCTL.bit.SHDWAMODE = CC_SHADOW;//A 比较映射模式使能
    EPwm1Regs.CMPCTL.bit.SHDWBMODE = CC_SHADOW;//B 比较映射模式使能
    EPwm1Regs.CMPCTL.bit.LOADAMODE = CC_CTR_PRD;//CTR= PRD 装载
    EPwm1Regs.CMPCTL.bit.LOADBMODE = CC_CTR_PRD; //CTR= PRD 装载
        /****AQ 模块配置****/
    EPwm1Regs.AQCTLA.bit.CAU = AQ_SET;        //增计数匹配置高
    EPwm1Regs.AQCTLA.bit.CAD = AQ_CLEAR;     //减计数匹配置低
    EPwm1Regs.AQCTLB.bit.CBU = AQ_CLEAR;     //增计数匹配置低
    EPwm1Regs.AQCTLB.bit.CBD = AQ_SET;        //减计数匹配置高

        /****DB 模块配置****/
    EPwm1Regs.DBCTL.bit.OUT_MODE = DB_FULL_ENABLE; //使能死区
    EPwm1Regs.DBCTL.bit.IN_MODE = DBA_ALL; //选择 EPWM1A 作为输入
    EPwm1Regs.DBCTL.bit.POLSEL =DB_ACTV_LOC; //使能低有效互补(与变流器驱动有关)
    EPwm1Regs.DBRED = 113;//3μs
    EPwm1Regs.DBFED = 113; //3μs

        /****ET 模块配置****/
    EPwm1Regs.ETSEL.bit.INTEN=1;    //使能中断
    EPwm1Regs.ETSEL.bit.INTSEL=ET_CTR_ZERO; //选择 0 匹配触发中断
    EPwm1Regs.ETPS.bit.INTPRD= ET_1ST; //1 个事件触发中断
    //AD 触发设置
    EPwm1Regs.ETSEL.bit.SOCAEN = 1;    //使能触发比较器 A 触发 ADC
    EPwm1Regs.ETSEL.bit.SOCASEL = ET_CTRU_CMPA; //选择 EPWMA 比较器 A 加匹配触发 ADC
```

```
        EPwm1Regs.ETPS.bit.SOCAPRD = ET_1ST; //1 个事件触发 ADC
}
```

4．ePWM 中断初始化步骤

当启用 ePWM 外设时钟时，由于 ePWM 寄存器未正确初始化，可能会由于虚假事件而使中断标志置位。所以初始化 ePWM 的正确步骤如下：

① 禁用全局中断（INTM）；

② 禁用 ePWM 中断；

③ 设置 TBLKSYNC＝0；

④ 初始化外设寄存器；

⑤ 设置 TBLKSYNC＝1；

⑥ 清除任何虚假的 ePWM 标志（包括 PIEIFR）；

⑦ 启用 ePWM 中断；

⑧ 启用全局中断。

具体程序如下：

```
#include "DSP2833x_Device.h"
……
void main(void)
{
    InitSysCtrl();
    DINT;
    InitPieCtrl();//将 PIE 控制寄存器初始化至默认状态(禁止所有中断,清除所有中断)
    IER = 0x0000;//禁止 CPU 中断
    IFR = 0x0000;//清除所有 CPU 中断标志
    InitPieVectTable();
    EALLOW;
    PieVectTable.EPWM1_INT=&ISRepwm1;//重新映射此处使用的中断向量,使其指向中断服务函数
    EDIS;
    EALLOW;
    SysCtrlRegs.PCLKCR0.bit.TBCLKSYNC = 0;//停止所有 ePWM 通道的时钟
    EDIS;
    EPwmSetup();//初始化 ePWM
    EALLOW;
    SysCtrlRegs.PCLKCR0.bit.TBCLKSYNC = 1;//允许所有 ePWM 通道的时钟
    EDIS;
    EPwm1Regs.ETCLR.bit.INT=1; //清除标志位
    EPwm1Regs.ETSEL.bit.INTEN=1;//允许中断使能 EPWM1 中断
    PieCtrlRegs.PIECTRL.bit.ENPIE = 1;//允许从 PIE 中断向量表中读取中断向量
    PieCtrlRegs.PIEIER3.bit.INTx1 = 1;//允许 PIE 中断 INT3.1

    IER |= M_INT3;//允许 CPU 的 INT3(与 EPWM1~6 连接)
    EINT;
    ERTM;
    for(;;)
    { asm("    NOP");}
}
```

3.9 ePWM 模块应用

3.9.1 在不同拓扑电源中的应用

ePWM 模块既可以作为独立模块运行，也可与其他 ePWM 模块同步运行。本节主要讨论多模块同步运行的控制。

1. 多模块运行概述

在本节之前，所有讨论都是单个模块的操作。为了便于理解多个模块在系统中的协同工作，通常将 ePWM 模块用如图 3-30 所示框图来表示。这个简化的 ePWM 框图仅显示了在多变换器电源拓扑结构控制中所需的关键资源。

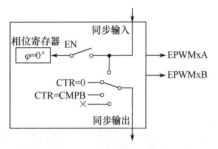

图 3-30 简化的 ePWM 模块框图

2. 关键配置

（1）同步输入的选择配置情况

① 在输入同步选通开关（EN）闭合时，可将相位寄存器的值加载到本身计数器；

② 同步选通开关（EN）断开，禁止任何操作或忽略输入；

③ 同步连通，同步输出连接到同步输入；

④ 主模式，在脉宽调制边界处提供同步，同步输出信号连接到 CTR=0；

⑤ 主模式，提供可编程时间点同步，同步输出信号连接到 CTR=CMPB；

⑥ 模块处于独立模式，不提供与其他模块的同步信号，同步输出信号连接到×（已禁用）。

（2）同步输出的选择配置情况

① 同步连通，同步输出连接到同步输入；

② 主模式，同步输出信号连接到 CTR=0，在脉宽调制边界处提供同步；

③ 主模式，同步输出信号连接到 CTR=CMPB，通过设置 CMPB 值提供任何可编程的任意时刻同步；

④ 模块处于独立模式，同步模式禁用。

对于每种同步输出选择，模块也可以通过使能开关选择在同步选通输入上加载自己的计数器和新的相位值，或者选择忽略它。其组合方式有多种，图 3-31 给出了两种最常见的主模块和从模块模式。

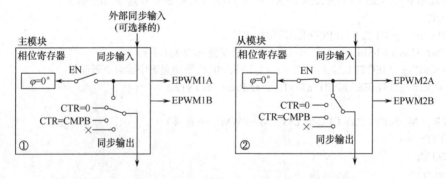

图 3-31 EPWM1 配置为主模块，EPWM2 配置为从模块

3. 具有独立频率多降压变换器的控制

Buck 变换器是最简单的功率转换拓扑之一。在多个变换器同频运行时，配置为主模式的 ePWM 模块可以相同的脉宽调制频率控制另外两个 Buck 变换器。如果每个 Buck 变换器需要独立的频率控制，则必须为每个 Buck 变换器分配一个 ePWM 模块。图 3-32 显示了 3 个 Buck 变换器，每个变换器以独立的频率运行的情况。在这种情况下，所有 3 个 ePWM 模块都配置为主模块，即不使用同步。图 3-33 所示为按图 3-32 设置所产生的波形。

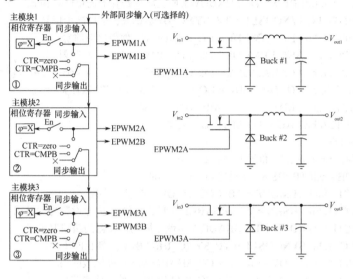

注:φ=X表示相位寄存器中的值为"不考虑"。

图 3-32　3 个 Buck 变换器独立运行的控制（$f_{PWM1} \neq f_{PWM2} \neq f_{PWM3}$）

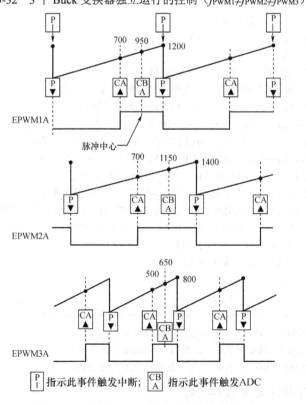

图 3-33　按图 3-32 配置方式所产生的波形

图 3-32 的配置代码:

```
//EPWM Module 1 配置
EPwm1Regs.TBPRD = 1200; //设置周期寄存器的值,Period = 1201 TBCLK 脉冲个数
EPwm1Regs.TBPHS.half.TBPHS = 0; //设置相位寄存器的值
EPwm1Regs.TBCTL.bit.CTRMODE = TB_COUNT_UP; //连续增计数
EPwm1Regs.TBCTL.bit.PHSEN = TB_DISABLE; //禁止相位装载,即设置为主模式
EPwm1Regs.TBCTL.bit.PRDLD = TB_SHADOW;//使能周期寄存器的值映射模式
EPwm1Regs.TBCTL.bit.SYNCOSEL = TB_SYNC_DISABLE;//禁止同步信号
EPwm1Regs.CMPCTL.bit.SHDWAMODE = CC_SHADOW;//使能比较映射
EPwm1Regs.CMPCTL.bit.SHDWBMODE = CC_SHADOW; //使能比较映射
EPwm1Regs.CMPCTL.bit.LOADAMODE = CC_CTR_ZERO; //在 CTR=Zero 时装载活动寄存器
EPwm1Regs.CMPCTL.bit.LOADBMODE = CC_CTR_ZERO; //CTR=Zero 时装载
EPwm1Regs.AQCTLA.bit.PRD = AQ_CLEAR;//周期匹配置 1
EPwm1Regs.AQCTLA.bit.CAU = AQ_SET;//加匹配置 0
//EPWM Module 2 配置
EPwm2Regs.TBPRD = 1400; //设置周期寄存器的值
EPwm2Regs.TBPHS.half.TBPHS = 0; //设置相位寄存器的值
EPwm2Regs.TBCTL.bit.CTRMODE = TB_COUNT_UP; //连续增计数
EPwm2Regs.TBCTL.bit.PHSEN = TB_DISABLE; //禁止相位装载,即设置为主模式
EPwm2Regs.TBCTL.bit.PRDLD = TB_SHADOW; //使能周期寄存器的值映射模式
EPwm2Regs.TBCTL.bit.SYNCOSEL = TB_SYNC_DISABLE; //禁止同步信号
EPwm2Regs.CMPCTL.bit.SHDWAMODE = CC_SHADOW; //使能比较映射
EPwm2Regs.CMPCTL.bit.SHDWBMODE = CC_SHADOW; //使能比较映射
EPwm2Regs.CMPCTL.bit.LOADAMODE = CC_CTR_ZERO; //在 CTR=Zero 时装载活动寄存器
EPwm2Regs.CMPCTL.bit.LOADBMODE = CC_CTR_ZERO; //CTR=Zero 时装载
EPwm2Regs.AQCTLA.bit.PRD = AQ_CLEAR;
EPwm2Regs.AQCTLA.bit.CAU = AQ_SET;
//EPWM Module 3 配置
EPwm3Regs.TBPRD = 800; //设置周期寄存器的值
EPwm3Regs.TBPHS.half.TBPHS = 0; //设置相位寄存器的值
EPwm3Regs.TBCTL.bit.CTRMODE = TB_COUNT_UP; //连续增计数
EPwm3Regs.TBCTL.bit.PHSEN = TB_DISABLE; //禁止相位装载,即设置为主模式
EPwm3Regs.TBCTL.bit.PRDLD = TB_SHADOW; //使能周期寄存器的值映射模式
EPwm3Regs.TBCTL.bit.SYNCOSEL = TB_SYNC_DISABLE; //禁止同步信号
EPwm3Regs.CMPCTL.bit.SHDWAMODE = CC_SHADOW; //使能比较映射
EPwm3Regs.CMPCTL.bit.SHDWBMODE = CC_SHADOW; //使能比较映射
EPwm3Regs.CMPCTL.bit.LOADAMODE = CC_CTR_ZERO; //在 CTR=Zero 时装载活动寄存器
EPwm3Regs.CMPCTL.bit.LOADBMODE = CC_CTR_ZERO; //CTR=Zero 时装载
EPwm3Regs.AQCTLA.bit.PRD = AQ_CLEAR;
EPwm3Regs.AQCTLA.bit.CAU = AQ_SET;

//运行时可更改
//=============================================================
EPwm1Regs.CMPA.half.CMPA = 700; //调整 EPWM1A 的占空比
EPwm2Regs.CMPA.half.CMPA = 700; //调整 EPWM2A 的占空比
EPwm3Regs.CMPA.half.CMPA = 500; //调整 EPWM3A 的占空比
```

4. 多个频率相同降压变换器的控制

如果需要同步，ePWM 模块 2 可以配置为从模式，并且可以在 ePWM 模块 1 的整数倍（n）

频率下运行。从主到从的同步信号确保了这些模块保持锁定状态。具体配置如图 3-34 所示，波形如图 3-35 所示。

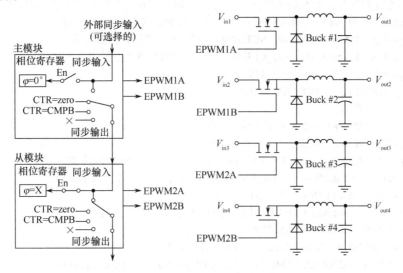

图 3-34　4 个 Buck 变换器的同步控制（$f_{PWM2}=n \times f_{PWM1}$）

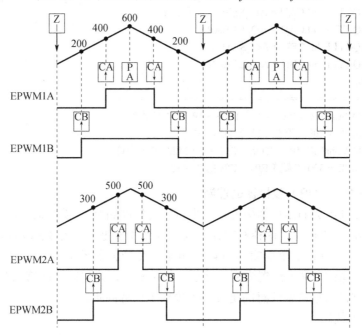

图 3-35　图 3-34 配置方式对应的波形（此处 $n=1$，即 $f_{PWM2}=f_{PWM1}$）

图 3-34 的配置代码：

```
//=======================
//EPWM Module 1 配置
EPwm1Regs.TBPRD = 600; //设置周期寄存器的值
EPwm1Regs.TBPHS.half.TBPHS = 0; //设置相位寄存器的值为 0
EPwm1Regs.TBCTL.bit.CTRMODE = TB_COUNT_UPDOWN; //连续增减计数模式
EPwm1Regs.TBCTL.bit.PHSEN = TB_DISABLE; //相位装载禁止,即设置为主模式
EPwm1Regs.TBCTL.bit.PRDLD = TB_SHADOW;//使能周期寄存器映射模式
EPwm1Regs.TBCTL.bit.SYNCOSEL = TB_CTR_ZERO; //选择 CTR=Zero 为同步输出信号
```

```
EPwm1Regs.CMPCTL.bit.SHDWAMODE = CC_SHADOW;//比较寄存器映射模式使能
EPwm1Regs.CMPCTL.bit.SHDWBMODE = CC_SHADOW; //比较寄存器映射模式使能
EPwm1Regs.CMPCTL.bit.LOADAMODE = CC_CTR_ZERO; //映射寄存器在 CTR=Zero 时装载到活动寄存器
EPwm1Regs.CMPCTL.bit.LOADBMODE = CC_CTR_ZERO; //CTR=Zero 时装载
EPwm1Regs.AQCTLA.bit.CAU = AQ_SET; //为 EPWM1A 设置操作,加匹配配置 1
EPwm1Regs.AQCTLA.bit.CAD = AQ_CLEAR; //为 EPWM1A 设置操作,减匹配配置 0
EPwm1Regs.AQCTLB.bit.CBU = AQ_SET;
EPwm1Regs.AQCTLB.bit.CBD = AQ_CLEAR;
//EPWM Module 2 配置
EPwm2Regs.TBPRD = 600; //设置周期寄存器的值
EPwm2Regs.TBPHS.half.TBPHS = 0; //设置相位寄存器的值
EPwm2Regs.TBCTL.bit.CTRMODE = TB_COUNT_UPDOWN; //连续增减计数模式
EPwm2Regs.TBCTL.bit.PHSEN = TB_ENABLE; //允许同步,即设置为从模式
EPwm2Regs.TBCTL.bit.PRDLD = TB_SHADOW;
EPwm2Regs.TBCTL.bit.SYNCOSEL = TB_SYNC_IN; //同步信号直通
EPwm2Regs.CMPCTL.bit.SHDWAMODE = CC_SHADOW;
EPwm2Regs.CMPCTL.bit.SHDWBMODE = CC_SHADOW;
EPwm2Regs.CMPCTL.bit.LOADAMODE = CC_CTR_ZERO; //CTR=Zero 时装载
EPwm2Regs.CMPCTL.bit.LOADBMODE = CC_CTR_ZERO; //CTR=Zero 时装载
EPwm2Regs.AQCTLA.bit.CAU = AQ_SET;
EPwm2Regs.AQCTLA.bit.CAD = AQ_CLEAR;
EPwm2Regs.AQCTLB.bit.CBU = AQ_SET;
EPwm2Regs.AQCTLB.bit.CBD = AQ_CLEAR;
//运行时可更改
//================================================================
EPwm1Regs.CMPA.half.CMPA = 400; //调整 EPWM1A 的占空比
EPwm1Regs.CMPB = 200; //调整 EPWM1B 的占空比
EPwm2Regs.CMPA.half.CMPA = 500; //调整 EPWM2A 的占空比
EPwm2Regs.CMPB = 300; //调整 EPWM2B 的占空比
```

5. 多个半 H 桥（HHB）变换器的控制

由多个开关元件组成的拓扑结构的控制也可以用相同 ePWM 模块来处理,如半 H 桥变换器可以用一个 ePWM 模块控制。这种控制也可以扩展到多个变换。图 3-36 所示为两个半 H 桥变换器的同步控制,其中第 2 个变换器可以在第 1 个变换器的整数倍（n）频率下运行,波形如图 3-37 所示。模块 2（从）配置为同步连通;如果需要,此配置允许第三个半 H 桥变换器由 ePWM 模块 3 控制,这里需要注意的是要与主模块 1 保持同步。

图 3-36 的配置代码:

```
//EPWM Module 1 配置
EPwm1Regs.TBPRD = 600; //设置周期寄存器
EPwm1Regs.TBPHS.half.TBPHS = 0; //设置相位寄存器的值为 0
EPwm1Regs.TBCTL.bit.CTRMODE = TB_COUNT_UPDOWN; //设置计数器为增减模式
EPwm1Regs.TBCTL.bit.PHSEN = TB_DISABLE; //相位装载禁止,即设置为主模式
EPwm1Regs.TBCTL.bit.PRDLD = TB_SHADOW;//使能周期映射模式
EPwm1Regs.TBCTL.bit.SYNCOSEL = TB_CTR_ZERO; //选择 CTR=Zero 为同步输出信号
EPwm1Regs.CMPCTL.bit.SHDWAMODE = CC_SHADOW; //使能比较映射模式
EPwm1Regs.CMPCTL.bit.SHDWBMODE = CC_SHADOW; //使能比较映射模式
EPwm1Regs.CMPCTL.bit.LOADAMODE = CC_CTR_ZERO; //CTR=Zero 时装载
EPwm1Regs.CMPCTL.bit.LOADBMODE = CC_CTR_ZERO; //CTR=Zero 时装载
```

```
EPwm1Regs.AQCTLA.bit.ZRO = AQ_SET;
EPwm1Regs.AQCTLA.bit.CAU = AQ_CLEAR;
EPwm1Regs.AQCTLB.bit.ZRO = AQ_CLEAR;
EPwm1Regs.AQCTLB.bit.CAD = AQ_SET;
//EPWM Module 2 配置
EPwm2Regs.TBPRD = 600; //设置周期 Period = 1200 TBCLK 脉冲个数
EPwm2Regs.TBPHS.half.TBPHS = 0; //设置相位寄存器的值为 0
EPwm2Regs.TBCTL.bit.CTRMODE = TB_COUNT_UPDOWN; //连续增减计数模式
EPwm2Regs.TBCTL.bit.PHSEN = TB_ENABLE; //使能相位装载,即设置为从模式
EPwm2Regs.TBCTL.bit.PRDLD = TB_SHADOW;
EPwm2Regs.TBCTL.bit.SYNCOSEL = TB_SYNC_IN; //同步信号直通
EPwm2Regs.CMPCTL.bit.SHDWAMODE = CC_SHADOW;
EPwm2Regs.CMPCTL.bit.SHDWBMODE = CC_SHADOW;
EPwm2Regs.CMPCTL.bit.LOADAMODE = CC_CTR_ZERO;
EPwm2Regs.CMPCTL.bit.LOADBMODE = CC_CTR_ZERO;
EPwm2Regs.AQCTLA.bit.ZRO = AQ_SET;
EPwm2Regs.AQCTLA.bit.CAU = AQ_CLEAR;
EPwm2Regs.AQCTLB.bit.ZRO = AQ_CLEAR;
EPwm2Regs.AQCTLB.bit.CAD = AQ_SET;
//运行时可更改
//=================================================================
EPwm1Regs.CMPA.half.CMPA = 400; //调整占空比
EPwm1Regs.CMPB = 200; //调整 ADC 触发时刻
EPwm2Regs.CMPA.half.CMPA = 500; //调整占空比
EPwm2Regs.CMPB = 250; //调整 ADC 触发时刻
```

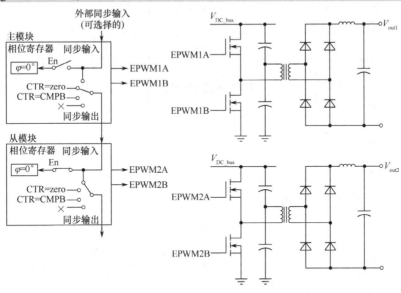

图 3-36　两个半 H 桥变换器的控制（$f_{PWM2}=n\times f_{PWM1}$）

6. 电机用双三相逆变器的控制（ACI 和 PMSM）

多模块控制的方法也可以扩展到三相逆变器中。在这种情况下,可以使用 3 个 ePWM 模块控制 6 个开关元件,每个模块对应一个逆变器的桥臂。每个桥臂必须以相同的频率切换,所有桥臂必须同步。"1 主+2 从"的配置可以很容易满足这个需求。6 个 ePWM 模块控制两个独立的三相逆变器的原理如图 3-38 所示,每个逆变器控制一个电机。

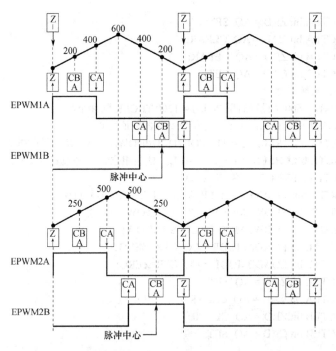

图 3-37 图 3-36 配置的单桥臂波形（此处 $n=1$，即 $f_{PWM2} = f_{PWM1}$）

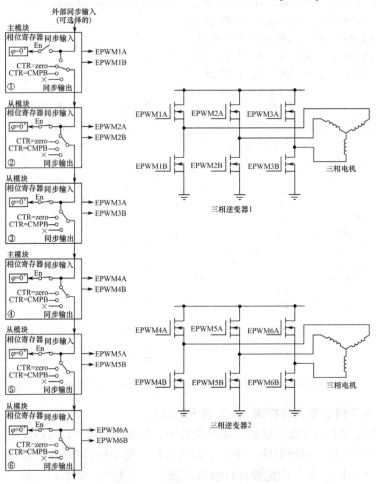

图 3-38 电机用双三相逆变器的控制

如前所述，每个三相逆变器可以以不同的频率运行（模块 1 和模块 4 是主设备，如图 3-38 所示）。两个三相逆变器也可以通过以下方式同步：使用 1 个主设备（模块 1）和 5 个从设备。在这种情况下，模块 4、5 和 6（全部相等）的频率可以是模块 1、2、3（也全部相等）频率的整数倍。

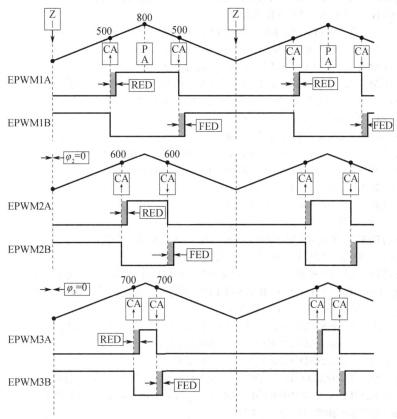

图 3-39　按图 3-38 配置的三相逆变器波形（仅显示一个逆变器）

图 3-38 的配置代码（仅给出一个逆变器代码，另外一个代码类似）：

```
//EPWM Module 1 配置
EPwm1Regs.TBPRD = 800; //设置周期 Period = 1600 TBCLK 脉冲个数
EPwm1Regs.TBPHS.half.TBPHS = 0; //设置相位寄存器值为 0
EPwm1Regs.TBCTL.bit.CTRMODE = TB_COUNT_UPDOWN; //连续增减计数模式
EPwm1Regs.TBCTL.bit.PHSEN = TB_DISABLE; //禁止相位装载使能，即主模式
EPwm1Regs.TBCTL.bit.PRDLD = TB_SHADOW; //使能周期映射模式
EPwm1Regs.TBCTL.bit.SYNCOSEL = TB_CTR_ZERO; //CTR=Zero 作为同步输出信号
EPwm1Regs.CMPCTL.bit.SHDWAMODE = CC_SHADOW;//使能比较映射模式
EPwm1Regs.CMPCTL.bit.SHDWBMODE = CC_SHADOW; //使能比较映射模式
EPwm1Regs.CMPCTL.bit.LOADAMODE = CC_CTR_ZERO; //CTR=Zero 时装载
EPwm1Regs.CMPCTL.bit.LOADBMODE = CC_CTR_ZERO; //CTR=Zero 时装载
EPwm1Regs.AQCTLA.bit.CAU = AQ_SET;
EPwm1Regs.AQCTLA.bit.CAD = AQ_CLEAR;
EPwm1Regs.DBCTL.bit.OUT_MODE = DB_FULL_ENABLE; //使能死区模块
EPwm1Regs.DBCTL.bit.POLSEL = DB_ACTV_HIC; //高有效互补
EPwm1Regs.DBFED = 50; //FED = 50 TBCLKs
EPwm1Regs.DBRED = 50; //RED = 50 TBCLKs
```

```
//EPWM Module 2 配置
EPwm2Regs.TBPRD = 800; //设置周期 Period = 1600 TBCLK 脉冲个数
EPwm2Regs.TBPHS.half.TBPHS = 0; //设置相位寄存器值
EPwm2Regs.TBCTL.bit.CTRMODE = TB_COUNT_UPDOWN; //连续增减计数模式
EPwm2Regs.TBCTL.bit.PHSEN = TB_ENABLE; //相位装载使能,即从模式
EPwm2Regs.TBCTL.bit.PRLD = TB_SHADOW;
EPwm2Regs.TBCTL.bit.SYNCOSEL = TB_SYNC_IN; //同步信号输出信号直通
EPwm2Regs.CMPCTL.bit.SHDWAMODE = CC_SHADOW;
EPwm2Regs.CMPCTL.bit.SHDWBMODE = CC_SHADOW;
EPwm2Regs.CMPCTL.bit.LOADAMODE = CC_CTR_ZERO; //CTR=Zero 时装载
EPwm2Regs.CMPCTL.bit.LOADBMODE = CC_CTR_ZERO; //CTR=Zero 时装载
EPwm2Regs.AQCTLA.bit.CAU = AQ_SET;
EPwm2Regs.AQCTLA.bit.CAD = AQ_CLEAR;
EPwm2Regs.DBCTL.bit.OUT_MODE = DB_FULL_ENABLE; //使能死区模块
EPwm2Regs.DBCTL.bit.POLSEL = DB_ACTV_HIC; //高有效互补
EPwm2Regs.DBFED = 50; //FED = 50 TBCLKs
EPwm2Regs.DBRED = 50; //RED = 50 TBCLKs
//EPWM Module 3 配置
EPwm3Regs.TBPRD = 800; //设置周期 Period = 1600 TBCLK 脉冲个数
EPwm3Regs.TBPHS.half.TBPHS = 0; //设置相位寄存器值
EPwm3Regs.TBCTL.bit.CTRMODE = TB_COUNT_UPDOWN; //连续增减计数模式
EPwm3Regs.TBCTL.bit.PHSEN = TB_ENABLE; //使能相位装载,即从模式
EPwm3Regs.TBCTL.bit.PRLD = TB_SHADOW;
EPwm3Regs.TBCTL.bit.SYNCOSEL = TB_SYNC_IN; //同步信号输出信号直通
EPwm3Regs.CMPCTL.bit.SHDWAMODE = CC_SHADOW;
EPwm3Regs.CMPCTL.bit.SHDWBMODE = CC_SHADOW;
EPwm3Regs.CMPCTL.bit.LOADAMODE = CC_CTR_ZERO; //CTR=Zero 时装载
EPwm3Regs.CMPCTL.bit.LOADBMODE = CC_CTR_ZERO; //CTR=Zero 时装载
EPwm3Regs.AQCTLA.bit.CAU = AQ_SET;
EPwm3Regs.AQCTLA.bit.CAD = AQ_CLEAR;
EPwm3Regs.DBCTL.bit.OUT_MODE = DB_FULL_ENABLE; //使能死区模块
EPwm3Regs.DBCTL.bit.POLSEL = DB_ACTV_HIC; //高有效互补
EPwm3Regs.DBFED = 50; //FED = 50 TBCLKs
EPwm3Regs.DBRED = 50; //RED = 50 TBCLKs
//运行时可更改
//=============================================================
EPwm1Regs.CMPA.half.CMPA = 500; //调整 EPWM1A 的占空比
EPwm2Regs.CMPA.half.CMPA = 600; //调整 EPWM2A 的占空比
EPwm3Regs.CMPA.half.CMPA = 700; //调整 EPWM3A 的占空比
```

7. 在 PWM 模块之间加入相位控制的应用

在本节之前尚没有涉及相位寄存器（TBPHS）的使用，它的值要么被设置为 0，要么被设置为"不用"。在实际中设置 TBPHS 的值，可以实现桥臂间必须保持一定相位关系拓扑结构的控制。将 TBPHS 寄存器的值加载到 TBCTR 寄存器中，可以配置 PWM 波在指定时间同步。为了说明这一概念，图 3-40 给出了主模块和从模块的相位关系为 120°，即从模块引导主模块。图 3-41 为这种配置的时序波形。主模块和从模块的 TBPRD=600。对于从模块，TBPHS=200（（200/600）×360°=120°）。当主模块产生同步脉冲（CTR=PRD）时，TBPHS=200 的值被加载到从模块的 TBCTR 寄存器中，因此从模块始终领先主模块 120°。

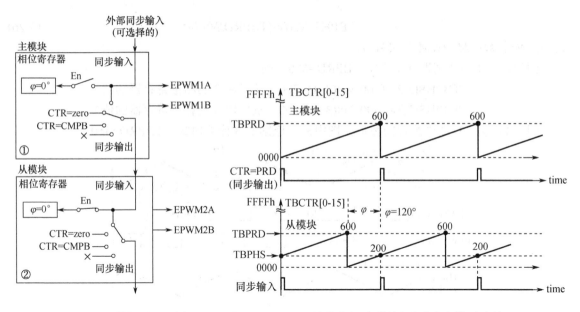

图 3-40　两个模块相位控制连接图　　　　图 3-41　两个模块间相位控制的时序波形

8．三相交错式 DC/DC 变换器的控制

图 3-42 所示为一种利用模块间相位偏移进行工作的三相交错式 DC/DC 变换器的控制。本系统采用 3 个 ePWM 模块，模块 1 配置为主模块，相邻模块之间的相位关系必须为 120°，可以通过设置周期值的 1/3 和 2/3 的从模块的 TBPHS 寄存器 2 和 3 来实现。例如，如果周期寄存器加载的值为 600，那么 TBPHS(从模块 2)=200，TBPHS(从模块 3)=400。两个从模块与主模块同步，通过适当地设置 TBPHS 值，此结构可以扩展到更多相。

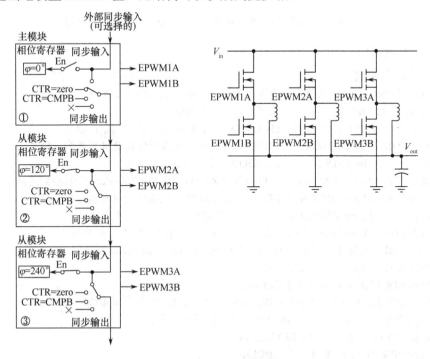

图 3-42　三相交错式 DC/DC 变换器的控制

式（3-26）给出了 N 相的 TBPHS 值：

$$\text{TBPHS}(N,M)=(\text{TBPRD}/N)\times(M-1) \tag{3-26}$$

式中，N=相数；M=PWM 模块编号。

例如，对于三相情况（$N=3$），TBPRD=600，则

TBPHS(3,2)=(600/3)×(2-1)=200（从模块 2 的相位寄存器的值）

TBPHS(3,3)=(600/3)×(3-1)=400（从模块 3 的相位寄存器的值）

图 3-43 为图 3-42 中配置的波形，图中采用连续增减计数模式，TBPRD=450。

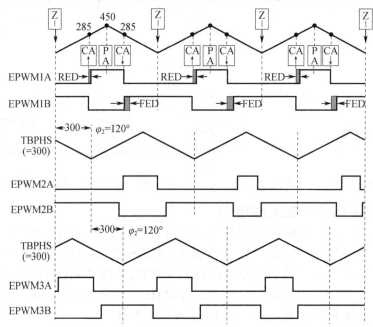

图 3-43　图 3-42 配置的三相交错式 DC/DC 变换器时序波形

图 3-42 的配置代码：

```
//EPWM Module 1 配置
EPwm1Regs.TBPRD = 450; //设置周期寄存器的值,Period = 900 TBCLK 脉冲个数
EPwm1Regs.TBPHS.half.TBPHS = 0; //设置相位寄存器的值
EPwm1Regs.TBCTL.bit.CTRMODE = TB_COUNT_UPDOWN; //连续增减计数模式
EPwm1Regs.TBCTL.bit.PHSEN = TB_DISABLE; //禁止同步相位装载,即设置为主模式
EPwm1Regs.TBCTL.bit.PRDLD = TB_SHADOW;//使能周期映射模式
EPwm1Regs.TBCTL.bit.SYNCOSEL = TB_CTR_ZERO; //选择 CTR=Zero 为同步输出信号
EPwm1Regs.CMPCTL.bit.SHDWAMODE = CC_SHADOW;//使能比较映射模式
EPwm1Regs.CMPCTL.bit.SHDWBMODE = CC_SHADOW;//使能比较映射模式
EPwm1Regs.CMPCTL.bit.LOADAMODE = CC_CTR_ZERO; //CTR=Zero 时装载
EPwm1Regs.CMPCTL.bit.LOADBMODE = CC_CTR_ZERO; //CTR=Zero 时装载
EPwm1Regs.AQCTLA.bit.CAU = AQ_SET;
EPwm1Regs.AQCTLA.bit.CAD = AQ_CLEAR;
EPwm1Regs.DBCTL.bit.OUT_MODE = DB_FULL_ENABLE; //使能死区模块
EPwm1Regs.DBCTL.bit.POLSEL = DB_ACTV_HIC; //高有效互补
EPwm1Regs.DBFED = 20; //FED 20 TBCLKs
EPwm1Regs.DBRED = 20; //RED = 20 TBCLKs
//EPWM Module 2 配置
EPwm2Regs.TBPRD = 450; //设置周期寄存器的值,Period = 900 TBCLK 脉冲个数
EPwm2Regs.TBPHS.half.TBPHS = 300; //设置相位寄存器的值,Phase = 300/900 * 360 = 120deg
```

```
EPwm2Regs.TBCTL.bit.CTRMODE = TB_COUNT_UPDOWN; //连续增减计数模式
EPwm2Regs.TBCTL.bit.PHSEN = TB_ENABLE; //允许相位载载,即设置为从模式
EPwm2Regs.TBCTL.bit.PHSDIR = TB_DOWN; //减匹配时装载相位寄存器的值,Count DOWN on
sync(=120 deg)
EPwm2Regs.TBCTL.bit.PRLD = TB_SHADOW;
EPwm2Regs.TBCTL.bit.SYNCOSEL = TB_SYNC_IN; //选择同步输入信号作为同步输出信号,同步信号
直通
EPwm2Regs.CMPCTL.bit.SHDWAMODE = CC_SHADOW;
EPwm2Regs.CMPCTL.bit.SHDWBMODE = CC_SHADOW;
EPwm2Regs.CMPCTL.bit.LOADAMODE = CC_CTR_ZERO; //CTR=Zero 时装载
EPwm2Regs.CMPCTL.bit.LOADBMODE = CC_CTR_ZERO; //CTR=Zero 时装载
EPwm2Regs.AQCTLA.bit.CAU = AQ_SET;
EPwm2Regs.AQCTLA.bit.CAD = AQ_CLEAR;
EPwm2Regs.DBCTL.bit.OUT_MODE = DB_FULL_ENABLE; //使能死区模块
EPwm2Regs.DBCTL.bit.POLSEL = DB_ACTV_HIC; //高有效互补
EPwm2Regs.DBFED = 20; //FED = 20 TBCLKs
EPwm2Regs.DBRED = 20; //RED = 20 TBCLKs
//EPWM Module 3 配置
EPwm3Regs.TBPRD = 450; //设置周期寄存器的值,Period = 900 TBCLK 脉冲个数
EPwm3Regs.TBPHS.half.TBPHS = 300; //设置相位寄存器的值,Phase = 300/900 * 360 = 120deg
EPwm3Regs.TBCTL.bit.CTRMODE = TB_COUNT_UPDOWN;
EPwm3Regs.TBCTL.bit.PHSEN = TB_ENABLE; //允许相位载载,即设置为从模式
EPwm2Regs.TBCTL.bit.PHSDIR = TB_UP; //加匹配时装载相位寄存器,Count UP on sync(=240deg)
EPwm3Regs.TBCTL.bit.PRLD = TB_SHADOW;
EPwm3Regs.TBCTL.bit.SYNCOSEL = TB_SYNC_IN; //选择同步输入信号作为同步输出信号,同步信号
直通
EPwm3Regs.CMPCTL.bit.SHDWAMODE = CC_SHADOW;
EPwm3Regs.CMPCTL.bit.SHDWBMODE = CC_SHADOW;
EPwm3Regs.CMPCTL.bit.LOADAMODE = CC_CTR_ZERO; //CTR=Zero 时装载
EPwm3Regs.CMPCTL.bit.LOADBMODE = CC_CTR_ZERO; //CTR=Zero 时装载
EPwm3Regs.AQCTLA.bit.CAU = AQ_SET;
EPwm3Regs.AQCTLA.bit.CAD = AQ_CLEAR;
EPwm3Regs.DBCTL.bit.OUT_MODE = DB_FULL_ENABLE; //使能死区模块
EPwm3Regs.DBCTL.bit.POLSEL = DB_ACTV_HIC; //高有效互补
EPwm3Regs.DBFED = 20; //FED = 20 TBCLKs
EPwm3Regs.DBRED = 20; //RED = 20 TBCLKs
//运行时可更改
//=====================================================
EPwm1Regs.CMPA.half.CMPA = 285; //调整 EPWM1A 的占空比
EPwm2Regs.CMPA.half.CMPA = 285; //调整 EPWM2A 的占空比
EPwm3Regs.CMPA.half.CMPA = 285; //调整 EPWM3A 的占空比
```

9. 零电压开关全桥(ZVSFB)变换器的控制

图 3-44 中假设桥臂之间存在静态或恒定相位关系。在这种情况下,可通过调节占空比来实现控制,也可以逐周期动态改变相位值来控制。这一特性有助于控制移相全桥或零电压开关全桥(ZVSFB)的功率拓扑。这里的受控参数不是占空比(它保持在约 50%的恒定值),而是两个桥臂之间的相位关系。

图 3-45 显示了主从模块组合同步在一起控制一个完整的 ZVSFB 变换器的控制波形。在这

种情况下，主模块和从模块都需要以相同的 PWM 频率进行切换，通过调整从模块的相位寄存器（TBPHS）的值来控制相位。主模块的相位寄存器没有使用，因此可以初始化为零。

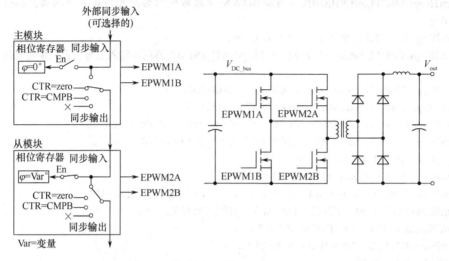

图 3-44 控制全 H 桥（$f_{PWM2}=f_{PWM1}$）

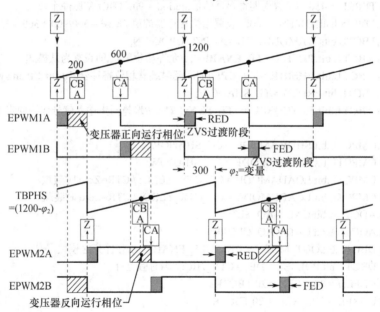

图 3-45 ZVSFB 变换器的控制波形

图 3-44 的配置代码：

```
//EPWM Module 1 配置
EPwm1Regs.TBPRD = 1200; //设置周期值,Period = 1201 TBCLK 脉冲个数
EPwm1Regs.CMPA.half.CMPA = 600; //设置比较寄存器值,为 EPWM1A 设置 50%固定的占空比
EPwm1Regs.TBPHS.half.TBPHS = 0; //设置相位寄存器值为 0
EPwm1Regs.TBCTL.bit.CTRMODE = TB_COUNT_UP; //连续增计数模式
EPwm1Regs.TBCTL.bit.PHSEN = TB_DISABLE; //禁止同步相位装载,即设置为主模式
EPwm1Regs.TBCTL.bit.PRDLD = TB_SHADOW;
EPwm1Regs.TBCTL.bit.SYNCOSEL = TB_CTR_ZERO; //选择 CTR=Zero 为同步输出信号
EPwm1Regs.CMPCTL.bit.SHDWAMODE = CC_SHADOW;
```

```
EPwm1Regs.CMPCTL.bit.SHDWBMODE = CC_SHADOW;
EPwm1Regs.CMPCTL.bit.LOADAMODE = CC_CTR_ZERO; //CTR=Zero 时装载
EPwm1Regs.CMPCTL.bit.LOADBMODE = CC_CTR_ZERO; //CTR=Zero 时装载
EPwm1Regs.AQCTLA.bit.ZRO = AQ_SET;
EPwm1Regs.AQCTLA.bit.CAU = AQ_CLEAR;
EPwm1Regs.DBCTL.bit.OUT_MODE = DB_FULL_ENABLE; //使能死区模块
EPwm1Regs.DBCTL.bit.POLSEL = DB_ACTV_HIC; //高有效互补
EPwm1Regs.DBFED = 50; //FED = 50 TBCLKs
EPwm1Regs.DBRED = 70; //RED = 70 TBCLKs
//EPWM Module 2 配置
EPwm2Regs.TBPRD = 1200; //设置周期值 Period = 1201 TBCLK counts
EPwm2Regs.CMPA.half.CMPA = 600; //设置比较寄存器值,为 EPWM2A 设置 50%固定的占空比
EPwm2Regs.TBPHS.half.TBPHS = 0; //设置相位寄存器值为 0
EPwm2Regs.TBCTL.bit.CTRMODE = TB_COUNT_UP;
EPwm2Regs.TBCTL.bit.PHSEN = TB_ENABLE; //允许相位装载,即设置为从模式
EPwm2Regs.TBCTL.bit.PRLD = TB_SHADOW;
EPwm2Regs.TBCTL.bit.SYNCOSEL = TB_SYNC_IN; //选择同步输入信号作为同步输出信号,同步信号直通
EPwm2Regs.CMPCTL.bit.SHDWAMODE = CC_SHADOW;
EPwm2Regs.CMPCTL.bit.SHDWBMODE = CC_SHADOW;
EPwm2Regs.CMPCTL.bit.LOADAMODE = CC_CTR_ZERO; //CTR=Zero 时装载
EPwm2Regs.CMPCTL.bit.LOADBMODE = CC_CTR_ZERO; //CTR=Zero 时装载
EPwm2Regs.AQCTLA.bit.ZRO = AQ_SET;
EPwm2Regs.AQCTLA.bit.CAU = AQ_CLEAR;
EPwm2Regs.DBCTL.bit.OUT_MODE = DB_FULL_ENABLE; //使能死区模块
EPwm2Regs.DBCTL.bit.POLSEL = DB_ACTV_HIC; //高有效互补
EPwm2Regs.DBFED = 30; //FED = 30 TBCLKs
EPwm2Regs.DBRED = 40; //RED = 40 TBCLKs
//运行时可更改
//==========================================================
EPwm2Regs.TBPHS = 1200-300; //设置相位寄存器 300/1200 * 360 = 90deg
EPwm1Regs.DBFED = FED1_NewValue; //更新 ZVSFB 转换间隔
EPwm1Regs.DBRED = RED1_NewValue; //更新 ZVSFB 转换间隔
EPwm2Regs.DBFED = FED2_NewValue; //更新 ZVSFB 转换间隔
EPwm2Regs.DBRED = RED2_NewValue; //更新 ZVSFB 转换间隔
EPwm1Regs.CMPB = 200; //调节 ADC 触发时刻
```

3.9.2 SPWM 原理及编程

1. 产生 SPWM 波的算法

产生电压 SPWM 波的方法有硬件法和软件法。其中软件法的电路成本低,通过实时计算来生成 SPWM 波。SPWM 波实时计算需要数学模型,建立数学模型的方法很多,有谐波消去法、等面积法、采样型 SPWM 法以及由它们派生出的各种方法。本节主要介绍采样型 SPWM 法。

采样型 SPWM 法可分为自然采样法、对称规则采样法和不对称规则采样法。

(1)自然采样法

自然采样法利用等腰三角波与正弦波的交点时刻决定功率开关器件的开关状态。如图 3-46 所示为自然采样法生成 SPWM 波的过程。设图中正弦波(调制波)为 $U_m\sin\omega t$,三角波(载波)峰值为 U_C,三角波周期为 T_C,正弦波在一个三角波周期内,与三角波产生两个交点,这两个交点就是需要采样的时间点。

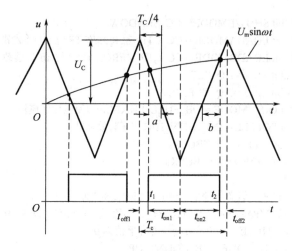

图 3-46　自然采样法产生 SPWM 波

由图 3-46 可得

$$\begin{cases} t_{off1} = \dfrac{T_C}{4} - a \\[2mm] t_{on1} = \dfrac{T_C}{4} + a \\[2mm] t_{on2} = \dfrac{T_C}{4} + b \\[2mm] t_{off2} = \dfrac{T_C}{4} - b \end{cases} \qquad (3\text{-}27)$$

再利用三角形相似关系，得

$$\begin{cases} \dfrac{a}{T_C/4} = \dfrac{U_m \sin \omega t_1}{U_C} \\[3mm] \dfrac{b}{T_C/4} = \dfrac{U_m \sin \omega t_2}{U_C} \end{cases} \qquad (3\text{-}28)$$

联立方程组（3-27）和（3-28），得

$$\begin{cases} t_{off1} = \dfrac{T_C}{4}(1 - m \times \sin \omega t_1) \\[2mm] t_{on1} = \dfrac{T_C}{4}(1 + m \times \sin \omega t_1) \\[2mm] t_{on2} = \dfrac{T_C}{4}(1 + m \times \sin \omega t_2) \\[2mm] t_{off2} = \dfrac{T_C}{4}(1 - m \times \sin \omega t_2) \end{cases} \qquad (3\text{-}29)$$

方程组（3-28）和（3-29）中，t_1、t_2 是采样时刻，t_{on1}、t_{on2}、t_{off1}、t_{off2} 是 SPWM 波控制功率开关管的"开""关"时间；ω 是正弦波角频率；m 是正弦波峰值与三角波峰值的比值，即

$$m = U_m / U_C$$

也称为调制度，其取值范围是 0～1，m 值越大，相应的 SPWM 波的占空比越大，输出的电压也就越大，反之输出的电压就越小。

根据方程组（3-29）可得在自然采样条件下生成 SPWM 波的脉冲宽度为

$$t_{on} = t_{on1} + t_{on2} = \frac{T_C}{2}\left[1 + \frac{m}{2}(\sin\omega t_1 + \sin\omega t_2)\right] \tag{3-30}$$

式中，因 t_1、t_2 是未知的，所以求解起来比较麻烦，控制过程的实时性不高，实际中很少采用自然采样法。

（2）对称规则采样法

针对自然采样法存在的问题，有学者提出了对称规则采样法。具体内容是：以每个三角波的顶点对称轴或底点对称轴所对应的时间作为采样时刻。此时，利用对称轴与正弦波的交点作平行于 t 轴的平行线，该平行线与三角波的两个边有两个交点，把这两个交点作为 SPWM 波的"开""关"时刻，因为这两个交点是关于三角波对称轴对称，所以，这种采样法又称为对称规则采样法。如图 3-47 所示为对称规则采样法生成 SPWM 波的原理图。

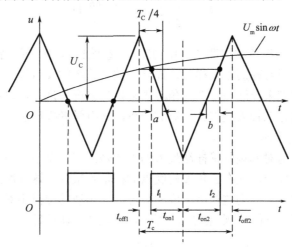

图 3-47　对称规则采样法产生 SPWM 波

这种方法在一个三角波周期内只采样一次，比起自然采样法，计算过程简单了很多。下面是对称规则采样法的数学模型推导过程。

由图 3-47 可得

$$\begin{cases} t_{off1} = \dfrac{T_C}{4} - a \\[2mm] t_{on1} = \dfrac{T_C}{4} + a \end{cases} \tag{3-31}$$

把方程组（3-28）代入方程组（3-31）得 SPWM 波开关时间为

$$\begin{cases} t_{off1} = \dfrac{T_C}{4}(1 - m \times \sin\omega t_1) \\[2mm] t_{on1} = \dfrac{T_C}{4}(1 + m \times \sin\omega t_1) \end{cases} \tag{3-32}$$

再结合对称规则采样法的原理可得生成 SPWM 波的脉冲宽度为

$$t_{on} = 2t_{on1} = \frac{T_C}{2}\left(1 + m\sin\omega t_1\right) \tag{3-33}$$

为了与实际控制更好地结合，根据载波比的概念有

$$N = \frac{f_C}{f} = \frac{1}{T_C f} \tag{3-34}$$

$$t_1 = kT_C \quad (k=0,1,2,\cdots,N-1) \tag{3-35}$$

式中，k 为采样序列。所以有

$$\omega t_1 = 2\pi f t_1 = 2\pi f k T_C = \frac{2\pi k}{N} \tag{3-36}$$

把式（3-36）代入式（3-33）得

$$t_{on} = \frac{T_C}{2}\left[1 + m\sin\left(\frac{2\pi k}{N}\right)\right] \tag{3-37}$$

由式（3-37）可知，当三角波周期 T_C、调制度 m、载波比 N 确定后，就可实时计算出 SPWM 波的脉冲宽度，因此采用对称规则采样法，提高了控制系统的实时性。

但是，因为对称规则采样法在一个三角波周期内只采样一次，所以形成的矩形波变化规律与正弦波的相似程度仍存在较大误差。针对这一点，又有学者提出了一种不对称规则采样法。

（3）不对称规则采样法

不对称规则采样法与对称规则采样法最大的不同是：在一个三角波周期内采样两次，既在三角波的顶点对称轴处采样，又在三角波的底点对称轴处采样，这样所形成的矩形波变化规律更接近于正弦波变化规律。因为这样所形成的波形与三角波的交点不对称，所以称为不对称规则采样。图 3-48 所示为不对称规则采样法生成 SPWM 波的原理图。

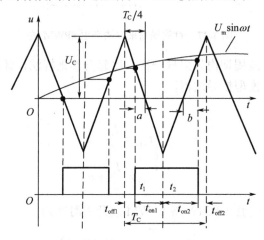

图 3-48 不对称规则采样法产生 SPWM 波

其数学模型推导过程如下：

当采样时刻的位置在三角波的顶点对称轴时，有

$$\begin{cases} t_{off1} = \dfrac{T_C}{4} - a \\ t_{on1} = \dfrac{T_C}{4} + a \end{cases} \tag{3-38}$$

当采样时刻的位置在三角波的底点对称轴时，有

$$\begin{cases} t_{\text{on}2} = \dfrac{T_C}{4} + b \\[3mm] t_{\text{off}2} = \dfrac{T_C}{4} - b \end{cases} \tag{3-39}$$

将式（3-28）代入式（3-38）、式（3-39）可得

$$\begin{cases} t_{\text{off}1} = \dfrac{T_C}{4}(1 - m \times \sin \omega t_1) \\[3mm] t_{\text{on}1} = \dfrac{T_C}{4}(1 + m \times \sin \omega t_1) \\[3mm] t_{\text{on}2} = \dfrac{T_C}{4}(1 + m \times \sin \omega t_2) \\[3mm] t_{\text{off}2} = \dfrac{T_C}{4}(1 - m \times \sin \omega t_2) \end{cases} \tag{3-40}$$

根据方程组（3-40）可得在不对称规则采样条件下生成 SPWM 波的脉冲宽度为

$$t_{\text{on}} = t_{\text{on}1} + t_{\text{on}2} = \frac{T_C}{2}\left[1 + \frac{m}{2}(\sin \omega t_1 + \sin \omega t_2)\right] \tag{3-41}$$

因为一个三角波周期内采样 2 次，所以有

$$\begin{cases} t_1 = \dfrac{T_C}{2}k \quad (k = 0, 2, 4, \cdots, 2N-2) \\[3mm] t_2 = \dfrac{T_C}{2}k \quad (k = 1, 3, 5, \cdots, 2N-1) \end{cases} \tag{3-42}$$

再由式（3-36）得

$$\begin{cases} \omega t_1 = 2\pi f t_1 = 2\pi f \dfrac{T_C}{2}k = \dfrac{\pi k}{N} \quad (k = 0, 2, 4, \cdots, 2N-2) \\[3mm] \omega t_2 = 2\pi f t_2 = 2\pi f \dfrac{T_C}{2}k = \dfrac{\pi k}{N} \quad (k = 1, 3, 5, \cdots, 2N-1) \end{cases} \tag{3-43}$$

把式（3-43）代入方程组（3-40）得

$$\begin{cases} t_{\text{on}1} = \dfrac{T_C}{4}\left(1 + m \times \sin \dfrac{\pi k}{N}\right) \quad (k = 0, 2, 4, \cdots, 2N-2) \\[3mm] t_{\text{on}2} = \dfrac{T_C}{4}\left(1 + m \times \sin \dfrac{\pi k}{N}\right) \quad (k = 1, 3, 5, \cdots, 2N-1) \end{cases} \tag{3-44}$$

式中，k 取奇数时，表示在底点对称轴时刻采样；k 取偶数时，表示在顶点对称轴时刻采样。

相对于对称规则采样法的数学模型，不对称规则采样法略显复杂，但是因为其形成的矩形波变换规律更接近于正弦波变化规律，所以谐波含量小，实际中应用比较广泛。

上面介绍的是单相 SPWM 波生成方法，若实际控制中要生成三相 SPWM 波，在 3 条大小相等、相位相差 120°的三相对称正弦波和同一条三角载波对称轴的交点处采样即可。设三相对称电压正弦波为

$$\begin{cases} u_{\mathrm{A}} = U_{\mathrm{m}} \sin\left(\dfrac{\pi k}{N}\right) \\[2mm] u_{\mathrm{B}} = U_{\mathrm{m}} \sin\left(\dfrac{\pi k}{N} + \dfrac{2\pi}{3}\right) \\[2mm] u_{\mathrm{B}} = U_{\mathrm{m}} \sin\left(\dfrac{\pi k}{N} + \dfrac{4\pi}{3}\right) \end{cases} \tag{3-45}$$

如果采用不对称规则采样，则在顶点采样时有

$$\begin{cases} t_{\mathrm{on1}}^{\mathrm{A}} = \dfrac{T_{\mathrm{C}}}{4}\left[1 + m \times \sin\left(\dfrac{\pi k}{N}\right)\right] \\[2mm] t_{\mathrm{on1}}^{\mathrm{B}} = \dfrac{T_{\mathrm{C}}}{4}\left[1 + m \times \sin\left(\dfrac{\pi k}{N} + \dfrac{2\pi}{3}\right)\right] \quad (k = 0, 2, 4, \cdots, 2N-2) \\[2mm] t_{\mathrm{on1}}^{\mathrm{C}} = \dfrac{T_{\mathrm{C}}}{4}\left[1 + m \times \sin\left(\dfrac{\pi k}{N} + \dfrac{4\pi}{3}\right)\right] \end{cases} \tag{3-46}$$

在底点采样时有

$$\begin{cases} t_{\mathrm{on2}}^{\mathrm{A}} = \dfrac{T_{\mathrm{C}}}{4}\left[1 + M \sin\left(\dfrac{\pi k}{N}\right)\right] \\[2mm] t_{\mathrm{on2}}^{\mathrm{B}} = \dfrac{T_{\mathrm{C}}}{4}\left[1 + M \sin\left(\dfrac{\pi k}{N} + \dfrac{2\pi}{3}\right)\right] \quad (k = 1, 3, 5, \cdots, 2N-1) \\[2mm] t_{\mathrm{on2}}^{\mathrm{C}} = \dfrac{T_{\mathrm{C}}}{4}\left[1 + M \sin\left(\dfrac{\pi k}{N} + \dfrac{4\pi}{3}\right)\right] \end{cases} \tag{3-47}$$

由此可得，三相 SPWM 波的每一相对应的脉冲宽度分别为

$$\begin{cases} t_{\mathrm{on}}^{\mathrm{A}} = t_{\mathrm{on1}}^{\mathrm{A}} + t_{\mathrm{on2}}^{\mathrm{A}} \\ t_{\mathrm{on}}^{\mathrm{B}} = t_{\mathrm{on1}}^{\mathrm{B}} + t_{\mathrm{on2}}^{\mathrm{B}} \\ t_{\mathrm{on}}^{\mathrm{C}} = t_{\mathrm{on1}}^{\mathrm{C}} + t_{\mathrm{on2}}^{\mathrm{C}} \end{cases} \tag{3-48}$$

在实际控制算法中，为保证生成对称的三相 SPWM 波，要求三相正弦调制波对应的脉冲数相等，所以载波比 N 一般取 3 的整数倍。

2. SPWM 编程

利用 TMS320F28335 产生 SPWM 波，需要用到时钟系统、中断系统、GPIO 和 ePWM 模块等，其相应的应用在相关章节已给出了详细的介绍，在此仅给出产生 SPWM 波的主程序和中断服务程序。程序具体参数如下：

三相，PWM 波频率（载波频率或开关管的开关频率，采用双极性调制）为 12.8kHz，调制波的频率为 50Hz，调制度 $m=0.8$，则调制比 $N=12.8\times10^3/50=256$，采用不对称规则采样法，正弦表为 512 份。

具体程序如下：

```
#include "DSP2833x_Device.h"
#include "DSP2833x_Examples.h"
#include "math.h"
```

```
interrupt void ISRepwm1(void);
void EPwmSetup(void);
Uint16 pp, j=0 ,k=0,n,a;
float sinne[512],m=0.8;
void main(void)
{
InitSysCtrl();
InitGpio();
DINT;
InitPieCtrl();//将PIE模块初始化至默认状态(禁止所有中断,清除所有中断标志)
IER = 0x0000;//禁止CPU中断
IFR = 0x0000;//清除所有CPU中断标志
InitPieVectTable();
EALLOW;
PieVectTable.EPWM1_INT=&ISRepwm1;//重新映射此处使用的中断向量,使其指向中断服务函数
EDIS;
EALLOW;
SysCtrlRegs.PCLKCR0.bit.TBCLKSYNC = 0;//停止所有ePWM通道的时钟
EDIS;
EPwmSetup();//初始化ePWM模块
EALLOW;
SysCtrlRegs.PCLKCR0.bit.TBCLKSYNC = 1;//允许所有ePWM通道的时钟
EDIS;
PieCtrlRegs.PIECTRL.bit.ENPIE = 1;//允许从PIE中断向量表中读取中断向量
PieCtrlRegs.PIEIER3.bit.INTx1 = 1;//允许PIE中断INT3.1,即EPWM1-INT
IER |= M_INT3;//允许CPU的INT3(与ePWM1~6连接)
EINT;
ERTM;
for(n=0;n<512;n++)
{sinne[n]= sin(n*(6.283/512));}
n=0;
EPwm1Regs.ETSEL.bit.INTEN=1;//允许中断,使能EPWM1中断
EPwm1Regs.ETCLR.bit.INT=1; //清除标志位
for(;;)
{asm("     NOP");}
  }


interrupt void ISRepwm1(void)
{
    Uint16 tonA1,tonB1,tonC1,tonA2,tonB2,tonC2,tonA,tonB,tonC;
    EPwm1Regs.TBPRD=2930;//(5859 时对应 25Hz)TB 时钟 75MHz,载波频率 12.8kHz
    EPwm2Regs.TBPRD= 2930;// (5859 时对应 25Hz)
    EPwm3Regs.TBPRD= 2930; // (5859 时对应 25Hz)
    pp=EPwm1Regs.TBPRD>>1;//pp=Tc/4
    m=0.8;
    a=170;//相当于 $2\pi/3$
    j=k;
    tonA1=pp+pp*(m*sinne[j]);//ton1A= Tc/4(1+m*sin(k*$\pi$/N))
    j=j+a;
```

```
        if(j>511)j=j-512;
        tonB1=pp+pp*(m*sinne[j]); //ton1B= Tc/4(1+m*sin(k*π/N+2π/3))
        j=j+a;
        if(j>511)j=j-512;
        tonC1=pp+pp*m*sinne[j]; //ton1C= Tc/4(1+m*sin(k*π/N+4π/3))
        k++;
        j=k;
        tonA2=pp+pp*m*sinne[j]; //ton2A= Tc/4(1+m*sin(k*π/N))
        j=j+a;
        if(j>511)j=j-512;
        tonB2=pp+pp*m*sinne[j]; //ton2B= Tc/4(1+m*sin(k*π/N+2π/3))
        j=j+a;
        if(j>511)j=j-512;
        tonC2=pp+pp*m*sinne[j]; //ton2C= Tc/4(1+m*sin(k*π/N+4π/3))
        k++;
        tonA = tonA1+ tonA2;
        tonB = tonB1+ tonB2;
        tonC = tonC1+ tonC2;
        EPwm1Regs.CMPA.half.CMPA =(Uint16)((4*pp-tonA)>>1); //比较寄存器的值 CMPx=(Tc−ton)/2
        EPwm1Regs.CMPB =(Uint16)((4*pp-tonA)>>1);
        EPwm2Regs.CMPA.half.CMPA =(Uint16)((4*pp-tonB)>>1);;
        EPwm2Regs.CMPB =(Uint16)((4*pp-tonB)>>1);
        EPwm3Regs.CMPA.half.CMPA =(Uint16)((4*pp-tonC)>>1);
        EPwm3Regs.CMPB =(Uint16)((4*pp-tonC)>>1);
        if(k>510)
        {k=0;}
        EPwm1Regs.ETSEL.bit.INTEN=1;//使能 EPWM1 中断
        EPwm1Regs.ETCLR.bit.INT=1;//清除标志位
        PieCtrlRegs.PIEACK.all=PIEACK_GROUP3;//清除应答,第三组
        EINT;
    }
```

3.9.3 SVPWM 原理及编程

正弦脉宽调制（SPWM）方法的优点是数学模型简单、控制线性度好且容易实现，但是它也有缺点——电压利用率低。当调制度 $m=1$ 时，变流器输出的相电压幅值为 $U_{dc}/2$，相电压的有效值为

$$U_A = U_B = U_C = \frac{U_{dc}/2}{\sqrt{2}} = \frac{U_{dc}}{2\sqrt{2}} \tag{3-49}$$

若采用三相 AC/DC/AC 主电路结构，设输入的线电压为 380V，采用不可控整流后直流电压约为

$$U_{dc} \approx \sqrt{2} \times 380\,\text{V} \tag{3-50}$$

采用 SPWM 逆变后的相电压有效值为

$$U'_A = U'_B = U'_C = \frac{U_{dc}/2}{\sqrt{2}} = 190\,\text{V} \tag{3-51}$$

线电压有效值为

$$U'_{AB} = \sqrt{3}U'_A = 329\text{V} \tag{3-52}$$

可见，输出的线电压达不到380V，电压利用率只有0.865。

电压空间矢量PWM（SVPWM）是基于变流器空间电压或者电流矢量的切换来控制变流器的一种控制方法。它最初应用于控制交流电机的变频调速系统。利用空间电压矢量的切换，以获得近似圆形的旋转磁场，在开关频率较低的情况下，使交流电机获得更好的控制性能，提高电压利用率和电机的动态响应速率，减小电机的转矩脉动等。现在SVPWM已广泛应用于电能变换与控制领域，下面就其基本原理展开讨论。

1．SVPWM原理

（1）三相空间矢量电压的分布

如图3-49所示这种典型的三相电压型变流器电路中有3个功率开关桥臂，每个桥臂上有两个开关状态刚好相反的功率开关管，可利用这些功率开关管的开关状态和各种不同状态的组合，调整开关管的开关次序，来保证电压空间矢量运行在接近于圆形的轨迹上，从而降低交流侧电流输出谐波含量，并提高直流侧电压的利用率。

这6个功率开关管分别只有"断开"和"导通"两种状态，分别用"0"和"1"表示，且同一桥臂上下两个功率开关管的状态互补。设上桥臂导通为"1"，上桥臂断开为"0"，因此可形成 $2^3=8$ 种状态组合，即000、001、010、011、100、101、110、111。其中，000和111开关组合使变流器的输出电压、电流为零，因此称这两种组合状态为零态。

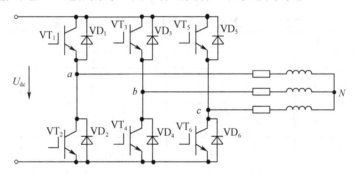

图3-49 三相电压型变流器

设三相电压型变流器交流侧相电压为 u_{aN}、u_{bN}、u_{cN}，线电压为 u_{ab}、u_{bc}、u_{ca}，则有

$$\begin{cases} u_{aN} = \left(S_a - \dfrac{S_a + S_b + S_c}{3}\right)U_{dc} \\[2mm] u_{bN} = \left(S_b - \dfrac{S_a + S_b + S_c}{3}\right)U_{dc} \\[2mm] u_{cN} = \left(S_c - \dfrac{S_a + S_b + S_c}{3}\right)U_{dc} \end{cases} \tag{3-53}$$

式中，S_a、S_b和S_c为开关变量，上桥臂功率开关管导通时为1，关断时为0；U_{dc}为直流侧电压。

把8种开关组合状态代入式（3-53）中，得出6个功率开关管状态与三相电压型变流器输出相电压及线电压的对应关系，见表3-5。

表3-5　开关管状态与相电压及线电压的对应关系

S_a	S_b	S_c	U_{aN}	U_{bN}	U_{cN}	U_{ab}	U_{bc}	U_{ca}
0	0	0	0	0	0	0	0	0
1	0	0	$\frac{2}{3}U_{dc}$	$-\frac{1}{3}U_{dc}$	$-\frac{1}{3}U_{dc}$	U_{dc}	0	$-U_{dc}$
1	1	0	$\frac{1}{3}U_{dc}$	$\frac{1}{3}U_{dc}$	$-\frac{2}{3}U_{dc}$	0	U_{dc}	$-U_{dc}$
0	1	0	$-\frac{1}{3}U_{dc}$	$\frac{2}{3}U_{dc}$	$-\frac{1}{3}U_{dc}$	$-U_{dc}$	U_{dc}	0
0	1	1	$-\frac{2}{3}U_{dc}$	$\frac{1}{3}U_{dc}$	$\frac{1}{3}U_{dc}$	$-U_{dc}$	0	U_{dc}
0	0	1	$-\frac{1}{3}U_{dc}$	$-\frac{1}{3}U_{dc}$	$\frac{2}{3}U_{dc}$	0	$-U_{dc}$	U_{dc}
1	0	1	$\frac{1}{3}U_{dc}$	$-\frac{2}{3}U_{dc}$	$\frac{1}{3}U_{dc}$	U_{dc}	$-U_{dc}$	0
1	1	1	0	0	0	0	0	0

利用式（3-54）将表3-5中的8组相电压进行α-β坐标变换，可得表3-6。

$$\begin{bmatrix} U_\alpha \\ U_\beta \end{bmatrix} = \sqrt{\frac{2}{3}}\left(\frac{2}{3}\right)\begin{bmatrix} 1 & -\frac{1}{2} & -\frac{1}{2} \\ 0 & \frac{\sqrt{3}}{2} & -\frac{\sqrt{3}}{2} \end{bmatrix}\begin{bmatrix} u_a \\ u_b \\ u_c \end{bmatrix} \tag{3-54}$$

表3-6　开关管状态与α-β坐标系下电压的对应关系

S_a	S_b	S_c	U_α	U_β	矢量符号
0	0	0	0	0	$\boldsymbol{O}_{000}$
1	0	0	$\sqrt{\frac{2}{3}}U_{dc}\left(\frac{2}{3}U_{dc}\right)$	0	$\boldsymbol{U}_0$
1	1	0	$\sqrt{\frac{1}{6}}U_{dc}\left(\frac{1}{3}U_{dc}\right)$	$\sqrt{\frac{1}{2}}U_{dc}\left(\frac{1}{\sqrt{3}}U_{dc}\right)$	$\boldsymbol{U}_{60}$
0	1	0	$-\sqrt{\frac{1}{6}}U_{dc}\left(-\frac{1}{3}U_{dc}\right)$	$\sqrt{\frac{1}{2}}U_{dc}\left(\frac{1}{\sqrt{3}}U_{dc}\right)$	$\boldsymbol{U}_{120}$
0	1	1	$-\sqrt{\frac{2}{3}}U_{dc}\left(-\frac{2}{3}U_{dc}\right)$	0	$\boldsymbol{U}_{180}$
0	0	1	$-\sqrt{\frac{1}{6}}U_{dc}\left(-\frac{1}{3}U_{dc}\right)$	$-\sqrt{\frac{1}{2}}U_{dc}\left(-\frac{1}{\sqrt{3}}U_{dc}\right)$	$\boldsymbol{U}_{240}$
1	0	1	$\sqrt{\frac{1}{6}}U_{dc}\left(\frac{1}{3}U_{dc}\right)$	$-\sqrt{\frac{1}{2}}U_{dc}\left(-\frac{1}{\sqrt{3}}U_{dc}\right)$	$\boldsymbol{U}_{300}$
1	1	1	0	0	$\boldsymbol{O}_{111}$

注：表中不带括号的为等功率变换，括号内为等量变换，合成矢量的大小分别为 $\sqrt{\frac{2}{3}}U_{dc}$ 和 $\frac{2}{3}U_{dc}$，本书后续分析按等量变换进行。

　　由表3-6可求出这些相电压的矢量及其相位角。这8个矢量称为基本电压空间矢量。根据其相位角的特点，分别命名为 $\boldsymbol{O}_{000}$、$\boldsymbol{U}_0$、$\boldsymbol{U}_{60}$、$\boldsymbol{U}_{120}$、$\boldsymbol{U}_{180}$、$\boldsymbol{U}_{240}$、$\boldsymbol{U}_{300}$、$\boldsymbol{O}_{111}$。其中 $\boldsymbol{O}_{000}$、$\boldsymbol{O}_{111}$ 为零矢量。图3-50给出了6个非零基本电压空间矢量和两个零矢量的大小及位置，其中6个非零基本电压空间矢量幅值相等，相邻矢量间隔60°，将复平面分成了6个扇区1~6，形成一个封闭的正六边形。而 $\boldsymbol{O}_{000}$、$\boldsymbol{O}_{111}$ 两个零矢量幅值为零，位于复平面的中心。

从图 3-50 可以看出，利用三相桥只能产生 6 个非零基本电压空间矢量，组成的六边形旋转矢量与期望圆形相差较大。要想获取与圆形旋转矢量误差较小的多边形，可以采用增加桥臂个数实现，这样势必增加系统成本和控制难度，在工程中是不可取的。在实际应用中，利用 6 个非零基本电压空间矢量的线性组合可以获得更多的"开""关"状态，从而得到数据处理所需要的圆形旋转磁场。

（2）空间电压矢量的合成

如图 3-51 所示，U_x 和 U_{x+60} 表示两个相邻的基本电压空间矢量，U_{out} 是变流器输出的相电压矢量，其幅值代表相电压的幅值，其旋转角速度就是输出正弦电压的角频率。U_{out} 可以由 U_x 和 U_{x+60} 线性组合来合成，即

$$U_{out} = \frac{T_1}{T_{PWM}}U_x + \frac{T_2}{T_{PWM}}U_{x+60} \tag{3-55}$$

式中，T_1 和 T_2 分别为 U_x 和 U_{x+60} 的作用时间；T_{PWM} 为 PWM 波的周期。

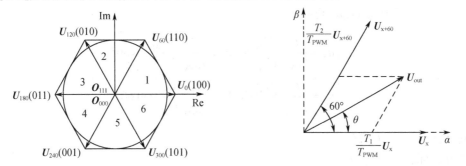

图 3-50 三相电压型 PWM 变流器空间电压矢量分布   图 3-51 任意两个基本空间矢量的组合

按照这种组合方式，在下一个 T_{PWM} 周期中，仍然可以用 U_x 和 U_{x+60} 的线性组合，但这两个电压的作用时间不同于上一次，它们必须保证所合成的新的电压空间矢量与原来的电压空间矢量的幅值相等。以此类推，在每个 T_{PWM} 周期期间，改变两个相邻的基本电压矢量的作用时间，并保证所合成新电压空间矢量的幅值和相移都相等，这样，只要 T_{PWM} 取得足够小，电压空间矢量的轨迹是一个近似圆形的多边形。

① 基本电压矢量作用时间计算

由式（3-55）和图3-51，再根据三角形正弦定理可得

$$\frac{\frac{T_1}{T_{PWM}}U_x}{\sin(60°-\theta)} = \frac{U_{out}}{\sin 120°} \tag{3-56}$$

$$\frac{\frac{T_2}{T_{PWM}}U_{x+60}}{\sin \theta} = \frac{U_{out}}{\sin 120°} \tag{3-57}$$

$$T_1 = \frac{2U_{out}}{\sqrt{3}U_x}T_{PWM}\sin(60°-\theta) \tag{3-58}$$

$$T_2 = \frac{2U_{out}}{\sqrt{3}U_{x\pm60}}T_{PWM}\sin\theta \tag{3-59}$$

$$T_{PWM} = T_1 + T_2 + T_0 \tag{3-60}$$

式中，T_1 为 U_x 作用的时间；T_2 为 $U_{x\pm60}$ 作用的时间；T_0 为零矢量作用时间。

由表 3-5 和表 3-6 可知，线电压的最大值为 U_{dc}，所以得相电压的最大值为 $U_{out}=U_{dc}/\sqrt{3}$。如果取最大相电压的值作为基准值，对空间矢量的幅值进行标幺化处理，则得到基本电压空间矢量为 $2/\sqrt{3}$，即

$$u_x = \frac{U_x}{U_{out}} = \frac{2}{3}U_{dc} / \frac{1}{\sqrt{3}}U_{dc} = \frac{2}{\sqrt{3}}$$

在第1扇区时，T_1、T_2 可由式（3-61）和式（3-62）计算，即

$$\begin{cases} U_\alpha = \dfrac{T_1}{T_{PWM}}|U_0| + \dfrac{T_2}{T_{PWM}}|U_{60}|\cos 60° \\ U_\beta = \dfrac{T_2}{T_{PWM}}|U_{60}|\sin 60° \end{cases} \tag{3-61}$$

对式（3-61）两边同除以 U_{out}，可得

$$\begin{cases} u_\alpha = \dfrac{T_1}{T_{PWM}}\dfrac{|U_0|}{U_{out}}\cos 0° + \dfrac{T_2}{T_{PWM}}\dfrac{|U_{60}|}{U_{out}}\cos 60° \\ u_\beta = \dfrac{T_1}{T_{PWM}}\dfrac{|U_0|}{U_{out}}\sin 0° + \dfrac{T_2}{T_{PWM}}\dfrac{|U_{60}|}{U_{out}}\sin 60° \end{cases} \tag{3-62}$$

式中，$u_\alpha=U_\alpha/U_{out}$，$u_\beta=U_\beta/U_{out}$。

将 T_1 和 T_2 标幺化后可得

$$\begin{cases} t_1 = \dfrac{1}{2}\left(\sqrt{3}u_\alpha - u_\beta\right) \\ t_2 = u_\beta \end{cases} \tag{3-63}$$

式中，$t_1=T_1/T_{PWM}$ 和 $t_2=T_2/T_{PWM}$，即相对于 T_{PWM} 的标幺值。

同理，当 U_{out} 处于第 2 扇区时，它的线性组合由 U_{60} 和 U_{120} 组成。根据上面的推断关系可得出两相静止坐标系下新矢量的作用时间关系

$$\begin{cases} t_1 = -\dfrac{1}{2}\left(\sqrt{3}u_\alpha - u_\beta\right) \\ t_2 = \dfrac{1}{2}\left(\sqrt{3}u_\alpha + u_\beta\right) \end{cases} \tag{3-64}$$

依次类推，可求出 6 个扇区内的空间矢量作用时间公式，见表 3-7。

表3-7　6个扇区内的空间矢量作用时间表

扇区	矢量图	电压表达式	时间表达式
1		$\begin{cases} u_\alpha = \dfrac{T_1}{T_{PWM}}\dfrac{|U_0|}{U_{out}}\cos 0° + \dfrac{T_2}{T_{PWM}}\dfrac{|U_{60}|}{U_{out}}\cos 60° = t_1\dfrac{2}{\sqrt{3}} + t_2\dfrac{1}{\sqrt{3}} \\ u_\beta = \dfrac{T_1}{T_{PWM}}\dfrac{|U_0|}{U_{out}}\sin 0° + \dfrac{T_2}{T_{PWM}}\dfrac{|U_{60}|}{U_{out}}\sin 60° = t_2 \end{cases}$	$\begin{cases} t_1 = \dfrac{1}{2}\left(\sqrt{3}u_\alpha - u_\beta\right) \\ t_2 = u_\beta \end{cases}$

扇区	矢量图	电压表达式	时间表达式
2		$\begin{cases} u_\alpha = \dfrac{T_1}{T_{PWM}}\dfrac{\lvert U_{120}\rvert}{U_{out}}\cos120° + \dfrac{T_2}{T_{PWM}}\dfrac{\lvert U_{60}\rvert}{U_{out}}\cos60° = -t_1\dfrac{1}{\sqrt{3}} + t_2\dfrac{1}{\sqrt{3}} \\ u_\beta = \dfrac{T_1}{T_{PWM}}\dfrac{\lvert U_{120}\rvert}{U_{out}}\sin120° + \dfrac{T_2}{T_{PWM}}\dfrac{\lvert U_{60}\rvert}{U_{out}}\sin60° = t_1 + t_2 \end{cases}$	$\begin{cases} t_1 = -\dfrac{1}{2}\left(\sqrt{3}u_\alpha - u_\beta\right) \\ t_2 = \dfrac{1}{2}\left(\sqrt{3}u_\alpha + u_\beta\right) \end{cases}$
3		$\begin{cases} u_\alpha = \dfrac{T_1}{T_{PWM}}\dfrac{\lvert U_{120}\rvert}{U_{out}}\cos120° + \dfrac{T_2}{T_{PWM}}\dfrac{\lvert U_{180}\rvert}{U_{out}}\cos180° = -t_1\dfrac{1}{\sqrt{3}} - t_2\dfrac{2}{\sqrt{3}} \\ u_\beta = \dfrac{T_1}{T_{PWM}}\dfrac{\lvert U_{120}\rvert}{U_{out}}\sin120° + \dfrac{T_2}{T_{PWM}}\dfrac{\lvert U_{120}\rvert}{U_{out}}\sin180° = t_1 \end{cases}$	$\begin{cases} t_1 = u_\beta \\ t_2 = -\dfrac{1}{2}\left(\sqrt{3}u_\alpha + u_\beta\right) \end{cases}$
4		$\begin{cases} u_\alpha = \dfrac{T_1}{T_{PWM}}\dfrac{\lvert U_{240}\rvert}{U_{out}}\cos240° + \dfrac{T_2}{T_{PWM}}\dfrac{\lvert U_{180}\rvert}{U_{out}}\cos180° = -t_1\dfrac{1}{\sqrt{3}} - t_2\dfrac{2}{\sqrt{3}} \\ u_\beta = \dfrac{T_1}{T_{PWM}}\dfrac{\lvert U_{240}\rvert}{U_{out}}\sin240° + \dfrac{T_2}{T_{PWM}}\dfrac{\lvert U_{180}\rvert}{U_{out}}\sin180° = -t_1 \end{cases}$	$\begin{cases} t_1 = -u_\beta \\ t_2 = -\dfrac{1}{2}\left(\sqrt{3}u_\alpha - u_\beta\right) \end{cases}$
5		$\begin{cases} u_\alpha = \dfrac{T_1}{T_{PWM}}\dfrac{\lvert U_{240}\rvert}{U_{out}}\cos240° + \dfrac{T_2}{T_{PWM}}\dfrac{\lvert U_{300}\rvert}{U_{out}}\cos300° = -t_1\dfrac{1}{\sqrt{3}} + t_2\dfrac{1}{\sqrt{3}} \\ u_\beta = \dfrac{T_1}{T_{PWM}}\dfrac{\lvert U_{240}\rvert}{U_{out}}\sin240° + \dfrac{T_2}{T_{PWM}}\dfrac{\lvert U_{300}\rvert}{U_{out}}\sin300° = -t_1 - t_2 \end{cases}$	$\begin{cases} t_1 = -\dfrac{1}{2}\left(\sqrt{3}u_\alpha + u_\beta\right) \\ t_2 = \dfrac{1}{2}\left(\sqrt{3}u_\alpha - u_\beta\right) \end{cases}$
6		$\begin{cases} u_\alpha = \dfrac{T_1}{T_{PWM}}\dfrac{\lvert U_0\rvert}{U_{out}}\cos0° + \dfrac{T_2}{T_{PWM}}\dfrac{\lvert U_{300}\rvert}{U_{out}}\cos300° = t_1\dfrac{2}{\sqrt{3}} + t_2\dfrac{1}{\sqrt{3}} \\ u_\beta = \dfrac{T_1}{T_{PWM}}\dfrac{\lvert U_0\rvert}{U_{out}}\sin0° + \dfrac{T_2}{T_{PWM}}\dfrac{\lvert U_{300}\rvert}{U_{out}}\sin300° = -t_2 \end{cases}$	$\begin{cases} t_1 = \dfrac{1}{2}\left(\sqrt{3}u_\alpha + u_\beta\right) \\ t_2 = -u_\beta \end{cases}$

如果定义 X、Y、Z 这3个变量为

$$\begin{cases} X = U_\beta \\ Y = (\sqrt{3}U_\alpha - U_\beta)/2 \\ Z = (-\sqrt{3}U_\alpha - U_\beta)/2 \end{cases} \tag{3-65}$$

可得出 t_1、t_2 与 X、Y、Z 的对应关系，见表3-8。

表3-8　t_1、t_2 与 X、Y、Z 的对应关系

扇区	1	2	3	4	5	6
t_1	Y	$-Y$	X	$-X$	Z	$-Z$
t_2	X	$-Z$	Z	$-Y$	Y	$-X$

② 扇区判断

已知一个参考矢量 U_{out}，若要利用表 3-8 计算基本电压空间矢量作用的时间，则需要知道 U_{out} 处在哪一个扇区内。

由表 3-7 可知，$u_\beta > 0$ 时，U_{out} 在第 1～3 扇区内。由于每个扇区相差 60°，在第 1～2 扇区交界处有 $u_\beta / u_\alpha = \sqrt{3}$，在第 2～3 扇区交界处有 $u_\beta / u_\alpha = -\sqrt{3}$，以此类推其他扇区。在第 1 扇区应满足 $u_\beta < \sqrt{3}u_\alpha$ 且 $u_\alpha > 0$；在第 2 扇区应满足 $u_\beta \geq \sqrt{3}u_\alpha$ 或 $u_\beta > -\sqrt{3}u_\alpha$；在第 3 扇区应满足 $u_\beta < -\sqrt{3}u_\alpha$ 且 $u_\alpha < 0$。

当 $u_\beta = 0$ 时，若 $u_\alpha > 0$，则在第 1 扇区内；若 $u_\alpha < 0$，则在第 4 扇区内。

当 $u_\beta < 0$ 时，则在第 4～6 扇区内，在第 4 扇区应满足 $u_\beta > \sqrt{3}u_\alpha$ 且 $u_\alpha < 0$；在第 5 扇区应满足 $u_\beta \leq \sqrt{3}u_\alpha$ 或 $u_\beta < -\sqrt{3}u_\alpha$，在第 6 扇区应满足 $u_\beta \geq -\sqrt{3}u_\alpha$ 且 $u_\alpha > 0$；否则为第 4 扇区。

扇区判断流程图如图 3-52 所示。

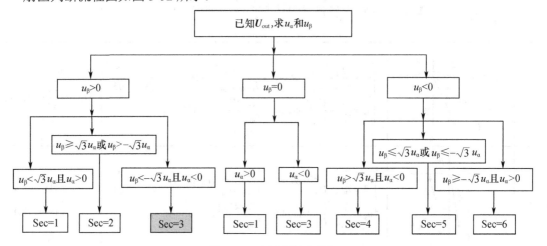

图 3-52 扇区判断流程图

一般情况下，也可以将式（3-65）中的 X、Y、Z 做加减运算表示参考矢量 U_{out}，结合图 3-52，若定义 3 个变量 A、B、C，使 X、Y、Z 与 A、B、C 有如下对应关系：如果 $X > 0$，则 $A = 1$，否则 $A = 0$；如果 $Y > 0$，则 $B = 1$，否则 $B = 0$；如果 $Z > 0$，则 $C = 1$，否则 $C = 0$。设 $N = 4C + 2B + A$，则 N 与扇区数的对应关系见表 3-9。

表 3-9 N 与扇区数的对应关系

N	3	1	5	4	6	2
扇区数	1	2	3	4	5	6

根据以上分析，如果已知变流器输出的电压矢量或者已知它在两相静止坐标系中的两个分量，以及调制周期 T，就可以计算出与之对应的两个基本空间矢量的作用时间 t_1、t_2 和 t_0。当 6 个基本空间矢量合成的 U_{out} 以近似圆形轨迹旋转时，其圆形轨迹的半径（即 U_{out} 的幅值）受 6 个基本空间矢量的幅值限制。最大圆形轨迹为 6 个基本空间矢量组成的正六边形的内切圆，如图 3-53 所示，因此采用 SVPWM 输出的最大电压 U_{out} 的幅值为 $U_{dc}/\sqrt{3}$。

同样对于采用三相 AC/DC/AC 的主电路结构，设输入的线电压为 380V，采用不可控整流后直流电压约为

$$U_{dc} \approx \sqrt{2} \times 380\,\text{V}$$

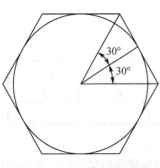

图 3-53 U_{out} 最大轨迹图

采用 SVPWM 逆变后的相、线电压有效值为

$$U'_A = U'_B = U'_C = \frac{U_{dc}/\sqrt{3}}{\sqrt{2}} = 220\text{V}$$

$$U'_{AB} = \sqrt{3}U'_A = 380\text{V}$$

可见，采用 SVPWM 比采用 SPWM 直流电压利用率得到了提高，从 0.866 提高到 1。

2．SVPWM 编程

（1）采用软件实现 SVPWM 的编程方法

对每个 SVPWM 波的零矢量分割方法不同及对非零矢量 U_x 的选择不同，会产生多种多样的 SVPWM 波。选择的原则是：

① 要求功率开关管的开关次数最少；

② 任意一次电压空间矢量的变化只能有一个桥臂的开关动作；

③ 编程简单。

目前最为常用的是 7 段式 SVPWM 波，它由 4 段相邻的两个非零矢量和 3 段零矢量组成，将 3 段零矢量分别置于 PWM 波的开始、中间和结尾，如图 3-54 和图 3-55 所示。

每个扇区 U_x、$U_{x\pm60}$ 的作用顺序如图 3-54 所示。即在第 1 扇区，$U_x = U_0$，$U_{x\pm60} = U_{60}$；在第 2 扇区，$U_x = U_{120}$，$U_{x\pm60} = U_{60}$；在第 3 扇区，$U_x = U_{120}$，$U_{x\pm60} = U_{180}$；在第 4 扇区，$U_x = U_{240}$，$U_{x\pm60} = U_{180}$；在第 5 扇区，$U_x = U_{240}$，$U_{x\pm60} = U_{300}$；在第 6 扇区，$U_x = U_0$，$U_{x\pm60} = U_{300}$。这样选择所产生的 7 段式 SVPWM 波形如图 3-55 所示。每个 PWM 波的零矢量施加的顺序及所对应的时间，都可从图 3-55 中得到。由图 3-55 可见，其特点是：

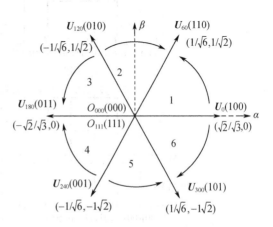

图 3-54　基本电压空间矢量的选择顺序

① 每个 PWM 波都以 O_{000} 零矢量开始和结束，O_{111} 零矢量插在中间。

② 每相每个 PWM 波输出只使功率开关管开关一次。

③ 电压空间矢量的转向只与扇区顺序有关。正转时，扇区的顺序是 1—2—3—4—5—6—1；反转时，扇区的顺序是 6—5—4—3—2—1—6；

④ 插入的 O_{000} 零矢量和 O_{111} 零矢量的时间相同。

（2）SVPWM 的程序

软件法实现 SVPWM 波的程序由主程序和 ePWM 中断服务程序组成。

主程序的主要工作是系统初始化，中断服务程序的主要任务是在每个 PWM 周期里，计算出下一个 PWM 周期里 3 个比较器 CMPR1、CMPR2 和 CMPR3 的比较值，并送入比较寄存器中。为此，必须根据表 3-7 和 7 段式的原理计算出 t_0、t_1、t_2。

由图 3-55 可知，在不同扇区内，当控制三相 PWM 占空比的 3 个比较器 CMPR1、CMPR2、CMPR3 的大小发生改变时，就会产生不同的空间矢量，空间矢量的导通时间由比较器之间的差来决定。在任何扇区送给比较器的值为以下 3 种之一：$\dfrac{t_0}{4} = \dfrac{t - t_1 - t_2}{4}$、$\dfrac{t_0}{4} + \dfrac{t_1}{2}$ 和 $\dfrac{t_0}{4} + \dfrac{t_1}{2} + \dfrac{t_2}{2}$，$t$、$t_1$、$t_2$ 和 t_0 为 T_{PWM}、T_1、T_2 和 T_0 的标幺值。

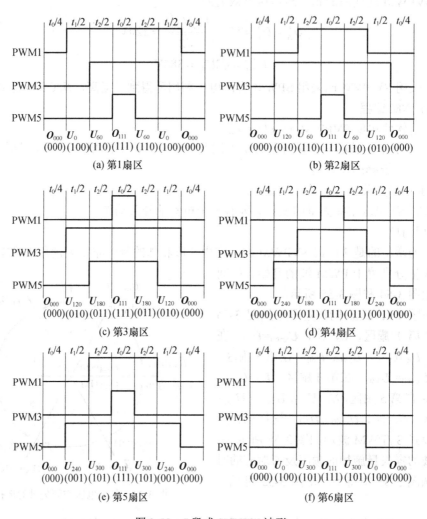

图 3-55　7 段式 SVPWM 波形

当 DSP 采用连续增减计数模式时，周期寄存器的周期值 TBPRD 等于 $\frac{T_{PWM}}{2}$，则第一扇区比较值分别为：

```
EPwm1Regs.CMPA.half.CMPA =(t0*(EPwm1Regs.TBPRD))/2;
EPwm1Regs.CMPB =(t0*(EPwm1Regs.TBPRD))/2;
EPwm2Regs.CMPA.half.CMPA =((t0/2)+t1)*EPwm1Regs.TBPRD;
EPwm2Regs.CMPB =(t0/2+t1)*EPwm1Regs.TBPRD;
EPwm3Regs.CMPA.half.CMPA =(t0/2+t1+t2)*EPwm1Regs.TBPRD;
EPwm3Regs.CMPB =(t0/2+t1+t2)*EPwm1Regs.TBPRD;
```

其他扇区依次类推。用软件法实现 SVPWM 波的程序流程如图 3-56 所示。

软件法生成 SVPWM 波的程序参数要求如下：载波比 N 为 256，即将整个扇区分成 256 份。采用 ePWM 中断服务程序完成扇区判断和比较寄存器的更新，产生 SVPWM 波，其中扇区判断采用表 3-9 的方法实现。部分主程序和 ePWM 中断服务程序如下：

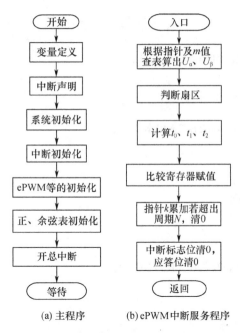

图 3-56　软件法生成 SVPWM 波的程序流程图

```
/*---- 本例采用ePWM模块产生SVPWM波,载波12.8kHz,调制波50Hz。-----*/
    #include "DSP2833x_Device.h"        //DSP2833x Headerfile Include File
    #include "DSP2833x_Examples.h"      //DSP2833x Examples Include File
    #include "math.h"
    void InitEPwm1Example(void);//声明 ePWM 初始化函数
    void InitEPwm2Example(void);
    void InitEPwm3Example(void);
    interrupt void epwm2_isr(void);//声明 ePWM 中断服务程序
    Uint16 pwm_cnt1=0,pwm_cnt2=0,pwm_cnt3=0;//比较寄存器值
    //与 SVPWM 相关的变量,与理论分析一致
    float u_beta,u_alfa,u,m=0.8;//
    float t1,t2,t0,t,X,Y,Z,sinne[256],cosne[256];
    Uint32 k=0,k1=0,n,A=0,B=0,C=0,sec=0;
    float Voltage1[256];//观察用输出
    void main(void)
    {
        InitSysCtrl();
        EALLOW;
        SysCtrlRegs.HISPCP.all = 0x3; //HSPCLK = SYSCLKOUT/ADC_MODCLK
        EDIS;
        InitEPwm1Gpio();
        InitEPwm2Gpio();
        InitEPwm3Gpio();
        DINT;
        InitPieCtrl();
        IER = 0x0000;
        IFR = 0x0000;
    InitPieVectTable();
        InitAdc();
```

```
        EALLOW;
        PieVectTable.EPWM2_INT = &epwm2_isr;
EDIS;

        EALLOW;
        SysCtrlRegs.PCLKCR0.bit.TBCLKSYNC = 0;
        EDIS;

        InitEPwm1Example();
        InitEPwm2Example();
        InitEPwm3Example();

        EALLOW;
        SysCtrlRegs.PCLKCR0.bit.TBCLKSYNC = 1;
        EDIS;

        IER |= M_INT1;
        IER |= M_INT3;
        PieCtrlRegs.PIEIER3.bit.INTx2 = 1;
        EINT;
        ERTM;
            for(n=0;n<256;n++)
          {
          sinne[n]= sin(n*(6.283/256));//正、余弦表初始化
          cosne[n]= cos(n*(6.283/256));
      }
        n=0;
        for(;;)
        {       asm("      NOP");   }
    }


    interrupt void epwm2_isr(void)
    {      //SVPWM 算法
      u_alfa=m*cosne[k];
      u_beta=m*sinne[k];
        // 扇区判断
                X=u_beta;
                Y=0.867*u_alfa-0.5*u_beta;
                Z=-0.867*u_alfa-0.5*u_beta;

                if(X>0)A=1;
                else A=0;
                if(Y>0)B=1;
                else B=0;
                if(Z>0)C=1;
                else C=0;
                sec=4*C+2*B+A;
        switch(sec)
```

```
    {
case 1: //2 扇区
        t1=-Y;
        t2=-Z;
        t0=1-t1-t2;
        EPwm2Regs.CMPA.half.CMPA =(t0*EPwm1Regs.TBPRD)/2;
        EPwm2Regs.CMPB =(t0*EPwm1Regs.TBPRD)/2;
        EPwm1Regs.CMPA.half.CMPA =((t0/2)+t1)*EPwm1Regs.TBPRD;
        EPwm1Regs.CMPB =(t0/2+t1)*EPwm1Regs.TBPRD;
        EPwm3Regs.CMPA.half.CMPA =(t0/2+t1+t2)*EPwm1Regs.TBPRD;
        EPwm3Regs.CMPB =(t0/2+t1+t2)*EPwm1Regs.TBPRD;
    break;
  case 2://6 扇区
        t1=-Z;
        t2=-X;
         t0=1-t1-t2;
        EPwm1Regs.CMPA.half.CMPA =(t0*EPwm1Regs.TBPRD)/2;
        EPwm1Regs.CMPB =(t0*EPwm1Regs.TBPRD)/2;
        EPwm3Regs.CMPA.half.CMPA =((t0/2)+t1)*EPwm1Regs.TBPRD;
        EPwm3Regs.CMPB =(t0/2+t1)*EPwm1Regs.TBPRD;
        EPwm2Regs.CMPA.half.CMPA =(t0/2+t1+t2)*EPwm1Regs.TBPRD;
        EPwm2Regs.CMPB =(t0/2+t1+t2)*EPwm1Regs.TBPRD;
   break;
  case 3://1 扇区
         t1=Y;
         t2=X;
         t0=1-t1-t2;
         t=t1+t2;
        EPwm1Regs.CMPA.half.CMPA =(t0*(EPwm1Regs.TBPRD))/2;
        EPwm1Regs.CMPB =(t0*(EPwm1Regs.TBPRD))/2;
        EPwm2Regs.CMPA.half.CMPA =((t0/2)+t1)*EPwm1Regs.TBPRD;
        EPwm2Regs.CMPB =(t0/2+t1)*EPwm1Regs.TBPRD;
        EPwm3Regs.CMPA.half.CMPA =(t0/2+t1+t2)*EPwm1Regs.TBPRD;
        EPwm3Regs.CMPB =(t0/2+t1+t2)*EPwm1Regs.TBPRD;
    break;
case 4://4 扇区
     t1=-X;
     t2=-Y;
     t0=1-t1-t2;
        EPwm3Regs.CMPA.half.CMPA =(t0*EPwm1Regs.TBPRD)/2;
        EPwm3Regs.CMPB =(t0*EPwm1Regs.TBPRD)/2;
        EPwm2Regs.CMPA.half.CMPA =((t0/2)+t1)*EPwm1Regs.TBPRD;
        EPwm2Regs.CMPB =(t0/2+t1)*EPwm1Regs.TBPRD;
        EPwm1Regs.CMPA.half.CMPA =(t0/2+t1+t2)*EPwm1Regs.TBPRD;
        EPwm1Regs.CMPB =(t0/2+t1+t2)*EPwm1Regs.TBPRD;
    break;
  case 5://3 扇区
     t1=X;
     t2=Z;
```

```
                t0=1-t1-t2;
                  EPwm2Regs.CMPA.half.CMPA =(t0*EPwm1Regs.TBPRD)/2;
                EPwm2Regs.CMPB =(t0*EPwm1Regs.TBPRD)/2;
                EPwm3Regs.CMPA.half.CMPA =((t0/2)+t1)*EPwm1Regs.TBPRD;
                  EPwm3Regs.CMPB =(t0/2+t1)*EPwm1Regs.TBPRD;
                  EPwm1Regs.CMPA.half.CMPA =(t0/2+t1+t2)*EPwm1Regs.TBPRD;
                  EPwm1Regs.CMPB =(t0/2+t1+t2)*EPwm1Regs.TBPRD;
            break;
        case 6://5 扇区
            t1=Z;
            t2=Y;
            t0=1-t1-t2;
                EPwm3Regs.CMPA.half.CMPA =(t0*EPwm1Regs.TBPRD)/2;
                EPwm3Regs.CMPB =(t0*EPwm1Regs.TBPRD)/2;
                EPwm1Regs.CMPA.half.CMPA =((t0/2)+t1)*EPwm1Regs.TBPRD;
                EPwm1Regs.CMPB =(t0/2+t1)*EPwm1Regs.TBPRD;
                EPwm2Regs.CMPA.half.CMPA =(t0/2+t1+t2)*EPwm1Regs.TBPRD;
                EPwm2Regs.CMPB =(t0/2+t1+t2)*EPwm1Regs.TBPRD;
            break;
        }
    //Voltage1[k]=EPwm1Regs.CMPA.half.CMPA ;//观察用
    Voltage1[k]=t0;
        k++;
    if(k>=256)k=0;
        EPwm2Regs.ETCLR.bit.INT = 1;                    //清除标志位
        PieCtrlRegs.PIEACK.all = PIEACK_GROUP3;   //清除应答位
        EINT;
}
```

思考与练习题

3-1 简述 TMS320F28335 ePWM 模块构成及工作原理。

3-2 启用 ePWM 时钟的正确步骤是什么？

3-3 要求 EPWM1A 产生占空比 D_A 为 65%、频率 20kHz 的 PWM 波，EPWM1B 产生占空比 D_B 为 30%、频率 20kHz 的 PWM 波，其他要求如图 3-57 所示。试计算周期寄存器和比较寄存器的值，并编写程序代码。

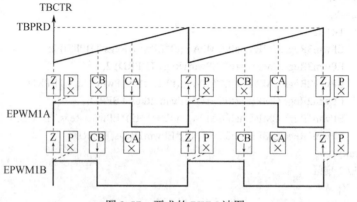

图 3-57 要求的 PWM 波图

3-4 要求产生频率 10kHz，占空比为 50%的 PWM 波，其他要求如图 3-58 所示。试计算周期寄存器和比较寄存器的值，并编写程序代码。

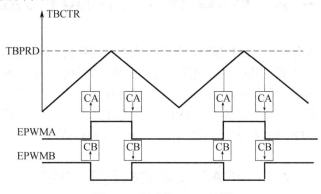

图 3-58 要求的 PWM 波图

3-5 若根据选定的开关器件要求的死区时间为 2μs，TB 时钟为 75MHz，则 DBRED[DEL]的设定值为多少？并编写出程序代码。

3-6 利用 DSP 产生 SPWM 波，编写产生 SPWM 波的主程序、ePWM 初始化程序和中断服务程序。具体要求：三相，PWM 波频率（载波频率或开关管的开关频率，采用双极性调制）为 20kHz，调制波的频率为 400Hz，调制度 m=0.8，死区时间 1μs。

3-7 利用 DSP 产生 SVPWM 波，具体要求同题 3-6。

第4章 eCAP 模块工作原理与应用

TMS320F28335 共有 6 个 eCAP 模块，每个模块的结构相同，每个模块都有两种工作模式，即捕获模式和 APWM 模式。其中，捕获模式的功能是：捕获引脚电平发生的跳变，记录电平跳变的时刻，从而完成对输入信号周期、频率、相位和占空比等的测量。在实际中广泛应用于电机转速测量和新能源并网发电等领域。APWM 模式的功能是：eCAP 模块的每个引脚都可以输出 PWM 波，与 TMS320F2812 等其他型号的芯片相比，该模式的采用扩展了 PWM 输出的数量。

4.1 eCAP 模块结构及工作原理

1. 捕获模式的工作原理

捕获模式下 eCAP 的结构如图 4-1 所示，主要由事件预定标、边沿监测、模 4 计数器、信号选择、锁存器和时基单元等组成。其工作过程及原理为：

① 待检测的信号从 eCAP 的引脚输入，首先进入事件预定标单元（可选，由 ECCTL1[PRESCALE] 控制）进行分频；然后进入边沿检测单元，边沿检测单元根据 ECCTL1[CAPxPOL] 的设定，选择上升沿还是下降沿，检测后送入模 4 计数器。

② 模 4 计数器有两种工作模式：连续捕获模式和单次捕获模式。

在连续捕获模式下，对检测单元的边沿检测事件进行循环计数，即 0—1—2—3—0，模 4 计数器输出状态通过 2-4 译码器控制锁存器 CAP1～CAP4 进行锁存，当信号边沿到来时，锁存相应时基计数（TSCTR）的值。例如，00 时将第一个边沿时刻对应的时基计数 TSCTR 值锁存至 CAP1，01 时将第二个边沿时刻对应的时基计数 TSCTR 值锁存至 CAP2，依次类推。

在单次捕获模式下，当模 4 计数器的计数值与设定的停止值（由 ECCTL[STOP_WRAP] 设定）相等时，模 4 计数器停止计数，锁存器禁止后续信号的锁存，保持当前 CAP1～CAP4 值不变，除非通过软件向 ECCTL[RE_ARM] 写 1 才能进行下一个单次捕获。

③ 时基计数单元 TSCTR 是一个 32 位的增计数器，其计数时钟为系统时钟 SYSCLKOUT，计至最大值 0xFFFFFFFF 时，输出溢出信号 CTR_OVF，然后复位至 0 并重新开始计数。

时基计数单元为捕获信号测量提供时间基准，按捕获时刻，捕获模式又可分为绝对值模式和差分模式。其中，绝对值模式为每次捕获不干预 32 位增计数器 TSCTR 的计数值；差分模式为每次捕获后，复位 32 位增计数器 TSCTR。

2. APWM 模式的工作原理

APWM 模式下 eCAP 的结构如图 4-2 所示。在 APWM 模式下，32 位增计数器 TSCTR 为计数时基，锁存器 CAP1 为动作周期寄存器（或称周期寄存器），锁存器 CAP3 为其映射周期寄存器；锁存器 CAP2 为动作比较寄存器（或称比较寄存器），锁存器 CAP4 为其映射比较寄存器。CAP1 控制 PWM 波的周期，CAP2 决定 PWM 波的占空比。其工作过程和原理与 ePWM 模块产生 PWM 波的原理类似。

在 APWM 模式下，写动作寄存器 CAP1/CAP2 时，也会将相同的值写入相应的映射寄存器 CAP3/CAP4。向映射寄存器 CAP3/CAP4 写入值，将调用映射模式。

在初始化过程中，必须同时给周期寄存器 CAP1 和比较寄存器 CAP2 赋值，初始值会自动复制到映射寄存器中。对于随后的比较更新，即在运行时，只需要使用映射寄存器即可。在

APWM 模式下生成 PWM 波的过程如图 4-3 所示。

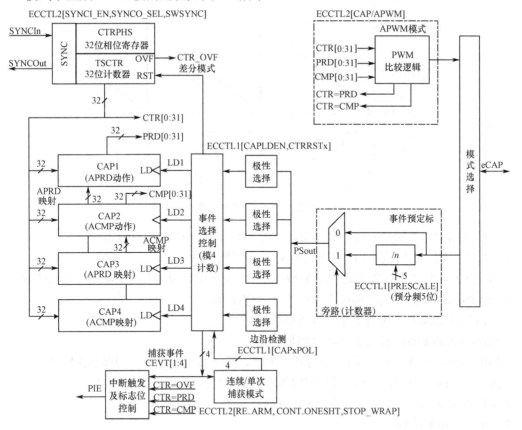

图 4-1 捕获模式下 eCAP 的结构

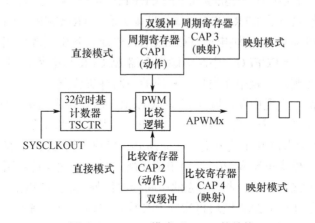

图 4-2 APWM 模式下 eCAP 的结构

在 APWM 模式下，PWM 波的输出也可分为高电平有效和低电平有效两种情况。具体工作在哪种情况，由控制寄存器 ECCTL2[APWMPOL]位决定。

（1）APWM 高电平有效（APWMPOL=0）时 CMP 的设置与 PWM 波输出情况

CMP=0x00000000：输出持续低电平（占空比 0%）。

CMP=0x00000001：输出 1 个时基周期高电平。

CMP=0x00000002：输出 2 个时基周期高电平。

CMP= Period（周期值）：除 1 个时基周期外，输出都为高电平（<100%占空比）。

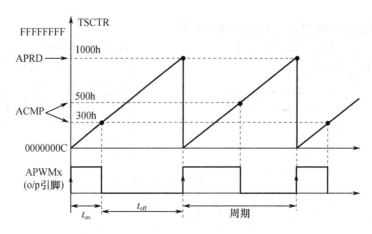

图 4-3　利用 APWM 模式生成 PWM 波形

CMP= Period（周期值）+1：整个 PWM 波周期输出高电平（100%占空比）。

CMP> Period（周期值）+1：整个 PWM 波周期输出高电平。

（2）APWM 低电平有效模式（APWMPOL=1）时 CMP 的设置与 PWM 波输出情况

CMP=0x00000000：输出持续为高电平（占空比 0%）。

CMP=0x00000001：输出 1 个时基周期低电平。

CMP=0x00000002：输出 2 个时基周期低电平。

CMP= Period（周期值）：除 1 个时基周期外，输出都为低电平（<100%占空比）。

CMP= Period（周期值）+1：整个 PWM 波周期输出低电平（100%占空比）。

CMP>Period（周期值）+1：整个 PWM 波周期输出低电平。

3. eCAP 中断控制

eCAP 模块的中断源主要有：捕获模式下的 CEVT1～4（共 4 个捕获事件）和 CTR_OVF（计数器溢出）；APWM 模式下的 CTR=PRD（周期匹配）和 CTR=CMP（比较匹配）。这些中断均属于外设级中断，均可向 PIE 模块申请 ECAPxINT 中断。各中断源由相应的中断允许寄存器 ECEINT、中断标志寄存器 ECFLG、中断清除寄存器 ECCLR 和中断强制寄存器 ECFRC（通过软件强制触发中断）控制。一旦中断发生，相应的中断标志位置位，为完成连续中断，需要在中断服务程序退出之前，设置中断清除寄存器 ECCLR，清除相应的中断标志位。

注意：ECFLG 还包含一个全局中断标志位 INT。当某中断源被允许，即使能位为 1 时，标志位置 1，且全局中断标志位 INT 为 0 时，才能向 PIE 模块申请 ECAPxINT 中断。响应中断后，系统置位 INT，阻止该模块再次向 PIE 模块申请中断。若要再次申请中断，除在中断服务程序中对中断清除寄存器 ECCLR 写 1 清除相应的中断标志位外，还需向 ECFLG 中的 INT 写 1 清除全局中断标志位，才能允许 eCAP 模块再次向 PIE 模块申请中断。另外，也可以通过向中断强制寄存器 ECFRC 中相应位写 1（软件强制）强制某中断事件的发生。

4.2　eCAP 寄存器

eCAP 寄存器主要可分为控制寄存器和数据寄存器，共 12 个。控制寄存器主要有控制寄存器 ECCTL1、控制寄存器 ECCTL2、中断允许寄存器 ECEINT、中断标志寄存器 ECFLG、中断清除寄存器 ECCLR 和中断强制寄存器 ECFRC，共 6 个；数据寄存器主要有时基计数器 TSCTR、相位寄存器 CTRPHS 和锁存寄存器 CAP1～CAP4，共 6 个。

1. 控制寄存器 ECCTL1

控制寄存器 ECCTL1 主要用于控制捕获模式下的相关操作。

15	14	13	12	11	10	9	8
FREE,SOFT		PRESCALE					CAPLDEN
R/W-0		R/W-0					R/W-0

7	6	5	4	3	2	1	0
CTRRST4	CAP4POL	CTRRST3	CAP3POL	CTRRST2	CAP2POL	CTRRST1	CAP1POL
R/W-0	R/W-0	R/W-0	R/W-0	R/W-0	R/W-0	R/W-0	R/W-0

位域	名称	描述
15～14	FREE,SOFT	仿真挂起操作：00—立即停止；01—计数到 0 停止；1x—自由运行
13～9	PRESCALE	选择事件预定标系数：00000—不分频；其他分频值为 2×PRESCALE
8	CAPLDEN	规定 CEVTx 事件发生时是否允许 CAPx 锁存 TSCTR 的值： 0—禁止；1—允许
7	CTRRST4	规定 CAP4 捕获时基模式： 0—绝对时基（不复位 TSCTR）；1—差分时基（复位 TSCTR）
6	CAP4POL	为 CEVT4 选择事件极性：0—上升沿；1—下降沿
5	CTRRST3	规定 CAP3 捕获时基模式： 0—绝对时基（不复位 TSCTR）；1—差分时基（复位 TSCTR）
4	CAP3POL	为 CEVT3 选择事件极性：0—上升沿；1—下降沿
3	CTRRST2	规定 CAP2 捕获时基模式： 0—绝对时基（不复位 TSCTR）；1—差分时基（复位 TSCTR）
2	CAP2POL	为 CEVT2 选择事件极性：0—上升沿；1—下降沿
1	CTRRST1	规定 CAP1 捕获时基模式： 0—绝对时基（不复位 TSCTR）；1—差分时基（复位 TSCTR）
0	CAP1POL	为 CEVT1 选择事件极性：0—上升沿；1—下降沿

编程代码：

```
ECap4Regs.ECCTL1.bit.CAP1POL = 0x0;   //上升沿捕获
ECap4Regs.ECCTL1.bit.CTRRST1 = 0x1;   //差分时基
ECap4Regs.ECCTL1.bit.PRESCALE = 0x0;   //旁路预定标,即不分频
```

2. 控制寄存器 ECCTL2

控制寄存器 ECCTL2 主要用于控制 APWM 模式下的相关操作和捕获模式设置等。

15				11	10	9	8
Reserved					APWMPOL	CAP_APWM	SWSYNC
R-0					R/W-0	R/W-0	R/W-0

7	6	5	4	3	2	1	0
SYNCO_SEL		SYNCI_EN	TSCTRSTOP	REARM	STOP_WRAP		CONT_ONESHT
R/W-0		R/W-0	R/W-0	R/W-0	R/W-1	R/W-1	R/W-0

位域	名称	描述
15～11	Reserved	保留
10	APWMPOL	APWM 波极性选择：0—高电平有效；1—低电平有效
9	CAP_APWM	捕获/APWM 模式选择：0—捕获模式；1—APWM 模式
8	SWSYNC	软件强制计数器同步：0—无影响；1—强制 TSCTR 装载 CTRPHS 的值
7～6	SYNCO_SEL	同步输出选择： 00—选择同步输入信号作为同步输出信号（直通）； 01—选择 CTR=PRD 事件作为同步输出信号；1x—禁止同步输出

位域	名称	描述
5	SYNCI_EN	计数器（TSCTR）同步选择模式： 0—禁用同步进入选项； 1—使计数器（TSCTR）在同步信号或软件强制事件时从 CTRPHS 寄存器加载
4	TSCTRSTOP	时基计数器停止位：0—停止；1—运行
3	REARM	单次捕获重新强制控制位（仅单次捕获模式有效）： 0—无影响；1—重启单次强制
2～1	STOP_WRAP	单次捕获模式停止位： 00—1 个事件；01—2 个事件；10—3 个事件；11—4 个事件
0	CONT_ONESHT	连续/单次捕获控制位，用于模式选择：0—连续模式；1—单次模式

编程代码：

```
ECap4Regs.ECCTL2.bit.CAP_APWM = 0x0;   //捕获模式
ECap4Regs.ECCTL2.bit.CONT_ONESHT = 0x0;   //连续模式
ECap4Regs.ECCTL2.bit.SYNCO_SEL= 0x2;   //禁止外部同步信号
```

3. 中断允许寄存器 ECEINT 和中断强制寄存器 ECFRC
（1）中断允许寄存器 ECEINT

15							8
Reserved							

7	6	5	4	3	2	1	0
CTR=CMP	CTR=PRD	CTR_OVF	CEVT4	CEVT3	CEVT2	CEVT1	Reserved
R/W	R/W	R/W	R/W	R/W			

（2）中断强制寄存器 ECFRC

15	14	13	12	11	10	9	8
Reserved							
R-0							

7	6	5	4	3	2	1	0
CTR=CMP	CTR=PRD	CTR_OVF	CEVT4	CEVT3	CEVT2	CEVT1	Reserved
R/W-0	R/W-0	R/W-0	R/W-0	R/W-0	R/W-0	R/W-0	R-0

中断允许寄存器 ECEINT 和中断强制寄存器 ECFRC 中 1～7 位对应 ECAP 的 7 个事件中断源，其中 CEVT1～4 为捕获事件中断源，CTR_OVF 为计数器溢出中断源，CTR=CMP 和 CTR=PRD 为比较和周期匹配事件中断源。对相应位写 1 使能中断，相应位写 0 禁止中断。

编程代码：

```
ECap4Regs.ECEINT.all=0x0000;   //禁止 eCAP 中断
ECap4Regs.ECFRC.all = 0x0002;   //软件强制 CEVT1 中断
```

4. 中断标志寄存器 ECFLG 和中断清除寄存器 ECCLR
（1）中断标志寄存器 ECFLG

15							8
Reserved							
R-0							

7	6	5	4	3	2	1	0
CTR=CMP	CTR=PRD	CTR_OVF	CEVT4	CEVT3	CEVT2	CEVT1	INT
R-0	R-0	R-0	R-0	R-0	R-0	R-0	R-0

（2）中断清除寄存器 ECCLR

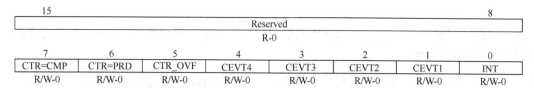

15							8
Reserved							
R-0							

7	6	5	4	3	2	1	0
CTR=CMP	CTR=PRD	CTR_OVF	CEVT4	CEVT3	CEVT2	CEVT1	INT
R/W-0	R/W-0	R/W-0	R/W-0	R/W-0	R/W-0	R/W-0	R/W-0

中断标志寄存器 ECFLG 和中断清除寄存器 ECCLR 中 INT 为全局中断标志位，1～4 位为 CEVT1～4，为捕获事件中断源，5 位为 CTR_OVF，对应计数器溢出中断源，6～7 位对应 CTR=CMP 和 CTR=PRD，为比较和周期匹配中断源。当中断发生时，相应标志寄存器 ECFLG 的位置 1，若要清除标志位，则需向相应的中断清除寄存器 ECCLR 位写 1 清除。

INT：全局中断标志位，eCAP 模块每向 PIE 模块申请一次中断，该标志位置 1，且置位后一直保持。在中断服务程序中，需向 ECCLR 中引起中断事件的标志位写 1 清除，同时向 INT 位写 1 清除全局中断标志位，才能允许 eCAP 模块再次向 PIE 模块申请中断。

编程代码：

```
ECap4Regs.ECEINT.all=0x0000;  //禁止捕获中断
ECap4Regs.ECCLR.all = 0xFFFF;  //清除所有标志位
```

5．数据类寄存器 TSCTR、CTRPHS、CAP1～CAP4

数据类寄存器 TSCTR、CTRPHS、CAP1～CAP4 都为 32 位寄存器，它们的结构相同。

（1）时基计数器 TSCTR

31	0
TSCTR	
R/W-0	

TSCTR 用作捕获时基的 32 位计数器，TSCTR 为计数值。

（2）相位寄存器 CTRPHS

31	0
CTRPHS	
R/W-0	

CTRPHS 为相位寄存器的值，其可编程为相位滞后或超前。该寄存器可作为 TSCTR 的映射寄存器，通过同步事件 SYNCI 和软件强制加载到 TSCTR 上，用于实现 eCAP 和 ePWM 时基的相位同步控制。

（3）锁存器 CAP1～CAP4

31	0
CAP1/2/3/4	
R/W-0	

在捕获模式下，CAP1～CAP4 锁存捕获事件发生时 TSCTR 的值；在 APWM 模式下，CAP1 作为动作周期寄存器使用，CAP3 作为其映射寄存器使用，CAP2 作为动作比较寄存器使用，CAP4 作为其映射比较寄存器使用，如图 4-2 所示。

编程代码：

```
Period1 = ECap1Regs.CAP1;  //读取 CAP1 捕获值
Period2 = ECap1Regs.CAP2;  //读取 CAP2 捕获值
```

4.3 eCAP 模块应用程序

同 ePWM 模块一样,在介绍 eCAP 模块应用程序之前,首先就 TI 公司的相关定义和声明进行说明,以方便使用。

```
//ECCTL1( ECAP Control Reg 1)              #define EC_EVENT2    0x1
//=============================            #define EC_EVENT3    0x2
//CAPxPOL bits                             #define EC_EVENT4    0x3
#define EC_RISING      0x0                 //RE ARM bit
#define EC_FALLING     0x1                 #define EC_ARM   0x1
//CTRRSTx bits                             //TSCTRSTOP bit
#define EC_ABS_MODE    0x0                 #define EC_FREEZE    0x0
#define EC_DELTA_MODE  0x1                 #define EC_RUN   0x1
//PRESCALE bits                            //SYNCO_SEL bit
#define EC_BYPASS      0x0                 #define EC_SYNCIN    0x0
#define EC_DIV1        0x0                 #define EC_CTR_PRD   0x1
#define EC_DIV2        0x1                 #define EC_SYNCO_DIS 0x2
#define EC_DIV4        0x2                 //CAP/APWM mode bit
#define EC_DIV6 0x3                        #define EC_CAP_MODE   0x0
#define EC_DIV8 0x4                        #define EC_APWM_MODE   0x1
#define EC_DIV10 0x5                       //APWMPOL bit
//ECCTL2( ECAP Control Reg 2)              #define EC_ACTV_HI   0x0
//=============================            #define EC_ACTV_LO   0x1
//CONT/ONESHOT bit                         //Generic
#define EC_CONTINUOUS  0x0                 #define EC_DISABLE   0x0
#define EC_ONESHOT   0x1                   #define EC_ENABLE   0x1
//STOPVALUE bit                            #define EC_FORCE   0x1
#define EC_EVENT1    0x0
```

4.3.1 eCAP 模块捕获模式应用

1. 初始化程序

(1)绝对模式上升沿捕获

① 工作过程

如图 4-4 所示为连续捕获操作(模 4 计数器环形计数)的例程。在图 4-4 中,在 TSCTR 不复位的情况下进行计数,捕获事件仅限于上升沿,图中给出了 TSCTR 的周期和频率信息。

在一个事件中,首先捕获 TSCTR 内容,然后将模 4 计数器递增到下一个状态。当 TSCTR 达到 FFFFFFFF(最大值)后,其值复位为 00000000(图 4-4 中未显示),如果出现这种情况,则 CTR_OVF(计数器溢出)置位,如果中断使能将触发中断。因此,事件 CEVT4 可以方便地用于触发中断,CPU 可以从 CAPx 寄存器读取数据。

② 部分代码

```
//ECAP module 1 配置
ECap1Regs.ECCTL1.bit.CAP1POL = EC_RISING;   //选择上升沿
ECap1Regs.ECCTL1.bit.CAP2POL = EC_RISING;
ECap1Regs.ECCTL1.bit.CAP3POL = EC_RISING;
ECap1Regs.ECCTL1.bit.CAP4POL = EC_RISING;
ECap1Regs.ECCTL1.bit.CTRRST1 = EC_ABS_MODE;   //绝对时基
```

```
ECap1Regs.ECCTL1.bit.CTRRST2 = EC_ABS_MODE;
ECap1Regs.ECCTL1.bit.CTRRST3 = EC_ABS_MODE;
ECap1Regs.ECCTL1.bit.CTRRST4 = EC_ABS_MODE;
ECap1Regs.ECCTL1.bit.CAPLDEN = EC_ENABLE;       //允许装载
ECap1Regs.ECCTL1.bit.PRESCALE = EC_DIV1;        //不分频
ECap1Regs.ECCTL2.bit.CAP_APWM = EC_CAP_MODE;    //CAP 模式
ECap1Regs.ECCTL2.bit.CONT_ONESHT = EC_CONTINUOUS;  //连续
ECap1Regs.ECCTL2.bit.SYNCO_SEL = EC_SYNCO_DIS;  //同步禁止
ECap1Regs.ECCTL2.bit.SYNCI_EN = EC_DISABLE;     //软件同步禁止
ECap1Regs.ECCTL2.bit.TSCTRSTOP = EC_RUN;        //允许 TSCTR 运行
//可在 CEVT4 触发的中断服务程序中读取
//==============================================
TSt1 = ECap1Regs.CAP1;   //捕获 t1 时刻时基计数器 CTR 的值
TSt2 = ECap1Regs.CAP2;
TSt3 = ECap1Regs.CAP3;
TSt4 = ECap1Regs.CAP4;
Period1 = TSt2-TSt1;  //计算脉冲序列首个信号周期
Period2 = TSt3-TSt2;  //计算脉冲序列第 2 个信号周期
Period3 = TSt4-TSt3;  //计算脉冲序列第 3 个信号周期
```

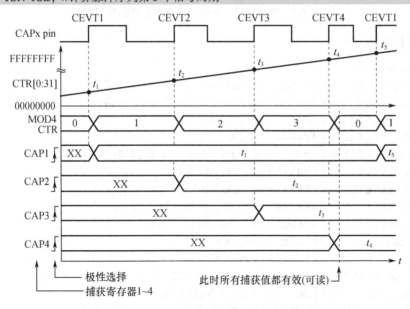

图 4-4　绝对模式上升沿捕获的序列图

（2）绝对模式上升沿和下降沿捕获的操作

① 工作过程

在图 4-5 中，eCAP 工作模式与前面的基本相同，不同的是捕获事件被限定为上升和下降沿，这种模式可用于测量周期和占空比。

第 1 个脉冲的周期：Period1=t_3-t_1。

第 2 个脉冲的周期：Period2=t_5-t_3。

……

第 1 个脉冲占空比：$D_{on}=((t_2-t_1)/ \text{Period1})\times100\%$

$$D_{off}=((t_3-t_2)/ \text{Period1})\times100\%$$

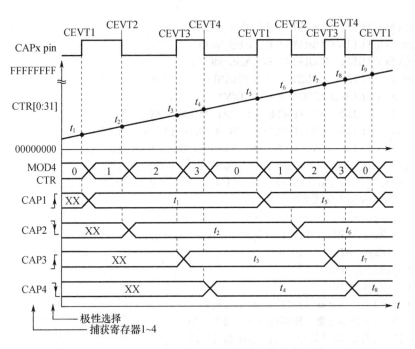

图 4-5 绝对模式上升沿和下降沿捕获的序列图

② 部分代码

```
//ECAP module 1 配置
    ECap1Regs.ECCTL1.bit.CAP1POL = EC_RISING;    //选择上升沿捕获
    ECap1Regs.ECCTL1.bit.CAP2POL = EC_FALLING;   //选择下降沿捕获
    ECap1Regs.ECCTL1.bit.CAP3POL = EC_RISING;
    ECap1Regs.ECCTL1.bit.CAP4POL = EC_FALLING;
    ECap1Regs.ECCTL1.bit.CTRRST1 = EC_ABS_MODE;  //绝对时基
    ECap1Regs.ECCTL1.bit.CTRRST2 = EC_ABS_MODE;
    ECap1Regs.ECCTL1.bit.CTRRST3 = EC_ABS_MODE;
    ECap1Regs.ECCTL1.bit.CTRRST4 = EC_ABS_MODE;
    ECap1Regs.ECCTL1.bit.CAPLDEN = EC_ENABLE;    //允许装载
    ECap1Regs.ECCTL1.bit.PRESCALE = EC_DIV1;
    ECap1Regs.ECCTL2.bit.CAP_APWM = EC_CAP_MODE;
    ECap1Regs.ECCTL2.bit.CONT_ONESHT = EC_CONTINUOUS;
    ECap1Regs.ECCTL2.bit.SYNCO_SEL = EC_SYNCO_DIS;
    ECap1Regs.ECCTL2.bit.SYNCI_EN = EC_DISABLE;
    ECap1Regs.ECCTL2.bit.TSCTRSTOP = EC_RUN;     //允许 TSCTR 运行
//可在 CEVT4 触发的中断服务程序中读取
//===================================================================
TSt1 = ECap1Regs.CAP1;    //捕获 t1 时刻时基计数器 CTR 的值
TSt2 = ECap1Regs.CAP2;
TSt3 = ECap1Regs.CAP3;
TSt4 = ECap1Regs.CAP4;
Period1 = TSt3-TSt1;      //计算脉冲序列首个信号周期
DutyOnTime1 = TSt2-TSt1;  //计算脉冲序列首个信号高电平时间
DutyOffTime1 = TSt3-TSt2; //计算脉冲序列首个信号低电平时间
```

（3）差分模式上升沿捕获操作

① 工作过程

图 4-6 显示了如何使用 eCAP 模块从脉冲序列波形中捕获差分定时数据，这里使用连续捕获模式（TSCTR 在不重置的情况下计数，并且模 4 计数器循环）。在差分模式下，每个有效事件的 TSCTR 都复位为零。在事件发生时，首先捕获 TSCTR 内容，然后将 TSCTR 复位为零，模 4 计数器递增到下一个状态。如果 TSCTR 达到 FFFFFFFF（最大值），则在下一个事件发生之前，它将复位到 00000000 并继续，同时置位计数器溢出标志位（CNT_OVF），如果使能将触发中断。差分模式的优点是，CAPx 内容直接给出定时数据，不需要 CPU 计算，即 Period1=T_1，Period2=T_2 等。在 CEVT1 事件触发中断中读取 T_1、T_2、T_3、T_4 都是有效的。

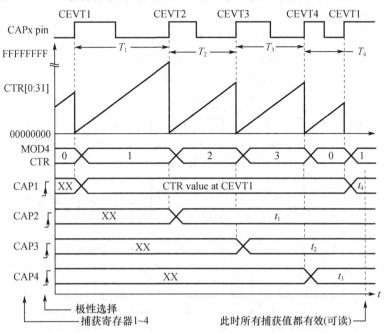

图 4-6　差分模式上升沿检测捕获的序列图

② 部分代码

```
//ECAP module 1 配置
    ECap1Regs.ECCTL1.bit.CAP1POL = EC_RISING; //上升沿捕获
    ECap1Regs.ECCTL1.bit.CAP2POL = EC_RISING;
    ECap1Regs.ECCTL1.bit.CAP3POL = EC_RISING;
    ECap1Regs.ECCTL1.bit.CAP4POL = EC_RISING;
    ECap1Regs.ECCTL1.bit.CTRRST1 = EC_DELTA_MODE;   //差分模式
    ECap1Regs.ECCTL1.bit.CTRRST2 = EC_DELTA_MODE;
    ECap1Regs.ECCTL1.bit.CTRRST3 = EC_DELTA_MODE;
    ECap1Regs.ECCTL1.bit.CTRRST4 = EC_DELTA_MODE;
    ECap1Regs.ECCTL1.bit.CAPLDEN = EC_ENABLE;   //允许装载
    ECap1Regs.ECCTL1.bit.PRESCALE = EC_DIV1;
    ECap1Regs.ECCTL2.bit.CAP_APWM = EC_CAP_MODE;
    ECap1Regs.ECCTL2.bit.CONT_ONESHT = EC_CONTINUOUS;
    ECap1Regs.ECCTL2.bit.SYNCO_SEL = EC_SYNCO_DIS;
    ECap1Regs.ECCTL2.bit.SYNCI_EN = EC_DISABLE;
    ECap1Regs.ECCTL2.bit.TSCTRSTOP = EC_RUN;
```

```
//可在 CEVT1 触发的中断服务程序中读取
//============================================
//注意：这里的捕获值即周期值
    Period4 = ECap1Regs.CAP1;    //第 4 个信号的周期
    Period1 = ECap1Regs.CAP2;    //第 1 个信号的周期
    Period2 = ECap1Regs.CAP3;    //第 2 个信号的周期
    Period3 = ECap1Regs.CAP4;    //第 3 个信号的周期
```

（4）差分模式上升沿和下降沿捕获操作

① 工作过程

在图 4-7 中，除捕获事件被限定为上升沿和下降沿外，eCAP 操作模式几乎与前面的模式相同，可用于周期和占空比测量。

周期：$\qquad$ Period1=T_1+T_2，Period2=T_3+T_4

占空比：$\qquad$ D_{on}=(T_1 / Period1)×100%

$$D_{off}=(T_2 / Period1)×100\%$$

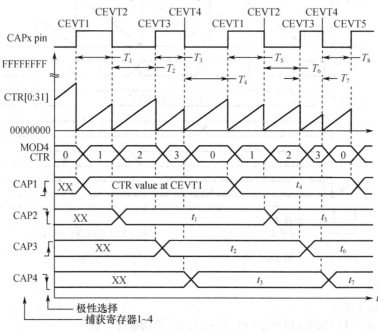

图 4-7　差分模式上升沿和下降沿捕获的序列图

② 部分代码

```
//ECAP module 1 配置
    ECap1Regs.ECCTL1.bit.CAP1POL = EC_RISING;    //上升沿捕获
    ECap1Regs.ECCTL1.bit.CAP2POL = EC_FALLING;   //下降沿捕获
    ECap1Regs.ECCTL1.bit.CAP3POL = EC_RISING;
    ECap1Regs.ECCTL1.bit.CAP4POL = EC_FALLING;
    ECap1Regs.ECCTL1.bit.CTRRST1 = EC_DELTA_MODE;  //差分模式
    ECap1Regs.ECCTL1.bit.CTRRST2 = EC_DELTA_MODE;
    ECap1Regs.ECCTL1.bit.CTRRST3 = EC_DELTA_MODE;
    ECap1Regs.ECCTL1.bit.CTRRST4 = EC_DELTA_MODE;
    ECap1Regs.ECCTL1.bit.CAPLDEN = EC_ENABLE;
    ECap1Regs.ECCTL1.bit.PRESCALE = EC_DIV1;
```

```
        ECap1Regs.ECCTL2.bit.CAP_APWM = EC_CAP_MODE;
        ECap1Regs.ECCTL2.bit.CONT_ONESHT = EC_CONTINUOUS;
        ECap1Regs.ECCTL2.bit.SYNCO_SEL = EC_SYNCO_DIS;
        ECap1Regs.ECCTL2.bit.SYNCI_EN = EC_DISABLE;
        ECap1Regs.ECCTL2.bit.TSCTRSTOP = EC_RUN;    //允许 TSCTR 运行
    //可在 CEVT1 触发的中断服务程序中读取
    //==========================================
    //注意：捕获寄存器中的值为脉冲宽度
        DutyOnTime1 = ECap1Regs.CAP2;  //对应图 4-7 中 T₁ 值
        DutyOffTime1 = ECap1Regs.CAP3;  //对应图 4-7 中 T₂ 值
        DutyOnTime2 = ECap1Regs.CAP4;  //对应图 4-7 中 T₃ 值
        DutyOffTime2 = ECap1Regs.CAP1;  //对应图 4-7 中 T₄ 值
        Period1 = DutyOnTime1 + DutyOffTime1;
        Period2 = DutyOnTime2 + DutyOffTime2;
```

2. 捕获模式应用示例

本例要求：由 ePWM1 模块产生频率和周期可变的 PWM 波，然后将产生的 PWM 波送入 eCAP1 模块，由 eCAP1 模块测量其频率和脉宽。其中，频率和周期可变的 PWM 波由 ePWM1 模块中断服务程序产生，频率和脉宽的测量由 eCAP1 模块中断服务程序完成。测试接线示意图如图 4-8 所示。

依题目要求，捕获单元采用连续捕获、绝对模式上升沿和下降沿捕获等操作，具体代码如下：

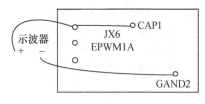

图 4-8　测试接线示意图

```
    #include "DSP2833x_Device.h"
    #include "DSP2833x_Examples.h"
    #define EC_RISING           0x0
    #define EC_FALLING          0x1
    ……
    void InitEPwm1Example(void);  //声明 EPWM1 初始化函数
    interrupt void epwm1_isr(void);  //声明 EPWM1 中断服务程序
    interrupt void ISRecap1(void);  //声明 ECAP1 中断服务程序
    void cap_init();  //声明 eCAP 初始化函数
    float TSt1,TSt2,TSt3,ton,Period1;
    float T=7500,D=0.5;
    void main(void)
    {
        InitSysCtrl();  //系统初始化
        InitEPwm1Gpio();  //GPIO 初始化
        DINT;  //禁止可屏蔽中断
        InitPieCtrl();  //初始化 PIE
        IER = 0x0000;  //禁止 CPU 中断
        IFR = 0x0000;  //清除所有 CPU 中断标志
        InitPieVectTable();  //初始化 PIE 中断向量表
        EALLOW;  //允许访问受保护寄存器
        PieVectTable.EPWM1_INT = &epwm1_isr;  //重新映射使用的中断向量
        PieVectTable.ECAP1_INT = &ISRecap1;  //重新映射使用的中断向量
```

```
        EDIS;   //恢复保护

        EALLOW;
          SysCtrlRegs.PCLKCR0.bit.TBCLKSYNC = 0;   //停止所有 ePWM 模块的时钟
        EDIS;

        InitEPwm1Example();   //调用 EPWM1 初始化函数
        cap_init();   //调用 ECAP1 初始化函数

        EALLOW;
          SysCtrlRegs.PCLKCR0.bit.TBCLKSYNC = 1;   //允许所有 ePWM 模块的时钟
        EDIS;

        IER |= M_INT3;   //允许 CPU 的 INT3(与 EPWM1～6 对应)
        IER |= M_INT4;   //允许 CPU 的 INT4(与 ECAP1～6 对应)
        PieCtrlRegs.PIEIER3.bit.INTx1 = 1;   //允许 PIE 级中断 INT3.1
        PieCtrlRegs.PIEIER4.bit.INTx1 = 1;   //允许 PIE 级中断 INT4.1
        EINT;   //清除 INTM
        ERTM;   //允许全局实时中断 DBGM
        for(;;)   //空闲循环,等待中断
        {   asm("       NOP");   }
}

interrupt void epwm1_isr(void)
{
        EPwm1Regs.TBPRD =T/2;   //设置 PWM 周期
        EPwm1Regs.CMPA.half.CMPA = EPwm1Regs.TBPRD*(1-D);   //设置 CMPA 比较值
        EPwm1Regs.CMPB = EPwm1Regs.TBPRD*(1-D);   //设置 CMPB 比较值

        EPwm1Regs.ETCLR.bit.INT = 1;   //清除中断标志
        PieCtrlRegs.PIEACK.all = PIEACK_GROUP3;   //清除 PIE 中断组 3 的响应位,以便 CPU 再次响应
}

interrupt void ISRecap1(void)
{
TSt1 = ECap1Regs.CAP1;   //捕获第 1 个 PWM 波上升沿时刻时基计数器 CTR 的值
TSt2 = ECap1Regs.CAP2;   //捕获第 1 个 PWM 波下降沿时刻时基计数器 CTR 的值
TSt3 = ECap1Regs.CAP3;   //捕获第 2 个 PWM 波上升沿时刻时基计数器 CTR 的值
 Period1 =TSt3-TSt1;   //计算第一个 PWM 波周期
 ton=TSt2-TSt1;   //计算第一个 PWM 波脉宽
 ECap1Regs.ECCLR.all = 0xFFFF;   //清除所有 CAP 中断标志位,包括全局中断标志位
 ECap1Regs.ECEINT.bit.CEVT4= 1;   //允许 CEVT4 触发中断
PieCtrlRegs.PIEACK.all=PIEACK_GROUP4;   //清除 PIE 中断组 4 的应答位
}

void InitEPwm1Example()
{
        EPwm1Regs.TBPRD =7500/2;   //设置定时器周期
        EPwm1Regs.TBPHS.half.TBPHS = 0x0000;   //相位为 0
```

```
    EPwm1Regs.TBCTR = 0x0000;    //清除计数器

    EPwm1Regs.CMPA.half.CMPA = EPwm1Regs.TBPRD>>1;    //设置比较值 CMPA
    EPwm1Regs.CMPB = EPwm1Regs.TBPRD>>1;    //设置比较值 CMPB

    EPwm1Regs.TBCTL.bit.CTRMODE = TB_COUNT_UPDOWN;    //连续增减计数模式
    EPwm1Regs.TBCTL.bit.PHSEN = TB_DISABLE;    //禁止相位装载
    EPwm1Regs.TBCTL.bit.HSPCLKDIV = TB_DIV1;    //分频设置
    EPwm1Regs.TBCTL.bit.CLKDIV = TB_DIV1;

    EPwm1Regs.CMPCTL.bit.SHDWAMODE = CC_SHADOW;    //映射模式
    EPwm1Regs.CMPCTL.bit.SHDWBMODE = CC_SHADOW;
    EPwm1Regs.CMPCTL.bit.LOADAMODE = 0x010;    //CC_CTR_ZERO,即零匹配或周期匹配时加载
    EPwm1Regs.CMPCTL.bit.LOADBMODE = 0x010;    //CC_CTR_ZERO;

    EPwm1Regs.AQCTLA.bit.CAU = AQ_SET;    //EPWM1A 在 CAU 时变高
    EPwm1Regs.AQCTLA.bit.CAD = AQ_CLEAR;    //EPWM1A 在 CAD 时变低

    EPwm1Regs.AQCTLB.bit.CBU = AQ_CLEAR;    //EPWM1A 在 CBU 时变高
    EPwm1Regs.AQCTLB.bit.CBD =    AQ_SET;    //EPWM1A 在 CBD 时变低

    EPwm1Regs.ETSEL.bit.INTSEL = ET_CTR_ZERO;    //选择 CTR= Zero 触发中断
    EPwm1Regs.ETSEL.bit.INTEN = 1;    //允许中断
    EPwm1Regs.ETPS.bit.INTPRD = ET_1ST;//ET_3RD;    //每 3 个事件触发一次中断
}


void cap_init()
{
 //Initialization GPIO
EALLOW;
GpioCtrlRegs.GPAPUD.bit.GPIO24 = 0;    //使能上拉
GpioCtrlRegs.GPAQSEL2.bit.GPIO24 = 0;    //仅与时钟同步
GpioCtrlRegs.GPAMUX2.bit.GPIO24 = 1;    //配置为 CAP 功能
EDIS;

ECap1Regs.ECEINT.all=0x0000;    //禁止捕获中断
ECap1Regs.ECCLR.all = 0xFFFF;    //清除所有 CAP 中断标志
ECap1Regs.ECCTL1.bit.CAPLDEN =0x0;    //禁止 CAP1～CAP4 装载
ECap1Regs.ECCTL2.bit.TSCTRSTOP=0x0;    //确保定时器停止
ECap1Regs.ECCTL1.bit.CAP1POL = EC_RISING;    //选择上升沿捕获
ECap1Regs.ECCTL1.bit.CAP2POL = EC_FALLING;    //选择下降沿捕获
ECap1Regs.ECCTL1.bit.CAP3POL = EC_RISING;
ECap1Regs.ECCTL1.bit.CAP4POL = EC_FALLING;
ECap1Regs.ECCTL1.bit.CTRRST1 = EC_ABS_MODE;    //绝对时基
ECap1Regs.ECCTL1.bit.CTRRST2 = EC_ABS_MODE;
ECap1Regs.ECCTL1.bit.CTRRST3 = EC_ABS_MODE;
ECap1Regs.ECCTL1.bit.CTRRST4 = EC_ABS_MODE;
ECap1Regs.ECCTL1.bit.CAPLDEN = EC_ENABLE;    //允许装载
ECap1Regs.ECCTL1.bit.PRESCALE = EC_DIV1;    //不分频
```

```
ECap1Regs.ECCTL2.bit.CAP_APWM = EC_CAP_MODE;    //设置为捕获模式
ECap1Regs.ECCTL2.bit.CONT_ONESHT = EC_CONTINUOUS;    //设置为连续模式
ECap1Regs.ECCTL2.bit.SYNCO_SEL = EC_SYNCO_DIS;
ECap1Regs.ECCTL2.bit.SYNCI_EN = EC_DISABLE;
ECap1Regs.ECCTL2.bit.TSCTRSTOP = EC_RUN;    //允许 TSCTR 运行
ECap1Regs.ECEINT.bit.CEVT4=1;    //允许 CEVT4 触发中断
}
```

4.3.2 eCAP 模块 APWM 模式应用

如图 4-9 所示，将 eCAP 模块配置为 APWM 模式，在本例中单通道脉宽调制波形是由输出引脚 APWMx 产生的。PWM 极性为高电平有效，此时比较值（CAP2 为比较寄存器）代表在周期内的导通时间（高电平）。如果将 APWMPOL1 位配置为低电平有效，则比较值表示关闭时间（低电平）。

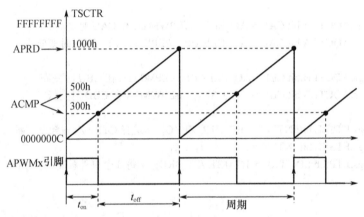

图 4-9 APWM 模式操作的 PWM 波形图

1．独立通道 PWM 生成
APWM 模式的代码段：

```
//ECAP module 1 配置
ECap1Regs.CAP1 = 0x1000;    //设置周期寄存器值
ECap1Regs.CTRPHS = 0x0;    //设置相位寄存器值为 0
ECap1Regs.ECCTL2.bit.CAP_APWM = EC_APWM_MODE;    //设置为 APWM 模式
ECap1Regs.ECCTL2.bit.APWMPOL = EC_ACTV_HI;    //高电平有效
ECap1Regs.ECCTL2.bit.SYNCI_EN = EC_DISABLE;    //禁止同步
ECap1Regs.ECCTL2.bit.SYNCO_SEL = EC_SYNCO_DIS;    //不使用同步
ECap1Regs.ECCTL2.bit.TSCTRSTOP = EC_RUN;    //允许 TSCTR 运行

//可在中断服务程序时刻 1 更新
//========================
ECap1Regs.CAP2 = 0x300;    //设置比较寄存器值
//可在另一中断服务程序时刻 2 更新
//========================
ECap1Regs.CAP2 = 0x500;    //更新比较寄存器值
```

2．带相位控制的多通道 PWM 的生成
如图 4-10（a）所示为采用 APWM 模式的相位控制特性来控制三相交错式 DC/DC 变换器

结构。这种结构要求每个相位彼此相差 120°。因此，如果设桥臂 1（由 APWM1 控制）为参考桥臂，其相位为 0°，则桥臂 2 需要偏移 120°，桥臂 3 需要偏移 240°。图 4-10（b）中的波形显示了每个相位（桥臂）之间的时间关系。注：当 TSCTR=周期值时，eCAP1 模块是主模块，向从模块（模块 2、3）发出同步输出脉冲。

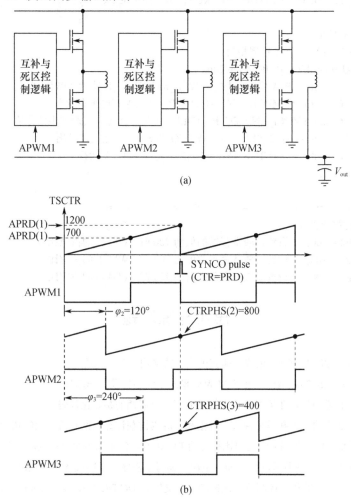

图 4-10　使用 3 个 eCAP 模块产生多相（通道）交错 PWM 波时序图

APWM 模式的代码如下：

```
//ECAP module 1 配置
ECap1Regs.ECCTL2.bit.CAP_APWM = EC_APWM_MODE;   //设置为 APWM 模式
ECap1Regs.CAP1 = 1200;   //设置周期寄存器的值
ECap1Regs.CTRPHS = 0;   //设置参考相位为 0
ECap1Regs.ECCTL2.bit.APWMPOL = EC_ACTV_HI;   //设置高电平有效
ECap1Regs.ECCTL2.bit.SYNCI_EN = EC_DISABLE;   //主模式禁止同步输入
ECap1Regs.ECCTL2.bit.SYNCO_SEL = EC_CTR_PRD;   //设置 eCAP1 为主模块,PRD 事件作为同步输出
ECap1Regs.ECCTL2.bit.TSCTRSTOP = EC_RUN;   //允许 TSCTR 运行

//ECAP module 2 配置
ECap2Regs.CAP1 = 1200;   //设置周期值
ECap2Regs.CTRPHS = 800;   //相位偏移 120°
```

```
ECap2Regs.ECCTL2.bit.CAP_APWM = EC_APWM_MODE;    //设置为 APWM 模式
ECap2Regs.ECCTL2.bit.APWMPOL = EC_ACTV_HI;    //设置为高电平有效
ECap2Regs.ECCTL2.bit.SYNCI_EN = EC_ENABLE;    //从模式允许同步输入
ECap2Regs.ECCTL2.bit.SYNCO_SEL = EC_SYNCI;    //同步输入信号选择,直通
ECap2Regs.ECCTL2.bit.TSCTRSTOP = EC_RUN;    //允许 TSCTR 运行


//ECAP module 3 配置
ECap3Regs.CAP1 = 1200;    //设置周期值
ECap3Regs.CTRPHS = 400;    //相位偏移 240°
ECap3Regs.ECCTL2.bit.CAP_APWM = EC_APWM_MODE;    //设置为 APWM 模式
ECap3Regs.ECCTL2.bit.APWMPOL = EC_ACTV_HI;    //设置高电平有效
ECap3Regs.ECCTL2.bit.SYNCI_EN = EC_ENABLE;    //从模式允许直通同步信号输入
ECap3Regs.ECCTL2.bit.SYNCO_SEL = EC_SYNCO_DIS;    //禁止同步输出
ECap3Regs.ECCTL2.bit.TSCTRSTOP = EC_RUN;    //允许 TSCTR 运行


//运行时可更改
//==================================================
//所有相设置的占空比相同
ECap1Regs.CAP2 = 700;    //设置比较寄存器的值为 700 时 PWM 波的占空比
ECap2Regs.CAP2 = 700;    //设置比较寄存器的值为 700 时 PWM 波的占空比
ECap3Regs.CAP2 = 700;    //设置比较寄存器的值为 700 时 PWM 波的占空比
```

思考与练习题

4-1　简述 TMS320F28335 eCAP 模块在捕获模式下的结构及工作原理。

4-2　简述 TMS320F28335 eCAP 模块在 APWM 模式下的结构及工作原理。

4-3　试写出 eCAP 模块工作在绝对模式上升沿捕获计算周期的初始化代码。

4-4　试写出 eCAP 模块工作在差分模式上升沿和下降沿捕获计算周期和占空比的初始化代码。

4-5　由 ePWM2A 模块产生频率和占空比可变的 PWM 波，频率和占空比自定，然后将产生的 PWM 波送入 eCAP2 模块，由 eCAP2 模块测量其周期和占空比。编写主程序和中断服务程序代码。

4-6　采用 APWM 模式的相位控制特性来控制三相交错式 DC/DC 变换器，要求每个相位彼此相差 120°，PWM 波频率可调。编写主程序和中断服务程序代码。

第5章 eQEP 模块工作原理及应用

TMS320F28335 有两个独立的增强型正交编码器脉冲 eQEP（Enhanced Quadrature Encoder Pulse）模块，用于与线性或旋转增量编码器直接接口，以获得来自旋转电机的位置、方向和速度的信息，主要用于高性能运动和位置控制系统中。

5.1 光电编码器工作原理及测速方法

5.1.1 光电编码器工作原理

光电编码器是一种通过光电转换将输出轴上的机械几何位移量转换成脉冲或数字量的传感器。光电编码器由光栅盘和光电检测装置组成，光栅盘是指在一定直径的圆板上等分地开通若干个缝隙的圆盘。由于光栅盘与电机同轴，电机旋转时，光栅盘与电机同速旋转，经发光二极管等光敏元件组成的检测装置检测输出若干个脉冲信号，其原理示意图如图 5-1 所示。通过计算每秒光电编码器输出脉冲的个数，就能反映当前电机的转速。此外，为判断旋转方向，光栅盘还可提供相位相差 90° 的两路脉冲信号。

根据检测原理，编码器可分为光学式、磁式、感应式和电容式等。根据其刻度方法及信号输出形式，可分为增量式、绝对式及混合式 3 种。

增量式编码器将位移转换成周期性的电信号，再把这个电信号转变成脉冲，用脉冲的个数表示位移的大小。绝对式编码器的每个位置对应一个确定的数字码，因此它的示值只与测量的起始和终止位置有关，而与测量的中间过程无关。

增量式光电编码器直接利用光电转换原理输出 3 组方波脉冲 A、B 和 Z 相；A、B 两组脉冲相位差为 90°，从而可方便地判断出旋转方向，而 Z 相为每转一个脉冲，用于基准点定位。如图 5-1（b）所示。

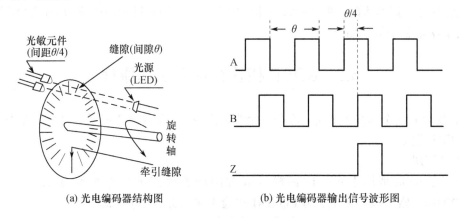

(a) 光电编码器结构图   (b) 光电编码器输出信号波形图

图 5-1　光电编码器工作原理

绝对式光电编码器的光栅盘上有许多条光通道刻线，每条刻线依次以 2 线、4 线、8 线、16 线……编排，这样，在光电编码器的每个位置，通过读取每条刻线的亮、暗，获得一组从 2^0 到 2^{n-1} 的唯一的二进制编码（格雷码），这就称为 n 位绝对式光电编码器。这样的编码器是由光栅盘的机械位置决定的，它不受停电和其他干扰的影响。绝对式光电编码器由机械位置决定的每个位置都是唯一的，它无须记忆，无须找参考点，而且不用一直计数，什么时候需要知道位置，什么时候就去读取它的位置。这样，编码器的抗干扰特性和数据可靠性等都得到了大幅提高。

5.1.2 测速方法

基于光电编码器的常用测速方法主要有 M 法和 T 法。

1．M 法测速原理

通过检测一规定时间间隔内的编码器脉冲个数来计算转速的方法，称为 M 法。如在规定时间 T 内测得的编码器脉冲个数为 m_1，编码器每转一圈发出的脉冲个数为 P，则转速为

$$n = \frac{60m_1}{PT} \tag{5-1}$$

式中，n 为转速（r/min）。

当被测转速较高或编码器一圈发出的脉冲数较多时才能有较好的测速精度，测量时最多有 1 个计数脉冲误差。随着转速增大，m_1 的值增大，相对误差减小，故 M 法适用于高速场合。对于正交光电编码器，产生正交的 A、B 两相脉冲同时输入，相位差为 90°，并且在脉冲上升沿和下降沿均计数，这样检测到的编码器输出脉冲个数为普通编码器脉冲个数的 4 倍，因此其精度提高了 4 倍。

2．T 法测速原理

通过测得 2 个相邻待测位置脉冲的时间间隔 T 来计算转速的方法，称为 T 法。设时钟脉冲的频率为 f，2 个相邻待测位置脉冲之间的时钟脉冲个数为 m_2，则 2 个相邻待测位置脉冲的时间间隔 T 为

$$T = \frac{m_2}{f} \tag{5-2}$$

若电机旋转一周的位置脉冲个数为 P，则转速为

$$n = \frac{60f}{Pm_2} \tag{5-3}$$

当被测转速逐渐增大时，两个相邻待测位置脉冲之间的时钟脉冲个数即 m_2 变少，导致误差增大，故 T 法适用于低速场合。

5.2　eQEP 模块结构及工作原理

eQEP 模块有两个 eQEP 单元，每个单元的结构相同，如图 5-2 所示。每个单元由 4 个引脚和 5 个子模块组成。

1．4 个引脚

4 个引脚分别是用于正交时钟模式或方向计数模式的两个引脚 EQEPxA/XCLK 和 EQEPxB/XDIR、索引或零标记引脚 EQEPxI 和选通输入引脚 EQEPxS。

（1）EQEPxA/XCLK 和 EQEPxB/XDIR 引脚

这两个引脚可用于正交时钟模式或方向计数模式。

① 正交时钟模式

eQEP 编码器提供两个相差 90° 的方波信号（A 和 B），其相位关系用于确定输入轴的旋转方向和来自索引位置的 eQEP 脉冲数，以获得相对位置信息。对于正向或顺时针旋转，

EQEPA 信号引导 EQEPB 信号，反之亦然。正交解码子模块使用这两个输入来产生正交时钟和方向信号。

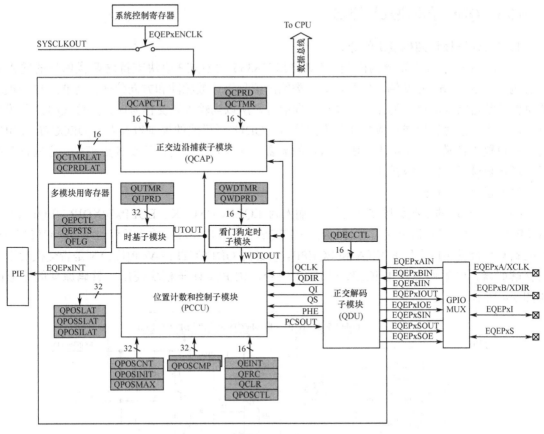

图 5-2　eQEP 模块结构图

② 方向计数模式

在方向计数模式中，方向和时钟信号直接由外部源提供。一些位置编码器有这种类型的输出，而不是正交输出。这种情况下，EQEPxA 引脚提供时钟输入，EQEPxB 引脚提供方向输入。

（2）索引或零标记 EQEPxI 引脚

eQEP 编码器使用索引信号来分配绝对起始位置，从该位置开始，位置信息使用正交脉冲递增编码。该引脚连接到 eQEP 编码器的索引输出，可选择重置每转的位置计数器。此信号可用于在索引端上发生所需事件时初始化或锁定位置计数器。

（3）选通输入 EQEPxS 引脚

通用选通信号可在选通输入引脚上发生所需事件时初始化或锁定位置计数器。该信号通常连接到传感器或限位开关，以通知电机已达到规定位置。

2．5 个子模块

① 正交解码子模块（QDU）：主要用于对输入信号解码。

② 位置计数和控制子模块（PCCU）：主要用于位置测量。

③ 正交边沿捕获子模块（QCAP）：主要用于低速测量。

④ 时基子模块（UTIME）：用于为速度/频率测量提供时基。

⑤ 看门狗定时子模块（QWDOG）：用于监控正交时钟。

5.3 eQEP 子模块及其控制

5.3.1 QDU 子模块及其控制

1. QDU 子模块结构及工作原理

编码器输出信号主要分为两类（TMS320F28335 的 eQEP 模块支持这两类信号的输入）：一类为如图 5-1（b）正交输出信号，另一类输出信号为计数脉冲和方向信号。而 PCCU 子模块的位置计数器需要的信号为计数脉冲和方向信号，所以当输入正交信号时，须经 QDU 子模块解码，将正交信号转换成计数脉冲和方向信号。QDU 子模块的控制寄存器 QDECCTL[QSRC] 位可以设置 4 种模式以适应不同测量器件的需要。这 4 种模式为：正交计数模式、方向计数模式、增计数模式和减计数模式。

（1）正交计数模式

QDU 子模块的结构如图 5-3 所示，输入为 EQEPxA/XCLK、EQEPxB/XDIR、EQEPxI 和 EQEPxS。当输入信号为正交信号时，从引脚 EQEPxA 和 EQEPxB 输入后经过 QDECCTL[QAP] 位控制其是否反相后产生 EQEPA 和 EQEPB，再经过 QDECCTL[SWAP] 位控制是否交换后送入正交解码器，经解码后产生 iCLK 和 iDIR 信号，供 PCCU 子模块使用。解码原理的波形图如图 5-4 所示。

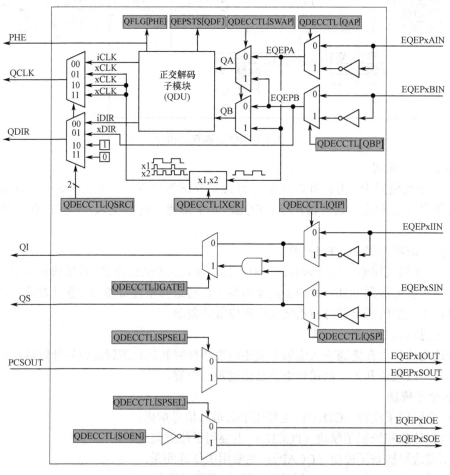

图 5-3 QDU 子模块结构图

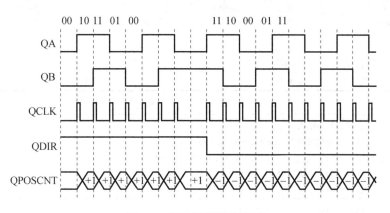

图 5-4　解码原理的波形图

在图 5-4 中，QA 和 QB 相位相差 90°，在一个周期内有 4 个边沿。QDU 子模块使其在每个边沿处产生一个脉冲，从而形成 QCLK 信号。QCLK 为 QA 和 QB 频率的 4 倍。当 QA 信号超前 QB 信号时，状态变化为：00—10—11—01，此时 QDIR=1，即输出高电平，表示电机正转；当 QA 信号滞后 QB 信号时，状态变化为：11—10—00—01，此时 QDIR=0，即输出低电平，表示电机反转。正常状态只有上述两种，当出现其他状态时均为非法，将产生相位错误，置位中断标志寄存器 QFLG[PHE]，并向 PIE 模块申请中断。

（2）方向计数模式

一些位置编码器提供方向和时钟输出，而不是正交输出。在这种情况下，可以使用方向计数模式。该模式下，EQEPA 输入将为位置计数器提供计数时钟，EQEPB 输入提供方向信息。当方向输入为高电平信号时，位置计数器在 EQEPA 输入的每个上升沿上递增，当方向输入为低电平信号时，位置计数器递减。

（3）增计数模式

计数器方向信号通过硬件接线进行增计时，位置计数器用于测量 EQEPA 输入的频率。通过设置 QDECCTL[XCR]位，可以对 EQEPA 输入信号的两个边沿进行位置计数，从而将测量分辨率提高 2 倍。

（4）减计数模式

计数器方向信号通过硬件接线进行减计时，位置计数器用于测量 EQEPA 输入的频率。通过设置 QDECCTL[XCR]位，可以对 EQEPA 输入信号的两个边沿进行位置计数，从而将测量分辨率提高 2 倍。

根据需要，每个 eQEP 模块输入可以使用 QDECCTL[8:5]控制位反转。例如，设置 QDECCTL[QIP]位，将反转索引输入。另外，eQEP 模块的外设包括位置比较单元，用于在位置计数器寄存器（QPOSCNT）和位置比较寄存器（QPOSCMP）之间的比较匹配时生成位置比较同步信号。这个同步信号可以使用 eQEP 模块的外设的索引引脚或选通引脚输出。设置 QDECCTL[SOEN]位可启用位置比较同步输出，QDECCTL[SPSEL]位可选择 eQEP 模块的索引引脚或选通引脚。

2．QDU 子模块的控制寄存器 QDECCTL

QDECCTL 寄存器主要完成位置计数器的计数方向、同步输出使能、同步输出引脚选择和外部时钟极性选择的设置等。

	15	14	13	12	11	10	9	8
	QSRC		SOEN	SPSEL	XCR	SWAP	IGATE	QAP
	R/W-0		R/W-0	R/W-0	R/W-0	R/W-0	R/W-0	R/W-0

	7	6	5	4				0
	QBP	QIP	QSP	Reserved				
	R/W-0	R/W-0	R/W-0	R-0				

位域	名称	描述
15～14	QSRC	位置计数源输入选择： 00—正交模式输入（QCLK = iCLK，QDIR = iDIR）； 01—方向模式输入（QCLK = xCLK，QDIR = xDIR）； 10—递增计数模式输入（QCLK = xCLK，QDIR = 1）； 11—递减计数模式输入（QCLK = xCLK，QDIR = 0）
13	SOEN	同步输出允许位：0—禁止；1—允许
12	SPSEL	同步输出引脚选择位：0—选择索引引脚；1—选择选通引脚
11	XCR	外部时钟频率：0—2 倍频（计算上升/下降沿）；1—1 倍频（仅计算上升沿）
10	SWAP	正交时钟输入交换位，将输入互换后给正交解码器，反向计数方向：0—交换；1—不交换
9	IGATE	索引脉冲选通位：0—禁止；1—允许
8	QAP	EQEPA 极性选择位：0—不反相；1—反相
7	QBP	EQEPB 极性选择位：0—不反相；1—反相
6	QIP	EQEPI 极性选择位：0—不反相；1—反相
5	QSP	EQEPS 极性选择位：0—不反相；1—反相
4～0	Reversed	保留

编程代码：

```
EQep1Regs.QDECCTL.bit.QSRC=00;   //正交模式
```

5.3.2 UTIME 子模块及其控制

1. UTIME 子模块工作原理

UTIME 子模块的功能是为位置计数和控制子模块 PCCU 和正交边沿捕获子模块 QCAP 测量速度提供单位时间基准。其核心由 SYSCLKOUT 为时钟基准的 32 位 QUTMR 计数器和 32 位周期寄存器 QUPRD 组成，计数器 QUTMR 增计数至周期寄存器 QUPRD 的值（周期匹配时），产生单位时间匹配事件，输出 UTOUT 信号给 PCCU 和 QCAP 子模块，同时置位 QFLG[UTO]，并可向 PIE 模块申请中断。可以在单位超时事件上锁定位置计数器、捕获定时器和捕获周期值，用于速度的计算。其结构如图 5-5 所示。

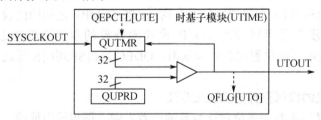

图 5-5　UTIME 子模块结构图

2. UTIME 子模块的寄存器

（1）定时器 QUTMR

31   0

QUTMR
R/W-0

该寄存器是以 SYSCLKOUT 为时钟基准的 32 位增计数器。当该计数器值与单位时间周期值匹配时，生成单位时间匹配事件。

（2）周期寄存器 QUPRD

31   0

QUPRD
R/W-0

该寄存器包含单位定时器的周期值，以生成周期性的单位时间事件，以周期间隔性地锁存eQEP 模块的位置信息，并且可申请中断。

编程代码：

```
EQep1Regs.QUPRD=1500000;   //周期寄存器初始化
```

5.3.3　QWDOG 子模块及其控制

1. QWDOG 子模块工作原理

QWDOG 子模块的作用为监控运动控制系统是否产生正确的正交编码脉冲，其组成如图 5-6 所示，主要由一个 16 位看门狗定时器 QWDTMR 和一个 16 位周期寄存器 QWDPRD 组成。其中，看门狗定时器 QWDTMR 以 64 分频后的系统时钟 SYSCLKOUT 为计数时基，并由 QCLK 复位，若上次复位后直到周期匹配均未检测到 QCLK 脉冲，看门狗定时器将会超时，输出 WDTOUT 信号。同时置位 QFLG[WTO]，并可向 PIE 模块申请中断。

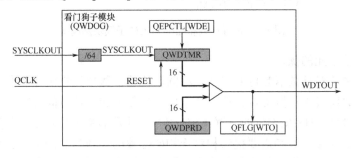

图 5-6　QWDOG 子模块结构图

2. QWDOG 子模块的寄存器

（1）看门狗定时器 QWDTMR

15   0

QWDTMR
R/W-0

该寄存器作为看门狗定时器检测的时基。当这个定时器的值与看门狗周期寄存器的值匹配时，产生看门狗定时器超时中断。该寄存器在正交时钟边沿复位。

（2）周期寄存器 QWDPRD

15   0

QWDPRD
R/W-0

当看门狗定时器值与周期值匹配时，看门狗定时器产生超时中断。

5.3.4 PCCU 子模块及其控制

1. 位置计数和控制 PCCU 子模块工作原理

PCCU 子模块主要由位置计数单元和位置比较单元组成，其结构如图 5-7 所示。其中，位置计数单元包括 32 位位置计数器 QPOSCNT，其作用为通过对 QCLK 的计数完成对频率和速度的测量，并可根据控制系统的要求选择不同计数方式对位置计数器进行复位、锁存和初始化。位置比较单元主要由 32 位比较寄存器 QPOSCMP 组成，当位置计数器与比较寄存器发生比较匹配时，可输出 PCSOUT 信号，经 QDU 子模块选择从 EQEPxI 或 EQEPxS 引脚输出。

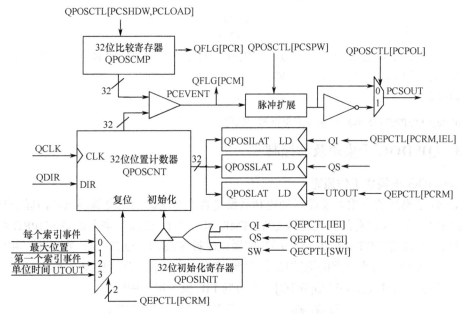

图 5-7 位置计数和控制 PCCU 子模块结构图

（1）位置计数单元的操作

不同的运动系统对计数器复位要求并不相同。位置计数单元提供 4 种复位模式，即每个索引事件复位、计数器最大位置复位、第一个索引事件复位和单位时间 UTOUT 复位。复位模式由控制寄存器 QEPCTL[PCRM]位的设置决定。其中，计数器最大位置复位和第一个索引事件复位主要应用于需要多圈计数和需要提供相对于初始位置的计数信息的情况。如电机朝一个方向连续运行直至到达某一位置或接到外部命令后停止；每个索引事件复位模式为每转一圈复位一次，它可提供相对于索引事件后的转角；单位时间 UTOUT 复位主要用于测量频率。

当计数器加计数溢出时，QPOSCNT=QPOSMAX，复位到 0。当计数器减计数溢出时，QPOSCNT=0，复位到 QPOSMAX。当加、减计数溢出时，分别置位中断标志寄存器的 QFLG[PCO]和 QFLG[PCU]位，并向 PIE 模块申请中断。

（2）锁存单元的操作

锁存单元主要由 QPOSILAT、QPOSSLAT 和 QPOSLAT 这 3 个锁存器组成。QPOSILAT 用于锁存索引 QI 到来时位置计数器的值；QPOSSLAT 用于锁存索引 QS 到来时位置计数器的值；QPOSLAT 用于锁存单位时间 UTOUT 到来时位置计数器的值。

（3）初始化的操作

位置计数器可由索引事件、选通事件或软件编程进行初始化。当设置的初始化事件发生时，位置计数器初始化寄存器 QPOSINIT 的初值将装载到位置计数器 QPOSCNT 中。

索引事件初始化由 QEPCTL[IEI]选择在上升沿或下降沿初始化，并在初始化完成后置位索引事件中断标志位 QFLG[IEL]。

选通事件初始化由 QEPCTL[SEI]选择在上升沿或下降沿初始化，并在初始化完成后置位选通事件中断标志位 QFLG[SEL]。

软件初始化可通过向 QEPCTL[SWI]写 1 实现，且初始化完成后将自动清除该位。

（4）位置比较单元操作

位置比较单元工作过程为：若 QPOSCTL[PCE]设置为使能，则计数器 QPOSCNT 在计数过程中将会与比较寄存器 QPOSCMP 的值进行比较，当两者相等时产生匹配事件，此时将置位中断标志寄存器 QFLG[PCM]位，并触发脉冲扩展器产生脉宽可调的位置比较同步信号 PCSOUT，其极性可由位置比较控制寄存器 QPOSCTL[PCPOL]位设定。比较寄存器 QPOSCMP 同 ePWM 模块一样，是双缓冲结构，其动作和映射模式由 QPOSCTL[PCSHDW]位设定，装载模式由 QPOSCTL[PCLOAD]位设定。当比较匹配事件发生时，置位 QFLG[PCR] 位。

2．PCCU 子模块的寄存器

（1）控制寄存器 QEPCTL

15 14	13 12	11 10	9 8	7	6	5 4	3	2	1	0
FREE,SOFT	PCRM	SEI	IEI	SWI	SEL	IEL	QPEN	QCLM	UTE	WDE
R/W-0	R/W-0	R/W-0	R/W-0	R/W-0	R/W-0	R/W-0	R/W-0	R/W-0	R/W-0	R/W-0

位域	名称	描述
15～14	FREE,SOFT	仿真模式位：0—禁止；1—允许
13～12	PCRM	位置计数器复位模式： 00—每个索引事件复位；01—最大位置复位； 10—第一个索引事件复位；11—单位时间 UTOUT 复位
11～10	SEI	选通事件初始化（位置计数器）时刻位： 00 和 01—不执行任何操作；10—上升沿；11—正向上升沿，反向下降沿
9～8	IEI	索引事件初始化（位置计数器）时刻位： 00 和 01—不执行任何操作；10—上升沿；11—正向上升沿，反向下降沿
7	SWI	软件初始化（位置计数器）时刻位： 0—无操作；1—软件启动初始化，并不自动清除该位
6	SEL	选通锁存时刻位： 0—上升沿；1—正向上升沿，反向下降沿
5～4	IEL	索引锁存时刻位： 00—保留；01—上升沿；10 下降沿；11—索引标识
3	QPEN	位置计数器使能/软件复位：0—软件复位；1—使能计数器
2	QCLM	捕获锁存模式控制位： 0—CPU 读取位置计数器的值时锁存；1—在时间基准单元超时事件发生时锁存
1	UTE	时间基准单元使能控制位：0—禁止；1—使能
0	WDE	看门狗定时器使能控制位：0—禁止；1—使能

编程代码：

```
EQep1Regs.QEPCTL.bit.RREE_SOFT=2; //仿真挂起时自由运行
EQep1Regs.QEPCTL.bit.PCRM=0; //每个索引事件复位
EQep1Regs.QEPCTL.bit.QCLM=1; //单位时间锁存
EQep1Regs.QEPCTL.bit.UTE=1; //允许 UTIME
```

（2）位置比较控制寄存器 QPOSCTL

15	14	13	12	11					8
PCSHDW	PCLOAD	PCPOL	PCE	PCSPW					
R/W-0	R/W-0	R/W-0	R/W-0	R/W-0					

	7			0

PCSPW
R/W-0

位域	名称	描述
15	PCSHDW	位置比较寄存器映射使能位：0—禁止；1—使能
14	PCLOAD	位置比较寄存器装载模式选择位： 0—QPOSCNT=0 时装载；1—QPOSCNT= QPOSCMP 时装载
13	PCPOL	位置比较同步输出极性控制位：0—高电平有效；1—低电平有效
12	PCE	位置比较使能位：0—禁止；1—使能
11～0	PCSPW	位置比较同步输出脉宽控制位： 0x000—1×4×SYSCLKOUT 周期； 0x001—2×4×SYSCLKOUT 周期； 0xFFF—4096×4×SYSCLKOUT 周期

（3）位置计数器 QPOSCNT

31		0

QPOSCNT
R/W-0

该寄存器是 32 位的位置计数器，根据方向输入对每个 eQEP 脉冲进行增、减计数；该计数器为一个位置的累加，其计数值与给定参考点的位置成比例。

编程代码：

```
pos16bval=(unsigned int)EQep1Regs.QPOSCNT;   //读计数器值
```

（4）位置计数器初始化寄存器 QPOSINIT

31		0

QPOSINIT
R/W-0

该寄存器包含用于根据外部选通或索引事件初始化位置计数器的位置值。位置计数器可以通过软件对其初始化。

（5）最大位置计数寄存器 QPOSMAX

31		0

QPOSMAX
R/W-0

该寄存器保存位置计数器的最大位置的计数器值。

编程代码：

```
EQep1Regs.QPOSMAX=0xFFFFFFFF;   //将最大位置寄存器设置为最大值
```

（6）位置比较寄存器 QPOSCMP

31		0

QPOSCMP
R/W-0

该寄存器中的位置比较值与位置计数器（QPOSCNT）进行比较，以便在比较匹配时产生同步输出或中断。

（7）位置索引锁存寄存器 QPOSILAT

31		0

QPOSILAT
R-0

位置计数器值在索引事件发生时（QEPTCTL[IEL]位定义）被锁存到该寄存器中。

（8）位置选通锁存寄存器 QPOSSLAT

31		0
	QPOSSLAT	
	R-0	

位置计数器值在选通事件发生时（QEPTCTL[SEL]位定义）被锁存到该寄存器中。

（9）位置计数锁存寄存器 QPOSLAT

31		0
	QPOSLAT	
	R-0	

在单位时间溢出时位置计数器值被锁存到该寄存器中。

5.3.5 QCAP 子模块及其控制

QCAP 子模块主要由分频单元、捕获控制单元、比较单元和上升/下降沿检测单元组成，其结构如图 5-8 所示。

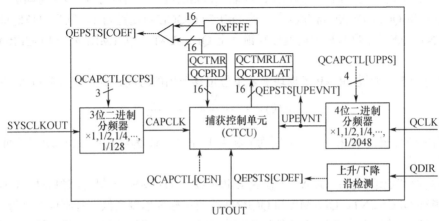

图 5-8　QCAP 子模块结构图

1. QCAP 子模块工作原理

图 5-8 左侧系统时钟信号经过分频后（分频数由 QCAPCTL[CCPS]位决定）得到 CAPCLK 信号，提供给捕获控制单元。图 5-8 右侧 QCLK 信号经分频后（分频数由 QCAPCTL[UPPS]位决定）生成单位位移事件信号 UPEVNT，提供给捕获控制单元。图 5-8 上侧为比较单元，两个单位位移事件之间的间隔计数器 QCTMR 的值不能超过 65536，若超过，则置位捕获上溢错误标志位 QEPSTS[COEF]。图 5-8 右下侧为上升/下降沿检测单元，两个单位位移事件间隔之间电机转向不能改变，若出现电机转向改变，则置位捕获方向错误标志位 QEPSTS[CDEF]，同时置位 QFLG[QDC] 位。

QCAP 子模块的测速原理：捕获计数器 QCTMR 以 CAPCLK 为时基进行增计数，当单位位移事件 UPEVNT 到达时，QCTMR 的值被锁存至捕获周期寄存器 QCPRD 中，并复位捕获计数器 QCTMR。同时，置位 QEPSTS[UPEVNT]位，通知 CPU 读取捕获的结果。在捕获中断服务程序中读取结果后，要通过软件向该标志位写 1 清除。由于每次单位位移事件 UPEVNT 到达时均会使 QCTMR 复位至 0，然后重新进行加计数，所以只要读取捕获周期寄存器 QCPRD 的值，即可获得本次单位位移事件 UPEVNT 所用的时间，即

$$T= (QCPRD+1)\times T_{CAPCLK} \tag{5-4}$$

式中，T 为单位位移事件 UPEVNT 所用的时间。

在低速测量时，必须满足两个条件：其一，在两个单位位移事件间隔之间计数器 QCTMR 的值不能超过 65536；其二，两个单位位移事件间隔之间电机转向不能改变。若出现 QCTMR 的值超过 65536，则置位 QEPSTS[COEF]位；若出现电机转向改变，则置位 QEPSTS[CDEF]位，同时置位 QFLG[QDC]位。通常在中断服务程序中进行速度计算之前，可通过查询这两个标志位来判断是否满足测试条件。

将位置计数和控制子模块 PCCU、正交边沿捕获子模块 QCAP 和时基子模块 UTIME 配合使用，可完成高、低速的同时测量。其原理为：3 个模块同时启动，单位时间事件到达时，同时锁存位置计数器 QPOSCNT、捕获计数器 QCTMR 和捕获周期寄存器 QCPRD 的值；然后根据速度的高、低选择不同的计算方法。速度较低时按照 T 法计算，速度较高时通过选择两个单位时间之间的 QPOSCNT 值获取位移变化量，按 M 法进行计算。

注意：若进行全速测量，则必须同时锁存位置计数器 QPOSCNT、捕获计数器 QCTMR 和捕获周期寄存器 QCPRD 的值。此时，根据 QEPCTL[QCLM]位的不同，有两种锁存方法。QEPCTL[QCLM]设置为 0 时，则当 CPU 读取 QPOSCNT 时，捕获计数器和周期值分别锁存至 QCTMRLAT 和 QCPRDLAT 寄存器中；若 QEPCTL[QCLM]设置为 1，则当单位时间到达时，将 QPOSCNT、捕获计数器和周期值分别锁存至 QPOSLAT、QCTMRLAT 和 QCPRDLAT 寄存器中。

① 低速测量：通过 QCAP 子模块测量单位位移所用的时间，利用式（5-5）完成测量。

$$v_1(k) = \frac{X}{t(k) - t(k-1)} = \frac{X}{\Delta T} \tag{5-5}$$

式中，X 为单位位置；$t(k)$ 和 $t(k-1)$ 分别为 k 和 $k-1$ 时刻；ΔT 为经过单位位移所需的时间；$v_1(k)$ 为时刻 k 的速度。

② 中高速和低速测量：QCAP 子模块与 PCCU 和 UTIME 子模块同时启动，UTOUT 到达时，同时锁存 QPOSCNT、QCTMR 和 QCPRD 的值；根据速度高低选择不同的计算方法。

③ 中高速：读取两个单位时间事件之间的 QPOSCNT 获得位移变化量，然后利用式（5-6）计算速度。

$$v_2(k) = \frac{x(k) - x(k-1)}{T} = \frac{\Delta x}{T} \tag{5-6}$$

式中，$x(k)$ 和 $x(k-1)$ 分别为 k 和 $k-1$ 时刻位置；Δx 为经过单位时间的位移增量；T 为单位时间；$v_2(k)$ 为时刻 k 的速度。

QCAP 子模块测速原理波形图如图 5-9 所示。

2. QCAP 子模块的寄存器

QCAP 子模块有 4 个 16 位数据类寄存器 QCTMR、QCPRD、QCTMRLAT 和 QCPRDLAT，以及 1 个捕获控制寄存器 QCAPCTL。

（1）捕获控制寄存器 QCAPCTL

15	14	7	6	4	3	0
CEN	Reserved		CCPS		UPPS	
R/W-0	R-0		R/W-0		R/W-0	

位域	名称	描述
15	CEN	捕获使能位：0—禁止；1—使能
14～7	Reserved	保留
6～4	CCPS	捕获时钟预分频设置位：CAPCLK = SYSCLKOUT/2^n，n 为[CCPS]位对应的十进制数，例如： 000—CAPCLK = SYSCLKOUT/1； 001—CAPCLK = SYSCLKOUT/2； … 111—CAPCLK = SYSCLKOUT/128
3～0	UPPS	单位位移事件预分频设置位：UPEVNT = QCLK /2^n，n 为[UPPS]位对应的十进制数，例如： 0000—UPEVNT = QCLK/1； 0001—UPEVNT = QCLK/2； … 1011—UPEVNT = QCLK/2048； 11xx—保留

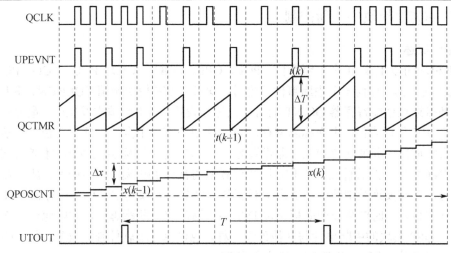

图 5-9　QCAP 子模块测速原理波形图

编程代码：

```
EQep1Regs.QCAPCTL.bit. QPEN=1；  //使能 eQEP 模块
EQep1Regs.QCAPCTL.bit.UPPS=5；   //单位位移事件预分频
EQep1Regs.QCAPCTL.bit.CCPS=7；   //捕获时钟预分频
EQep1Regs.QCAPCTL.bit.CEN=1；    //使能 eQEP 模块捕获
```

（2）捕获计数器 QCTMR

15		0
	QCTMR	

R/W

该寄存器为边沿捕获单元提供时间基准。

（3）捕获周期寄存器 QCPRD

15		0
	QCPRD	

R/W

该寄存器保存最后两个连续 eQEP 位置事件之间的周期计数值。

（4）捕获时间锁存寄存器 QCTMRLAT

15		0
	QCTMRLAT	
	R/W	

eQEP 捕获计数器值可以在两个事件（即单元超时事件和读取 eQEP 位置计数器）上被锁存到该寄存器中。

（5）捕获周期锁存寄存器 QCPRDLAT

15		0
	QCPRDLAT	
	R/W	

eQEP 捕获周期值可以在两个事件（即单元超时事件和读取 eQEP 位置计数器）上被锁存到该寄存器中。

5.3.6　eQEP 模块的中断控制

1．中断概述

eQEP 模块可以生成 11 个中断事件（PCE、QPE、QDC、WTO、PCU、PCO、PCR、PCM、SEL、IEL 和 UTO）。任何一个中断事件发生时，均可向 PIE 模块申请 EQEPxINT 中断，各中断源的使能都可通过使能寄存器 QEINT 的对应位进行设置，当中断请求发生时，置位中断标志寄存器 QFLG 相应的标志位。中断标志寄存器 QFLG 中还有一个全局中断标志位，当某一中断发生时，只有相应的中断使能位使能（即设置为 1），且同时全局标志位为 0，才能向 PIE 模块申请 EQEPxINT 中断。然后置位 INT 位，阻止该模块再次向 PIE 模块申请中断。所以在编写中断服务程序时，若需要连续中断，在退出中断服务程序前，必须向中断标志寄存器 QFLG 相应位写 1 清除标志位，同时向全局中断标志位 INT 写 1 清除该中断标志位，才能允许下次中断的申请。此外，eQEP 模块的中断事件与其他外设一样，也可以通过软件强制发生，即向强制中断寄存器 QFRC 的相应位写 1，可强制一次中断发生。

2．中断寄存器

（1）中断使能寄存器 QEINT

7	6	5	4	3	2	1	0
PCR	PCO	PCU	WTO	QDC	QPE	PCE	Reserved
R/W-0	R/W-0	R/W-0	R/W-0	R/W-0	R/W-0	R/W-0	R-0

位域	名称	描述
15～12	Reserved	保留
11	UTO	单位时间超时中断使能位：0—禁止；1—使能
10	IEL	索引事件中断使能位：0—禁止；1—使能
9	SEL	选通事件中断使能位：0—禁止；1—使能
8	PCM	位置比较匹配中断使能位：0—禁止；1—使能
7	PCR	位置比较匹配准备中断使能位：0—禁止；1—使能
6	PCO	位置计数上溢中断使能位：0—禁止；1—使能

位域	名称	描述
5	PCU	位置计数下溢中断使能位：0—禁止；1—使能
4	WTO	看门狗超时中断使能位：0—禁止；1—使能
3	QDC	解码计数方向改变中断使能位：0—禁止；1—使能
2	QPE	解码相位错误中断使能位：0—禁止；1—使能
1	PCE	位置计数错误中断使能位：0—禁止；1—使能
0	Reserved	保留

编程代码：

```
EQep1Regs.QEINT.bit.QDC=1;   //解码计数方向改变中断使能
```

（2）中断标志寄存器 QFLG

15				12	11	10	9	8
Reserved					UTO	IEL	SEL	PCM
R-0					R-0	R-0	R-0	R-0

7	6	5	4	3	2	1	0
PCR	PCO	PCU	WTO	QDC	PHE	PCE	INT
R-0	R-0	R-0	R-0	R-0	R-0	R-0	R-0

位域	名称	描述
15~12	Reserved	保留
11	UTO	单位时间超时中断标志位：0—无中断发生；1—有单位时间超时中断发生
10	IEL	索引事件中断标志位：0—无中断发生；1—有索引事件中断发生
9	SEL	选通事件中断标志位：0—无中断发生；1—有选通事件中断发生
8	PCM	位置比较匹配中断标志位：0—无中断发生；1—有位置比较匹配中断发生
7	PCR	位置比较匹配准备中断标志位：0—无中断发生；1—有位置比较匹配准备中断发生
6	PCO	位置计数上溢中断标志位：0—无中断发生；1—有位置计数上溢中断发生
5	PCU	位置计数下溢中断标志位：0—无中断发生；1—有位置计数下溢中断发生
4	WTO	看门狗超时中断标志位：0—无中断发生；1—有看门狗超时中断发生
3	QDC	解码计数方向改变中断标志位：0—无中断发生；1—有解码计数方向改变中断发生
2	PHE	解码相位错误中断标志位：0—无中断发生；1—有解码相位错误中断发生
1	PCE	位置计数错误中断标志位：0—无中断发生；1—有位置计数错误中断发生
0	INT	总中断标志位：0—无中断发生；1—有中断发生

（3）中断标志清除寄存器 QCLR

15				12	11	10	9	8
Reserved					UTO	IEL	SEL	PCM
R-0					R/W-0	R/W-0	R/W-0	R/W-0

7	6	5	4	3	2	1	0
PCR	PCO	PCU	WTO	QDC	PHE	PCE	INT
R/W-0	R/W-0	R/W-0	R/W-0	R/W-0	R/W-0	R/W-0	R/W-0

位域	名称	描述
15～12	Reserved	保留
11	UTO	单位时间超时中断标志清除位：0—无效；1—清除标志位
10	IEL	索引事件中断标志位：0—无效；1—清除标志位
9	SEL	选通事件中断标志清除位：0—无效；1—清除标志位
8	PCM	位置比较匹配中断标志清除位：0—无效；1—清除标志位
7	PCR	位置比较匹配准备中断标志清除位：0—无效；1—清除标志位
6	PCO	位置计数上溢中断标志清除位：0—无效；1—清除标志位
5	PCU	位置计数下溢中断标志清除位：0—无效；1—清除标志位
4	WTO	看门狗超时中断标志清除位：0—无效；1—清除标志位
3	QDC	解码计数方向改变中断标志清除位：0—无效；1—清除标志位
2	PHE	解码相位错误中断标志清除位：0—无效；1—清除标志位
1	PCE	位置计数错误中断标志清除位：0—无效；1—清除标志位
0	INT	总中断标志清除位：0—无效；1—清除标志位

编程代码：

```
EQep1Regs.QCLR.bit.UTO=1;   //清除单位时间超时中断标志位
```

（4）强制中断寄存器 QFRC

15				12	11	10	9	8
		Reserved			UTO	IEL	SEL	PCM
		R-0			R/W-0	R/W-0	R/W-0	R/W-0

7	6	5	4	3	2	1	0
PCR	PCO	PCU	WTO	QDC	PHE	PCE	Reserved
R/W-0	R/W-0	R/W-0	R/W-0	R/W-0	R/W-0	R/W-0	R-0

位域	名称	描述
15～12	Reserved	保留
11	UTO	强制单位时间超时中断位：0—无效；1—强制中断
10	IEL	强制索引事件中断位：0—无效；1—强制中断
9	SEL	强制选通事件中断位：0—无效；1—强制中断
8	PCM	强制位置比较匹配中断位：0—无效；1—强制中断
7	PCR	强制位置比较匹配准备中断位：0—无效；1—强制中断
6	PCO	强制位置计数上溢中断位：0—无效；1—强制中断
5	PCU	强制位置计数下溢中断位：0—无效；1—强制中断
4	WTO	强制看门狗超时中断位：0—无效；1—强制中断
3	QDC	强制解码计数方向改变中断位：0—无效；1—强制中断
2	PHE	强制解码相位错误中断位：0—无效；1—强制中断
1	PCE	强制位置计数错误中断位：0—无效；1—强制中断
0	Reserved	保留

（5）QEP 状态寄存器 QEPSTS

15							8
			Reserved				
			R-0				

7	6	5	4	3	2	1	0
UPEVNT	FIDF	QDF	QDLF	COEF	CDEF	FIMF	PCEF
R-0	R-0	R-0	R-0	R/W-1	R/W-1	R/W-1	R-0

位域	名称	描述
15～8	Reserved	保留
7	UPEVNT	单位位移事件标志位：0—无单位位移事件发生；1—单位位移事件发生，写 1 清 0
6	FIDF	第一个索引事件被锁存时的方向状态标志位： 0—第一个索引事件的逆时针旋转（或反向旋转）； 1—第一个索引事件的顺时针旋转（或正向旋转）
5	QDF	正交方向标志位：0—逆时针旋转（或反向旋转）；1—顺时针旋转（或正向旋转）
4	QDLF	方向锁存标志位：在每个索引事件标记上锁定方向的状态。 0—索引事件标记的逆时针旋转（或反向旋转）； 1—索引事件标记的顺时针旋转（或正向旋转）
3	COEF	捕获上溢错误标志位： 0—通过写 1 清除；1—eQEP 捕获计数器（QEPCTMR）中发生 1 溢出
2	CDEF	捕获方向错误标志位： 0—通过写 1 清除；1—在捕获位置事件之间发生了一个方向的变化
1	FIMF	第一索引事件标记标志位：0—通过写 1 清除；1—通过第一次出现索引脉冲来设置
0	PCEF	位置计数器错误标志位：每个索引事件都对其更新。 0—上次索引转换期间没有发生错误；1—位置计数器错误

编程代码：

```
EQep1Regs.QEPSTS.bit.UPEVNT=1;  //单位位移事件发生
EQep1Regs.QEPSTS.bit.COEF=0;   //未溢出
EQep1Regs.QEPSTS.all=0x88;  //清除单位位移标志位和溢出错误标志位
```

5.4 eQEP 模块应用例程

例程要求：已知电机转速范围为 10～6000r/min，利用 ePWM 模块和 GPIO4 模拟 1000 线正交编码器，具体为利用 EPWM1A 和 EPWM1B 输出正交信号模拟 QEPA 和 QEPB；利用 GPIO4 模拟 EQEP1。要求利用 EQEP1 进行测量电机任意时刻的转角和转速。

1. 测试方案选择

由于被测电机转速范围较广，即 10～6000r/min，需要采用低速和中高速同时测量。低速时采用 QCAP 模块进行位移与速度测量；中高速测量采用 PCCU 和 UTIME 子模块配合实现。

2. 软件编程说明

根据正交编码的模拟和测速方案分析，程序主要用到 EPWM1 和 EQEP1，软件包含主函数、EPWM1 和 EQEP1 初始化函数及测速子函数。

（1）EPWM1 初始化函数

要求 EPWM1A 和 EPWM1B 输出正交信号为 5kHz。设系统时钟 150MHz，TB 不分频，采用连续增减计数模式，则 TB 模块周期寄存器的值为

$$(150000kHz/5kHz)/2=15000$$

要求 EPWM1A 和 EPWM1B 输出为正交信号，占空比为 50%，则比较寄存器值为

$$CMPR=7500$$

在 EPWM1A 的 AQ 模块中，设置加匹配置高、减匹配置低；在 EPWM1B 的 AQ 模块中，设置周期匹配置高，0 匹配置低，产生相位差为 90°的正交信号。

（2）EQEP1 初始化函数

将正交解码子模块 QDU 设置为正交计数模式，UTIME 子模块的时基计数周期值为

1500000，单位时间设置为 1500000/150MHz=10ms，PCCU 子模块设置为每个索引事件复位，QPOSMAX=0xFFFFFFFF。QCAP 子模块的单位位移预分频系数为 32，系统时钟预分频系数为128。当单位时间到达时，将 QPOSCNT、捕获定时器和周期值分别锁存至 QPOSLAT、QCTMRLAT 和 QCPRDLAT 寄存器中。

（3）测速子函数

低速时采用 QCAP 子模块进行位移与速度测量。由于题目要求最低转速为 10r/min，所以将QCLK 经 32 分频后作为单位位移事件 UPEVNT，寄存器设置为 QCAPCTL[UPPS]=0101B；将SYSCLKOUT 经 128 分频后作为捕获单元的时基 CAPCLK，寄存器设置为QCAPCTL[CCPS]=111B。当电机的转速较低时，根据式（5-5）进行测速；当电机的转速为中高速时，采用式（5-6）进行测速。具体内容详见 TI 公司官方例程说明。

3．软件代码

```
#include "DSP28x_Project.h"
#include "Example_posspeed.h"
void initEpwm();
interrupt voi dprdTick(void);
POSSPEED qep_posspeed=POSSPEED_DEFAULTS;
Uint16 Interrupt_Count=0;

void main(void)
{
InitSysCtrl();
InitEQep1Gpio();
InitEPwm1Gpio();
EALLOW;
GpioCtrlRegs.GPADIR.bit.GPIO4=1;//GPIO4 模拟索引信号
GpioDataRegs.GPACLEAR.bit.GPIO4=1;//正常为低电平
EDIS;
DINT;
InitPieCtrl();
IER=0x0000;
IFR=0x0000;
InitPieVectTable();
EALLOW;
PieVectTable.EPWM1_INT=&prdTick;
EDIS;
initEpwm();
IER|=M_INT3;
PieCtrlRegs.PIEIER3.bit.INTx1=1;
EINT;
ERTM;
qep_posspeed.init(&qep_posspeed);
    for(;;)
    {}
}

interrupt void prdTick(void)//EPWM1 每 4 个 QCLK 计数中断一次（一个 PWM 周期）
```

```c
{Uint 16i ;
//位置和速度测量
qep_posspeed.calc(&qep_posspeed);
//Control loop code for position control&Speed contol
Interrupt_Count++;
if(Interrupt_Count==1000)//每 1000 次中断 (4000 QCLK 计数或 1 转)
{
EALLOW;
GpioDataRegs.GPASET.bit.GPIO4=1;//索引信号 (每转 1 个)
for(i=0;i<700;i++){
}
GpioDataRegs.GPACLEAR.bit.GPIO4=1;
    Interrupt_Count=0;//复位中断计数器
    EDIS;
}
PieCtrlRegs.PIEACK.all=PIEACK_GROUP3;
EPwm1Regs.ETCLR.bit.INT=1;
}

#include "DSP28x_Project.h"
#include "Example_posspeed.h"
void POSSPEED_Init(void)
{
EQep1Regs.QUPRD=1500000;                    //定时周期，其频率在 150MHz SYSCLKOUT 时为 100Hz
    EQep1Regs.QDECCTL.bit.QSRC=00;          //eQEP 正交计数模式
    EQep1Regs.QEPCTL.bit.FREE_SOFT=2;
    EQep1Regs.QEPCTL.bit.PCRM=00;           //PCRM=00 模式-QPOSCNT 索引事件复位
    EQep1Regs.QEPCTL.bit.UTE=1;             //启用单位超时
    EQep1Regs.QEPCTL.bit.QCLM=1;            //单位超时锁存
    EQep1Regs.QPOSMAX=0xffffffff;
    EQep1Regs.QEPCTL.bit.QPEN=1;            //eQEP 使能

    EQep1Regs.QCAPCTL.bit.UPPS=5;           //1/32 for unit position
    EQep1Regs.QCAPCTL.bit.CCPS=7;           //1/128 for CAP clock
    EQep1Regs.QCAPCTL.bit.CEN=1;            //eQEP 捕获使能
}

void POSSPEED_Calc(POSSPEED*p)
{
long tmp;
unsigned int pos16bval,temp1;
    _iqTmp1,newp,oldp;
//****Position calculation-mechanical and electrical motor angle****//
    p->DirectionQep=EQep1Regs.QEPSTS.bit.QDF;//电机转向:0=CCW/反转,1=CW/正转
    pos16bval=(unsignedint)EQep1Regs.QPOSCNT;//每个 QA/QB 周期捕获一次位置
    p->theta_raw=pos16bval+p->cal_angle;//raw theta=current pos.+ang.offset from QA
    //下面计算 p->theta_mech~=QPOSCNT/mech_scaler[current cnt/(total cnt in1 rev.)]
    //其中,mech_scaler=4000cnts/revolution
    tmp=(long)((long)p->theta_raw*(long)p->mech_scaler); //Q0*Q26=Q26
    tmp&=0x03FFF000;
```

```
                    p->theta_mech=(int)(tmp>>11);              //Q26->Q15
                    p->theta_mech&=0x7FFF;
                    //下面计算 p->elec_mech
                    p->theta_elec=p->pole_pairs*p->theta_mech;//Q0*Q15=Q15
                    p->theta_elec&=0x7FFF;
                    //Check an index occurrence
                    if(EQep1Regs.QFLG.bit.IEL==1)
                    {
                    p->index_sync_flag=0x00F0;
                    EQep1Regs.QCLR.bit.IEL=1;                                  //清中断标志
                    }
//****使用 QEP 位置计数器进行高速计算 ****//
//检查速度计算的单位超时事件
//在中断中，单位定时器配置为 100Hz
        if(EQep1Regs.QFLG.bit.UTO==1)//If unit time out(one 100Hz period)
        {
            /**Differentiator **/
            //下面计算 position=(x2-x1)/4000(position in 1 revolution)
            pos16bval=(unsigned int)EQep1Regs.QPOSLAT;    //锁存 POSCNT 的值
            tmp=(long)((long)pos16bval*(long)p->mech_scaler);//Q0*Q26=Q26
            tmp&=0x03FFF000;
            tmp=(int)(tmp>>11);                    //Q26->Q15
            tmp&=0x7FFF;
            newp=_IQ15toIQ(tmp);
            oldp=p->oldpos;
            if(p->DirectionQep==0)                                //POSCNT 减计数
            {
            if(newp>oldp)
                    Tmp1=-(_IQ(1)-newp+oldp);//x2-x1 应为负
            else
                    Tmp1=newp-oldp;
            }
            elseif(p->DirectionQep==1)                          //POSCNT 增计数
            {
            if(newp<oldp)
                    Tmp1=_IQ(1)+newp-oldp;
            else
                    Tmp1=newp-oldp;//x2-x1 应为正
            }
            if(Tmp1>_IQ(1))
                    p->Speed_fr=_IQ(1);
            elseif(Tmp1<_IQ(-1))
            p->Speed_fr=_IQ(-1);
            else
            p->Speed_fr=Tmp1;
            //更新电角度
            p->oldpos=newp;
            //将电机速度的标幺值更改为 rpm 值 (Q15->Q0)
            //Q0=Q0*GLOBAL_Q=>_IQXmpy(),X=GLOBAL_Q
```

```
                    p->SpeedRpm_fr=_IQmpy(p->BaseRpm,p->Speed_fr);
                    //===============================
                    EQep1Regs.QCLR.bit.UTO=1;                          //清中断标志
        }

//****利用 QEP 捕获计数器进行低速计算 ****//
        if(EQep1Regs.QEPSTS.bit.UPEVNT==1)//单位位移事件
        {
                if(EQep1Regs.QEPSTS.bit.COEF==0)//无捕获溢出
                        temp1=(unsigned long)EQep1Regs.QCPRDLAT;//temp1=t2-t1
                else                                    //捕获溢出,结果被覆盖?
                        temp1=0xFFFF;

                p->Speed_pr=_IQdiv(p->SpeedScaler,temp1);//p->Speed_pr=p->SpeedScaler/temp1
                Tmp1=p->Speed_pr;
                if(Tmp1>_IQ(1))
                        p->Speed_pr=_IQ(1);
                else
                        p->Speed_pr=Tmp1;
        //Convertp->Speed_prtoRPM
                if(p->DirectionQep==0)//反向为负
                p->SpeedRpm_pr=-_IQmpy(p->BaseRpm,p->Speed_pr);//Q0=Q0*GLOBAL_Q=>_IQXmpy(),
                                                                //X=GLOBAL_Q

                else//正向为正
                p->SpeedRpm_pr=_IQmpy(p->BaseRpm,p->Speed_pr);//Q0=Q0*GLOBAL_Q=>_IQXmpy(),
                                                                //X=GLOBAL_Q
                EQep1Regs.QEPSTS.all=0x88;              //清单位位移事件标志位
                                                        //清溢出错误标志位

        }
#include "DSP28x_Project.h"
#include "Example_posspeed.h"
#define CPU_CLK150e6
#endif
#define PWM_CLK5e3//5kHz(300rpm) ,可以修改 EPWM1 的频率
#define SPCPU_CLK/(2*PWM_CLK)
#define TBCTLVAL0x200E//增减计数,时基为 SYSCLKOUT

void initEpwm()
{
        EPwm1Regs.TBSTS.all=0;
        EPwm1Regs.TBPHS.half.TBPHS=0;
        EPwm1Regs.TBCTR=0;
        EPwm1Regs.CMPCTL.all=0x50;
        EPwm1Regs.CMPA.half.CMPA=SP/2;
        EPwm1Regs.CMPB=0;
        EPwm1Regs.AQCTLA.all=0x60;
        EPwm1Regs.AQCTLB.all=0x09;
        EPwm1Regs.AQSFRC.all=0;
```

```
        EPwm1Regs.AQCSFRC.all=0;

        EPwm1Regs.TZSEL.all=0;
        EPwm1Regs.TZCTL.all=0;
        EPwm1Regs.TZEINT.all=0;
        EPwm1Regs.TZFLG.all=0;
        EPwm1Regs.TZCLR.all=0;
        EPwm1Regs.TZFRC.all=0;

        EPwm1Regs.ETSEL.all=0x0A;
        EPwm1Regs.ETPS.all=1;
        EPwm1Regs.ETFLG.all=0;
        EPwm1Regs.ETCLR.all=0;
        EPwm1Regs.ETFRC.all=0;

        EPwm1Regs.PCCTL.all=0;

        EPwm1Regs.TBCTL.all=0x0010+TBCTLVAL;//使能定时器
        EPwm1Regs.TBPRD=SP;
    }
    }
```

思考与练习题

5-1　基于光电编码器常用的测速方法主要有哪几种?各自的特点是什么?

5-2　简述 TMS320F28335 eQEP 的 PCCU 子模块工作原理。

5-3　简述 TMS320F28335 eQEP 的 QCAP 子模块工作原理。

5-4　简述 TMS320F28335 eQEP 的中断控制。

5-5　已知电机转速范围为 5～3000r/min，极对数 $P=4$，编码器为 1000 线正交编码器。要求利用 EQEP2 测量电机任意时刻的机械转角、电转角和转速，写出主程序、初始化程序和中断服务程序的代码。

第6章 ADC模块工作原理与应用

TMS320F28335 内部集成有 ADC（A/D 转换器）模块，可以将模拟电压信号转换为数字信号，以适应控制系统的要求。ADC 模块的具体特点如下：内置采样保持的 12 位 A/D 转换器；16 个模拟输入通道，可分为两组，每组有一个采样保持器（S/H）；输入电压 0～3V；具有快速转换功能，ADC 时钟频率为 12.5MHz；有级联排序器和双排序器两种排序模式；有连续转换和启动/停止两种转换模式；有顺序采样和同步采样两种采样模式。

6.1 ADC 模块结构及工作原理

ADC 模块结构如图 6-1 所示，主要由两个通道选择器 MUXA 和 MUXB、两个采样保持器、一个 12 位 A/D 转换器、16 个结果寄存器（ADCRESULT）、自动排序器等组成。

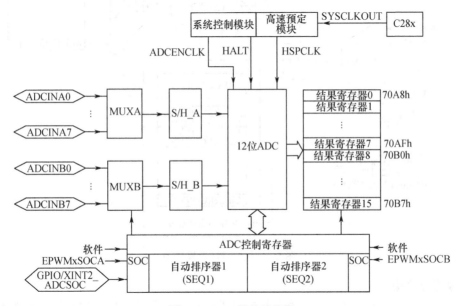

图 6-1　ADC 模块结构图

6.1.1 排序器工作原理

ADC 模块的 16 路输入通道和 2 个采样保持器如何组合、先后转换顺序如何确定、如何响应触发源，是由 2 个 8 通道自动排序器（SEQ1/SEQ2）完成的。这两个排序器可以独立使用，这样可以两组 8 个通道分别排序，就可以同时响应 2 路触发源；也可以级联使用，这样就是一组 16 个通道分别排序，只能响应 1 路触发源。级联排序器或双排序器模式主要由控制寄存器 ADCTRL1[SEQ_CASC]设定。

程序代码为：

```
AdcRegs.ADCTRL1.bit.SEQ_CASC=1;  //级联排序器模式
AdcRegs.ADCTRL1.bit.SEQ_CASC=0;  //双排序器模式
```

1．级联排序器模式

级联排序器模式如图 6-2 所示，自动排序器将 16 个模拟通道级联起来顺序转换，最多一次可以转换 16 个通道。可利用自动排序器中的最大转换通道数寄存器（ADCMAXCONV）设置需要转换的通道数，通道数在此模式下最大为 16，通道选择寄存器（ADCCHSELSEQn）设置通道采样的顺序。当 ADC 模块接收到来自软件、EPWMxSOCA、EPWMxSOCB 或外部引脚 GPIO/XINT2_ADCSOC 的触发信号时，ADC 模块按照通道排序寄存器设置，逐个进行采样、保持和 A/D 转换，最终将转换结果按照排序器所设置的顺序，依次存入结果寄存器（ADCRESULT0～15）中。一个序列转换完成后，可申请中断或通过查询状态位的方法读出转换结果。

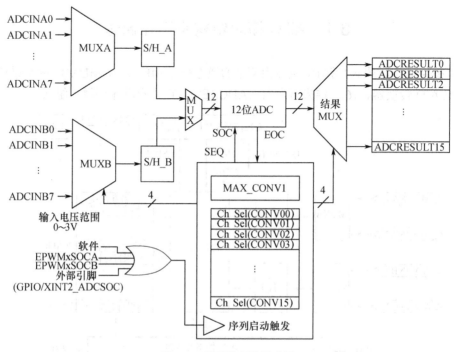

图 6-2　级联排序器模式图

2．双排序器模式

双排序器模式如图 6-3 所示。与级联排序器模式不同的是，排序时这 16 个通道被分成两组，每组 8 个通道，每组都有自己的自动排序器（包括最大通道数寄存器和通道选择寄存器）和转换结果寄存器，其触发单元也有两个。对于自动排序器 1，其触发信号有软件、EPWMxSOCA 或外部引脚 GPIO/XINT2_ADCSOC，共 3 个。对于自动排序器 2，只有软件和 EPWMxSOCB 共 2 个触发信号。自动排序器能够在一次排序过程中对 8 个任意通道进行排序转换，每次的转换结果都保存在对应的结果寄存器（ADCRESULT）中，这些寄存器由低地址到高地址一次进行填充。由于 ADC 模块只有一个 A/D 转换器，若两个自动排序器同时触发，则由序列仲裁器判定优先顺序。

显然，级联排序器模式操作简单，但其响应触发源是唯一的，而双排序器模式复杂，可以分别响应各自的触发源。

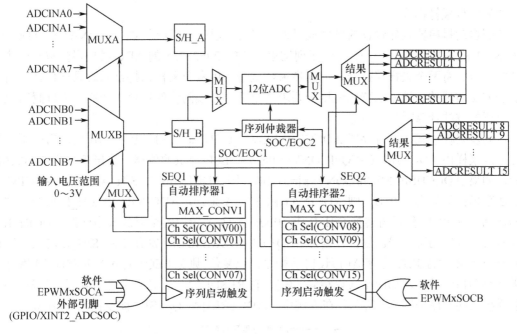

图 6-3 双排序器模式图

6.1.2 采样模式和通道选择

1. 采样模式

ADC 模块的采样模式有两种：顺序采样模式和同步采样模式。顺序采样模式和同步采样模式的选择由控制寄存器 ADCTRL3[SMODE_SEL]位决定。

（1）顺序采样模式

按照自动排序器预先设置的顺序依次采样，每次采样一个通道,如 ADCINA1、ADCINA2、…ADCINB1、 ADCINB2…， 直 到 序 列 结 束。 在 顺 序 采 样 模 式 下， 通 道 选 择 寄 存 器 CHSELSEQn[CONVxx]的所有 4 位定义输入引脚。MSB 定义与输入引脚关联的采样保持器 （S/H_A/B），3 个 LSB 定义偏移量。例如，如果 CHSELSEQn[CONVxx]= 0101B，则 ADCINA5 是选定的输入引脚；如果 ADCCHSELSEQn[CONVxx]=1011B,则 ADCINB3 是选定的输入引脚。顺序采样模式的时序如图 6-4 所示，在本例中，ADCTRL1[ACQ_PS]位被设置为 0001B。

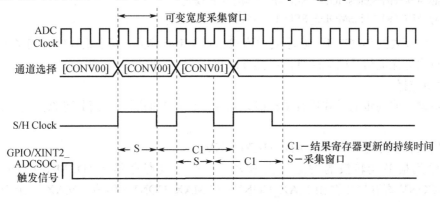

图 6-4 顺序采样模式时序图

（2）同步采样模式

按照自动排序器预先设置的顺序成对采样，每次采样一对通道，如 ADCINA1 和 ADCINB1，ADCINA2 和 ADCINB2，……，直到序列结束。TMS320F28335 的 ADC 模块虽然只有一个 A/D 转换器，但它有两个采样保持器，而同步采样就是利用两个采样保持器同时采样保持，再分别转换的方法实现的。该方法特别适用于要求两个信号必须同步的场合，如通过采样瞬时电流和瞬时电压的方法计算瞬时功率等。

在同步采样模式下，寄存器 ADCCHSELSEQn[CONVxx]的 MSB 不起作用。每个采样和保持缓冲区采样由 ADCCHSELSEQn[CONVxx]的 3 个 LSB 提供的偏移量给出需采样的相关引脚。例如，如果 ADCCHSELSEQn[CONVxx]=0110B，则 ADCINA6 由 S/H_A 采样，ADCINB6 由 S/H_B 采样；如果为 1001B，则 ADCINA1 由 S/H_A 采样，ADCINB1 由 S/H_B 采样。首先转换 S/H_A 中的电压，然后再转换 S/H_B 中的电压。S/H_A 转换的结果放入当前的 ADCRESULTn 寄存器（假设自动排序器已复位，则为 SEQ1 的 ADCRESULT0 寄存器）。S/H_B 转换的结果放入下一个 ADCRESULTn 寄存器（假设自动排序器已复位，则为 SEQ1 的 ADCRESULT1 寄存器）。结果寄存器指针随后增加两个（以指向 SEQ1 的 RESULT2，前提假设自动排序器已复位）。同步采样模式的时序如图 6-5 所示，在本例中，ADCTRL1[ACQ_PS]位被设置为 0001B。

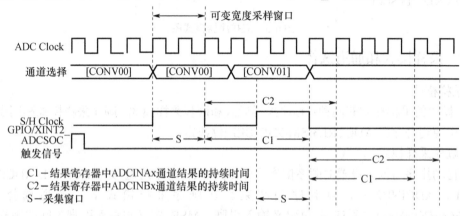

图 6-5 同步采样模式时序图

采样模式选择编程代码：

```
AdcRegs.ADCTRL3.bit.SMODE_SEL=0;   //顺序采样模式
AdcRegs.ADCTRL3.bit.SMODE_SEL=1;   //同步采样模式
```

两种采样模式的不同在于，顺序采样模式相当于串行模式，同步采样模式相当于并行模式。同步采样模式能保证信号的同时性，显然要求更高。

2. 通道选择

在利用顺序或同步的模式进行采样时，需要明确通道的顺序，而其可以由两个寄存器进行设置。

（1）最大转换通道数寄存器 ADCMAXCONV

一个序列最多能转换的通道数由最大转换通道数寄存器（ADCMAXCONV）设定，ADCMAXCONV 寄存器主要由 MAX_CONV1 和 MAX_CONV2 组成。MAX_CONV1 为 4 位，应用于级联排序器模式 SEQ 和双排序器模式 SEQ1 的最大转换通道数设置。MAX_CONV2 为 3 位，应用于双排序器模式 SEQ2 的最大转换通道数设置。因通道数从零开始计数，顺序采样时，若需采样的通道数为 5，则需对 MAX_CONV1 赋值为 4；同步采样时，若需采样的通道对数为

2，则需对 MAX_CONV1 赋值为 1。

15							8
			Reserved				
			R-0				

7	6		4	3			0
Reserved		MAX_CONV2			MAX_CONV1		
R-0		R/W-0			R/W-0		

编程代码：

```
AdcRegs.ADCMAXCONV.all=0x0004;  //顺序采样时 SEQ 转换 5 个通道,因为从 0 开始
AdcRegs.ADCMAXCONV.all=0x0001;  //同步采样时 SEQ 转换 2 对 4 个通道,因为从 0 开始
```

（2）通道选择寄存器 ADCCHSELSEQn

通道选择寄存器 ADCCHSELSEQn 决定通道采样的顺序，因为 ADC 模块共有 16 个通道，对 16 个通道的每个通道进行编码，需要 4 位二进制数。而 16 位通道选择寄存器最多只能存放 4 个通道的编号，因此对 16 个通道进行编码，则需要 4 个通道选择寄存器 ADCCHSELSEQ1～4。

15		12	11		8	7		4	3		0
	CONV03			CONV02			CONV01			CONV00	
	R/W-0			R/W-0			R/W-0			R/W-0	

① 顺序采样：按照设置的顺序一个通道一个通道地采样。CONVxx 的 4 位均用来定义输入引脚：最高位为 0—采样 A 组（S/H_A），1—采样 B 组（S/H_B）；低 3 位定义偏移量。

例如，要采样的通道数为 5 个，选择顺序采样模式，期望的采样顺序为 ADCINA1、ADCINA2、ADCINA3、ADCINB0、ADCINB1，则通道选择寄存器 CHSELSEQn 的赋值情况为：

CHSELSEQ1			
1000	0011	0010	0001

CHSELSEQ2			
			1001

级联排序器模式下顺序采样的程序代码：

```
AdcRegs.ADCTRL1.bit.SEQ_CASC=1;    //级联排序器模式
AdcRegs.ADCTRL3.bit.SMODE_SEL=0;   //顺序采样
AdcRegs.ADCMAXCONV.all=0x0004;     //SEQ 转换 5 个通道,因为从 0 开始
AdcRegs.ADCCHSELSEQ1.bit.CONV00=0x1;  //转换 ADCINA1
AdcRegs.ADCCHSELSEQ1.bit.CONV01=0x2;  //转换 ADCINA2
AdcRegs.ADCCHSELSEQ1.bit.CONV02=0x3;  //转换 ADCINA3
AdcRegs.ADCCHSELSEQ1.bit.CONV03=0x8;  //转换 ADCINB0
AdcRegs.ADCCHSELSEQ2.bit.CONV04=0x9;  //转换 ADCINB1
```

采样存储结果见表 6-1。

表 6-1 级联排序器模式顺序采样的存储结果

模拟输入通道号	结果寄存器
ADCINA1	ADCRESULT0
ADCINA2	ADCRESULT1
ADCINA3	ADCRESULT2
ADCINB0	ADCRESULT3
ADCINB1	ADCRESULT4

又如，若采用双排序器模式顺序采样，采样两对共 4 个通道，其代码例程如下：

```
AdcRegs.ADCTRL1.bit.SEQ_CASC=0;  //双排序器模式
AdcRegs.ADCTRL3.bit.SMODE_SEL=0;  //顺序采样
AdcRegs.ADCMAXCONV.all=0x0001;  //SEQ1 转换 4 个状态
AdcRegs.ADCCHSELSEQ1.bit.CONV00=0x0;  //转换 ADCINA0
AdcRegs.ADCCHSELSEQ1.bit.CONV01=0x8;  //转换 ADCINB0
AdcRegs.ADCCHSELSEQ1.bit.CONV02=0x1;  //转换 ADCINA1
AdcRegs.ADCCHSELSEQ1.bit.CONV03=0x9;  //转换 ADCINB1
```

采样存储结果见表 6-2。

表 6-2　双排序器模式顺序采样的存储结果

模拟输入通道号	结果寄存器
ADCINA0	ADCRESULT0
ADCINA1	ADCRESULT1
ADCINB0	ADCRESULT2
ADCINB1	ADCRESULT3

② 同步采样：按照设置的顺序一对通道一对通道地进行采样。CONVxx 最高位舍弃，低 3 位用来定义输入引脚。

若采用双排序器模式同步采样，采样两对共 4 个通道，其代码例程如下：

```
AdcRegs.ADCTRL1.bit.SEQ_CASC=0;  //双排序器模式
AdcRegs.ADCTRL3.bit.SMODE_SEL=1;  //同步采样
AdcRegs.ADCMAXCONV.all=0x0000;  //SEQ1、SEQ2 转换 4 个(2 对)状态
AdcRegs.ADCCHSELSEQ1.bit.CONV00=0x0;  //转换 ADCINA0 和 ADCINB0
AdcRegs.ADCCHSELSEQ1.bit.CONV01=0x1;  //转换 ADCINA1 和 ADCINB1
```

采样存储结果见表 6-3。

表 6-3　双排序器模式同步采样的存储结果

模拟输入通道号	结果寄存器
ADCINA0	ADCRESULT0
ADCINB0	ADCRESULT1
ADCINA1	ADCRESULT2
ADCINB1	ADCRESULT3

6.1.3　A/D 转换结果的读取

ADC 模块共有 16 个结果寄存器，用于存储 16 个通道的转换结果，其存储结果的顺序与排序寄存器的设定相对应，而非输入通道实际的顺序。结果寄存器为 16 位，而 A/D 转换器为 12 位，转换结果在寄存器中以"左对齐"形式存储（从高位开始存储），最低的 4 位不起作用。所以读取转换结果寄存器的值时要右移 4 位。

15	14	13	12	11	10	9	8
D11	D10	D9	D8	D7	D6	D5	D4
R-0	R-0	R-0	R-0	R-0	R-0	R-0	R-0

7	6	5	4	3			0
D3	D2	D1	D0	Reserved			
R-0	R-0	R-0	R-0	R-0			

读取转换结果寄存器例程如下：

```
void main(void)
{
Uint16 value;    //unsigned
value=AdcRegs.ADCRESULT0>>4;
}
```

6.1.4 连续转换模式和启动/停止模式

在双排序器模式下，SEQ1/SEQ2 可以在一个序列中自动排序多达 8 个通道的转换（在级联排序器模式下为 16 个），每次转换的结果存储在 8 个结果寄存器中的一个（对于 SEQ1，为 ADCRESULT0～ADCRESULT7；对于 SEQ2，为 ADCRESULT8～ADCRESULT15）。序列中的转换数由 MAX_CONVn（ADCMAXCONV 寄存器中的 3 位或 4 位字段）控制，该字段在序列转换开始时自动加载到自动序列状态寄存器（ADCASEQSR）中的序列计数器状态位（SEQ_CNTR[11:8]）。MAX_CONVn 字段的值可以是 0～7（当为级联排序器模式时，为 0～15）。当自动排序器从状态 CONV00 开始并按顺序继续（CONV01、CONV02 等）时，SEQ_CNTR 从其加载值减计数，直到 SEQ_CNTR 达到零。自动排序结束时，完成的转换数等于 MAX_CONVn+1。

自动排序器接收到转换开始触发信号（SOC）后开始转换，SOC 触发器加载序列控制位，按照通道选择寄存器 ADCCHSELSEQn 中指定的通道顺序进行转换。每次转换后，SEQ_CNTR 位自动递减 1。一旦 SEQ_CNTR 达到零，根据 ADCTRL1[CON_RUN] 位的状态，ADC 模块按转换模式可分为连续转换和启动/停止两种转换模式。

编程代码：

```
AdcRegs.ADCTRL1.bit.CON_RUN=1;    //连续转换模式
AdcRegs.ADCTRL1.bit.CON_RUN=0;    //启动/停止转换模式
```

1. 连续转换模式

如果设置 ADCTRL1[CON_RUN]位为 1，自动排序器将工作在连续转换模式。在该模式下，转换序列将自动重新开始（ADCMAXCONV[MAX_CONV1]的值重新加载到 SEQ_CNTR 中），SEQ1 状态设置为 CONV00。在这种情况下，为了避免覆盖数据，必须确保在开始下一个转换序列之前读取结果寄存器。当同时从结果寄存器中读取数据时，ADC 模块尝试写入结果寄存器，ADC 模块中的序列仲裁器可确保在发生争用时结果寄存器不被损坏。

在连续转换模式下，转换结束后自动复位自动排序器，再次从复位状态启动，级联排序器 SEQ 和双排序器的复位分别为：SEQ 和 SEQ1 复位为 CONV00，双排序器 SEQ2 复位为 CONV08。

2. 启动/停止模式

如果设置 ADCTRL1[CON_RUN]为 0，自动排序器将工作在启动/停止模式。在该模式下，转换序列保持在最后一个状态，SEQ_CNTR 保持值为零。若要在下一次 SOC 请求下重复序列操作，必须在下一个 SOC 之前使用 ADCTRL2[RST_SEQn]位复位自动排序器。

每次 SEQ_CNTR 达到零（ADCTRL2[INT_ENA_SEQn]=1 且 ADCTRL2[INT_MOD_SEQn]=0）时，都置位中断标志。如果需要，用户可以在中断服务例程中复位自动排序器（使用 ADCTRL2[RST_SEQn]位），这将使 SEQn 状态重置为其原始值（SEQ1 的 CONV00 和 SEQ2 的 CONV08）。

6.1.5 A/D 转换时钟系统

A/D 转换时钟系统如图 6-6 所示，系统输出时钟 SYSCLKOUT 经高速预定标模块 HISPCP 分频后提供给 ADC 模块。在 ADC 模块内部再经过 2 分频后产生采样保持和 A/D 转换需要的时钟信号。

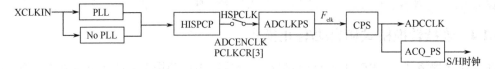

图 6-6　A/D 转换时钟系统图

ADC 模块内部时钟的配置如图 6-7 所示。经高速预定标模块 HISPCP 分频后提供信号，由控制寄存器 ADCTRL3[ADCCLKPS]位设定分频数，然后再由控制寄存器 ADCTRL1[CPS]位设定是否进行 2 分频，最后生成采样保持和 A/D 转换需要的时钟信号。其时钟配置实例见表 6-4。

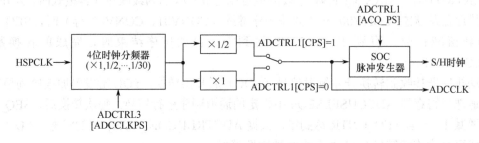

图 6-7　ADC 模块内部时钟的配置图

表 6-4　时钟配置实例

XCLKIN	SYSCLKOUT	HISPCLK	ADCTRL3[4:1]	ADCTRL1[7]	ADCCLK	ADCTRL1[11:8]	S/H Width
30MHz	150MHz	HSPCP=3 150MHz/ 2×3=25MHz	ADCLKPS=0 25MHz	CPS=0 25MHz	25MHz	ACQ_PS=0 12.5MHz 12.5MSPS 持续转换率	1ADC Clock 40ns
20MHz	100MHz	HSPCP=2 100MHz/ 2×2=25MHz	ADCLKPS=2 25/2×2= 6.25MHz	CPS=1 6.25MHz/ 2×1=3.125MHz	3.125MHz	ACQ_PS=15 183.824kHz 183.824kSPS 持续转换率	16ADC Clock 5.12μs

6.1.6 ADC 模块中断

ADC 模块的中断模式有两种。在启动/停止模式下，通过设置控制寄存器 ADCTRL2[INT_MOD_SEQ1]和 ADCTRL2[INT_MOD_SEQ2]，可使自动排序器 SEQ、SEQ1 和 SEQ2 工作在中断模式 0 或中断模式 1。

中断模式 0：每次转换序列结束（产生结束信号 EOS）都产生中断请求。该模式主要用于第 1 个序列和第 2 个序列中采样个数不同的情况。

中断模式 1：每隔一次转换序列（产生结束信号 EOS）才产生中断请求。该模式主要用于第 1 个序列和第 2 个序列中采样个数相同的情况。

1．情况 1

两个转换序列中采样个数不同时，如图 6-8 所示。第 1 个序列对 I_1 和 I_2 进行转换，第 2 个序列对 V_1、V_2 和 V_3 进行转换，两个序列采样数不等，则需采用中断模式 0，此时中断标志位在每次 SEQ_CNTR=0 时均置 1，即在中断服务程序 a、b、c、d 处均有中断请求发生。控制过程如下：

① 首先将最大转换通道数寄存器的值设为 1，转换 I_1 和 I_2；

② 在 I_1 和 I_2 转换完后，在中断服务程序 a 处将最大转换通道数寄存器的值设为 2，以转换接下来的 V_1、V_2 和 V_3；

③ 在 V_1、V_2 和 V_3 转换完后，在中断服务程序 b 处将最大转换通道数寄存器的值设为 1，以转换接下来的 I_1 和 I_2，然后复位自动排序器；

④ 若需要，可重复上述过程。

2．情况 2

两个转换序列中采样个数相同时，如图 6-8 所示。第 1 个序列对 I_1、I_2 和 I_3 进行转换，第 2 个序列对 V_1、V_2 和 V_3 进行转换，两个序列采样数相等，则可采用中断模式 1，此时中断标志位在每次 SEQ_CNTR=0 时（同中断模式 0）均置 1。但只有在 V_1、V_2 和 V_3 转换完成后才产生中断请求，即中断服务程序 b、d 处才有中断请求发生。控制过程如下：

① 首先将最大转换通道数寄存器的值设为 2，转换 I_1、I_2 和 I_3 或 V_1、V_2 和 V_3；

② 在中断服务程序 b 或 d 处中，读取相应结果寄存器的值，然后复位自动排序器；

③ 若需要，可重复上述过程。

3．情况 3

在情况 1 中增加一个假采样 x，使两个序列相等，此时可采用中断模式 1 处理，其目的是减小 CPU 的开销。

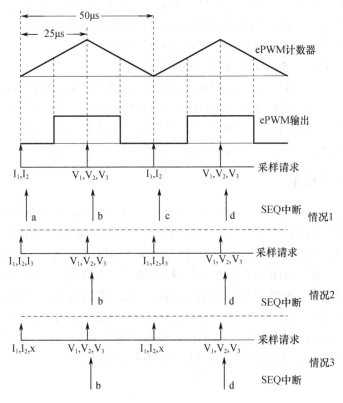

图 6-8　ADC 模块中断模式图

6.1.7　ADC 模块电源

ADC 模块电源系统如图 6-9 所示。ADC 模块默认使用内部带隙参考电压，也可根据需要使用外部参考电压，引脚 ADCREFIN 为外部参考电压的输入端，外部参考电压可以是 2.048V、1.500V 或 1.024V。具体使用哪种方式，由参考电压选择寄存器 ADCREFSEL[REF_SEL]位决定，而一般情况下应尽量选择内部参考电压。为了获得良好的增益性能，CPU 要求两个参考电压引脚 ADCREFP 和 ADCREFM 的电压差为 1V。

ADC 模块有 3 种低功耗模式：ADC 上电、ADC 掉电和 ADC 关闭，其设置由 ADCTRL3[ADCBGRFDN]和 ADCTRL3[ADCPWDN]位决定。

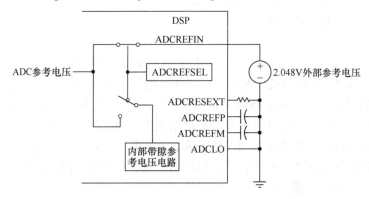

图 6-9　ADC 模块电源系统图

复位 ADC 模块，电源处于关闭状态，在使用 ADC 模块前需先给其上电，上电顺序为：

① 若需要外部参考电压，首先设置 ADCREFSEL[REF_SEL]位，使其为外部参考电压模式；

② 向 ADCTRL3[ADCBGRFDN]和 ADCTRL3[ADCPWDN]位写 1，使外部参考电压电路、内部带隙参考电压电路和 ADC 模块的模拟电路同时上电；

③ ADC 模块上电后，5ms 后才能进行第一次转换。

通过软件同时清除 ADCTRL3[ADCBGRFDN]和 ADCTRL3[ADCPWDN]位，可关闭 ADC 模块。在工作过程中，也可通过清除 ADCTRL3[ADCPWDN]位使 ADC 模块的模拟电路掉电，而外部参考电压电路、内部带隙参考电压电路仍供电。此时若需要再次向 ADC 模块上电，向 ADCTRL3[ADCPWDN]位写 1 后，只需 20μs 即可进行第一次转换。

6.1.8　偏移误差校正

偏移误差是指当 ADC 模块采用 0V 差动输入时实际输出值与理想输出值的差异。TMS320F28335 ADC 模块支持通过 ADC 偏移校正寄存器（ADCOFFTRIM）中的 9 位字段对转换结果进行校正，从而提高转换精度。该寄存器中包含的值将在 ADC 结果寄存器提供结果之前被加/减。此操作包含在 ADC 模块中，因此结果的定时不会受到影响。此外，由于操作是在 ADC 模块内部处理的，所以对于任何校正值，ADC 模块的整个动态范围都将被保持。ADCOFFTRIM 寄存器由引导 ROM 中的 ADC_cal 例程预加载。为了进一步减小目标应用中的偏移误差，将信号 ADCLO 连接到一个 ADC 通道并转换该通道，修改 ADCOFFTRIM 中的值，直到观察到中心零码为止。具体内容详见 TI 公司使用说明书。

6.2　ADC 模块的寄存器

ADC 模块的寄存器主要有：最大转换通道数寄存器 ADCMAXCONV、4 个通道选择寄存器（ADCCHSELSEQ1～4）、16 个转换结果寄存器 ADCRESULT0～15、1 个状态标志寄存器 ADCST、3 个控制寄存器 ADCTRL1～3、自动序列状态寄存器 ADCASEQSR 和 2 个与校准有关的寄存器（ADCREFSEL、ADCOFFTRIM）。其中，最大转换通道数寄存器、4 个通道选择寄存器和 16 个转换结果寄存器前面已有介绍，本节主要介绍后面 7 个。

1. 控制寄存器 ADCTRL1

15	14	13	12	11			8
Reserved	RESET	SUSMOD		ACQ_PS			
R-0	R/W-0	R/W-0		R/W-0			

7	6	5	4	3			0
CPS	CON_RUN	SEQ_OVRD	SEQ_CASE	Reserved			
R/W-0	R/W-0	R/W-0	R/W-0	R-0			

位域	名称	描述
15	Reserved	保留
14	RESET	ADC 模块复位：0—无影响；1—复位 ADC 模块
13～12	SUSMOD	仿真挂起处理位：00—忽略；01,10—完成当前转换后停止；11—立即停止
11～8	ACQ_PS	采样窗口预定标：采样窗口等于 ADCCLK 周期乘以(ACQ_PS+1)
7	CPS	ADC 模块时钟分频数：0—不分频；1—2 分频
6	CON_RUN	转换模式选择：0—启动/停止模式；1—连续转换模式
5	SEQ_OVRD	排序器覆盖功能选择位：0—禁止；1—允许
4	SEQ_CASE	排序器模式选择位：0—双排序器模式；1—级联排序器模式
3～0	Reserved	保留

2. 控制寄存器 ADCTRL2

15	14	13	12	11	10	9	8
EPWM_SOCB_SEQ	RST_SEQ1	SOC_SEQ1	Reserved	INT_ENA_SEQ1	INT_MOD_SEQ1	Reserved	EPWM_SOCA_SEQ1
R/W-0	R/W-0	R/W-0	R-0	R/W-0	R/W-0	R-0	R/W-0

7	6	5	4	3	2	1	0
EXT_SOC_SEQ1	RST_SEQ2	SOC_SEQ2	Reserved	INT_ENA_SEQ2	INT_MOD_SEQ2	Reserved	EPWM_SOCB_SEQ2
R/W-0	R/W-0	R/W-0	R-0	R/W-0	R/W-0	R-0	R/W-0

位域	名称	描述
15	EPWM_SOCB_SEQ	EPWM_SOCB 启动 SEQ 控制位： 0—无动作；1—允许 EPWM_SOCB 启动 SEQ
14	RST_SEQ1	复位 SEQ1 位：0—无动作；1—复位 SEQ1 或 SEQ1 至 CONV00
13	SOC_SEQ1	启动 SEQ1 转换位： 0—清除挂起的触发信号；1—从当前停止的位置启动 SEQ/SEQ1
12	Reserved	保留
11	INT_ENA_SEQ1	SEQ1 中断使能位：0—禁止；1—使能
10	INT_MOD_SEQ1	SEQ1 中断模式能位：0—中断模式 0；1—中断模式 1
9	Reserved	保留
8	EPWM_SOCA_SEQ1	EPWM_SOCA 启动 SEQ 控制位： 0—无动作；1—允许 EPWM_SOCA 启动 SEQ/SEQ1
7	EXT_SOC_SEQ1	外部信号触发 ADC 控制位：0—无动作；1—允许外部信号启动转换
6	RST_SEQ2	复位 SEQ2 位：0—无动作；1—复位 SEQ2 至 CONV08

位域	名称	描述
5	SOC_SEQ2	启动 SEQ2 转换位： 0—清除挂起的触发信号；1—从当前停止的位置启动 SEQ2
4	Reserved	保留
3	INT_ENA_SEQ2	SEQ2 中断使能位：0—禁止；1—使能
2	INT_MOD_SEQ2	SEQ2 中断模式能位：0—中断模式 0；1—中断模式 1
1	Reserved	保留
0	EPWM_SOCB_SEQ2	EPWM_SOCB 启动 SEQ2 控制位： 0—无动作；1—允许 EPWM_SOCB 启动 SEQ2

3. 控制寄存器 ADCTRL3

15					8
		Reserved			
		R-0			

7	6	5	4			1	0
ADCBGRFDN		ADCPWDN		ADCCLKPS			SMODE_SEL
R/W-0		R/W-0		R/W-0			R/W-0

位域	名称	描述
15～8	Reserved	保留
7～6	ADCBGRFDN	带隙基准和参考电路电源开关：00—关闭；11—上电
5	ADCPWDN	其他模拟电路电源开关：0—关闭；1—上电
4～1	ADCCLKPS	ADC 时钟预分频： 0000—ADCLK=HSPCLK；其他—ADCLK=HSPCLK/(2*ADCCLKPS)
0	SMODE_SEL	采样模式：0—顺序采样模式；1—同步采样模式

4. 状态标志寄存器 ADCST

15					8
		Reserved			
		R-0			

7	6	5	4	3	2	1	0
EOS_BUF2	EOS_BUF1	INT_SEQ2_CLR	INT_SEQ1_CLR	SEQ2_BSY	SEQ1_BSY	INT_SEQ2	INT_SEQ1
R-0	R-0	R/W-0	R/W-0	R-0	R-0	R-0	R-0

位域	名称	描述
15～8	Reserved	保留
7	EOS_BUF2	SEQ2 转换结束缓冲位：用于中断模式 1
6	EOS_BUF1	SEQ1 转换结束缓冲位：用于中断模式 1
5	INT_SEQ2_CLR	SEQ2 中断清除标志位：写 1 清除相应中断标志
4	INT_SEQ1_CLR	SEQ1 中断清除标志位：写 1 清除相应中断标志
3	SEQ2_BSY	SEQ2 转换忙标志位：0—空闲（转换结束）；1—忙（转换中）
2	SEQ1_BSY	SEQ1 转换忙标志位：0—空闲（转换结束）；1—忙（转换中）
1	INT_SEQ2	SEQ2 中断标志位：0—无中断；1—有中断
0	INT_SEQ1	SEQ1 中断标志位：0—无中断；1—有中断

5. 自动序列状态寄存器 ADCASEQSR

15		12	11		8
	Reserved			SEQ_CNTR	
	R-0			R-0	

7	6		4	3		0
Reserved		SEQ2_STATE			SEQ1_STATE	
R-0		R-0			R-0	

位域	名称	描述
15～12	保留	
11～8	SEQ_CNTR	序列计数器状态位。SEQ_CNTR[11:8]这 4 位状态字段由 SEQ1、SEQ2 和级联序列发生器使用。SEQ2 与级联模式无关。在转换序列开始时，SEQ_CNTR[11:8]初始化为 MAX_CONV 中的值。在自动转换序列中的每次转换（或同步采样模式下的每对转换）之后，SEQ_CNTR 减 1。可在倒计数过程的任何时间读取 SEQ_CNTR 位，以检查序列计数器的状态。此值结合 SEQ1_BSY 和 SEQ2_BSY 位，可唯一标识活动序列计数器在任意时刻的进度或状态
7	保留	
6～4	SEQ2_STATE	SEQ2 的指针
3～0	SEQ1_STATE	SEQ1 的指针

6. 参考电压选择寄存器 ADCREFSEL

15	14	13		0
REF_SEL		Reserved		
R/W-0		R/W-0		

位域	名称	描述
15～14	REF_SEL	ADC 参考电压选择位： 00—内部参考电压选择（默认）；01—外部参考电压参考，2.048V 10—外部参考电压参考，1.500V；11—外部参考电压参考，1.024V
13～0	Reserved	这些位保留，用于从引导 ROM 加载参考校准数据。 对 ADCREFSEL 寄存器的写入应保留该字段的内容，就像引导 ROM 填充之后一样

7. ADC 偏移校正寄存器 ADCOFFTRIM

15		9	8		0
Reserved			OFFSET_TRIM		
R-0			R/W-0		

位域	名称	描述
15～9	Reserved	保留。读为 0，写无效
8～0	OFFSET_TRIM	LSB 中的偏移修正值，2 的补码格式；−256/255 范围

6.3 ADC 模块程序

1. ADC 初始化程序

```
#include "DSP2833x_Device.h"
#include "DSP2833x_Examples.h"
#define ADC_usDELAY 5000L
void InitAdc(void)
{
extern void DSP28x_usDelay(Uint32 Count);
EALLOW;
SysCtrlRegs.PCLKCR0.bit.ADCENCLK=1;   //允许 ADC 模块时钟
  ADC_cal();
  EDIS;
AdcRegs.ADCTRL3.all=0x00E0;   //启动 A/D 采样,顺序采样
DELAY_US(ADC_usDELAY);   //转换 A/D 通道前延时
```

```
//ADC start parameters
#if(CPU_FRQ_150MHZ)  //默认系统输出150MHz
#define ADC_MODCLK 0x3//HSPCLK=SYSCLKOUT/2*ADC_MODCLK2=150/(2*3)=25.0MHz
#endif
#if(CPU_FRQ_100MHZ)  //默认系统输出100MHz
#define ADC_MODCLK 0x2//HSPCLK=SYSCLKOUT/2*ADC_MODCLK2=100/(2*2)=25.0MHz
#endif
EALLOW;
SysCtrlRegs.HISPCP.all=ADC_MODCLK;
EDIS;
AdcRegs.ADCTRL1.bit.ACQ_PS=0x4;//采样窗口预定标=ADCLK*(ACQ_PS+1)
AdcRegs.ADCTRL3.bit.ADCCLKPS=0x0;//高速外设时钟预定标系数
AdcRegs.ADCTRL1.bit.SEQ_CASC=1;   //级联排序 0
AdcRegs.ADCTRL2.bit.INT_ENA_SEQ1=0x1;   //使能 SEQ1 中断
AdcRegs.ADCTRL2.bit.RST_SEQ1=0x1;   //复位 SEQ1

AdcRegs.ADCMAXCONV.all=0x0003;   //SEQ1 转换 4 个状态
AdcRegs.ADCCHSELSEQ1.bit.CONV00=0x0;   //转换 ADCINA0
AdcRegs.ADCCHSELSEQ1.bit.CONV01=0x1;   //转换 ADCINA1
AdcRegs.ADCCHSELSEQ1.bit.CONV02=0x2;   //转换 ADCINA2
AdcRegs.ADCCHSELSEQ1.bit.CONV03=0x3;   //转换 ADCINA3
AdcRegs.ADCTRL2.bit.EPWM_SOCA_SEQ1=1;   //允许 SOCA 信号启动 SEQ1
AdcRegs.ADCTRL2.bit.INT_ENA_SEQ1=1;   //允许 SEQ1 中断
}
```

2. ADC 程序例程

要求：ADC 模块工作于双排序器、顺序采样（复位默认状态）模式，由 SEQ1 对 ADCINA3 和 ADCINA2 的电压信号进行自动转换，转换由软件触发。采用中断模式 0，每次转换结束均产生中断；在中断服务程序中读取结果并存入 2 个长度为 1024 的数组。

```
#include "DSP2833x_Device.h"
#include "DSP2833x_Examples.h"
#define ADC_MODCLK 0x3
interrupt void adc_isr(void);   //声明中断服务程序
Uint16 ConversionCount;
Uint16 Voltage1[1024];
Uint16 Voltage2[1024];
void main(void)
{
InitSysCtrl();
DINT;
InitPieCtrl();   //初始化 PIE 控制
IER=0x0000;   //禁止 CPU 中断
IFR=0x0000;   //清除所有 CPU 中断标志
InitPieVectTable();   //初始化 PIE 中断向量表
EALLOW;
PieVectTable.ADCINT=&adc_isr;   //重新映射本例中使用的中断向量
EDIS;
InitAdc();   //本例初始化 ADC
```

```
IER|=M_INT1;  //允许 CPU 的 INT1(与 ADC 中断连接)
PieCtrlRegs.PIEIER1.bit.INTx6=1;  //使能 PIE 中断 INT1.6(ADC 中断)
EINT;  //清除 INTM
ERTM;  //使能全局实时中断 DBGM
ConversionCount=0;
//配置 ADC
AdcRegs.ADCTRL1.bit.SEQ_CASC=0;  //双排序器模式
AdcRegs.ADCMAXCONV.all=0x0001;  //转换 2 个通道
AdcRegs.ADCCHSELSEQ1.bit.CONV00=0x3;
AdcRegs.ADCCHSELSEQ1.bit.CONV01=0x2;
AdcRegs.ADCTRL2.bit.INT_ENA_SEQ1=1;  //使能中断
AdcRegs.ADCTRL2.bit.SOC_SEQ1=0x1;  //软件触发
//空闲循环,等待 ADC 中断
for(;;){}
}
interrupt void adc_isr(void)
{
Voltage1[ConversionCount]=AdcRegs.ADCRESULT0>>4;
Voltage2[ConversionCount]=AdcRegs.ADCRESULT1>>4;
//若已转换 1024 次,重新开始
if(ConversionCount==1023)
{
ConversionCount=0;}
else ConversionCount++;
//重新初始化下一个 ADC 序列
AdcRegs.ADCTRL2.bit.RST_SEQ1=1;  //复位 SEQ1
AdcRegs.ADCST.bit.INT_SEQ1_CLR=1;  //清中断标志
//清除 PIE 中断组 1 的应答位,以便 CPU 再次响应
PieCtrlRegs.PIEACK.all=PIEACK_GROUP1;  //清除 PIE 中断组 1 的应答位
AdcRegs.ADCTRL2.bit.SOC_SEQ1=0x1;  //软件触发 SEQ1,启动转换
}
```

6.4 ADC 模块应用实例

在电能变换系统中,采样的信号主要有交流信号和直流信号。针对直流信号,为提高抗干扰能力,通常采用滤波技术,滤波方法有平均值滤波和中值滤波等;交流信号一般需要通过瞬时值的采样得到其有效值或幅值,常用的方法有均方根法、傅里叶变换法和基于坐标变换的方法。本节主要介绍直流信号的平均值法和交流信号的均方根法。

1. 数据转换

当采用内部参考电压时,其参考电压为 3V,A/D 转换分辨率为 12 位。设通过模拟通道输入 ADC 模块的电压为 y,经过 A/D 转换后存入结果寄存器的值为 x,则有

$$y = \frac{3 \times x}{4096 \times 16} \tag{6-1}$$

式中,16 为右移 4 位,原因是结果寄存器为左对齐。

设检测调理电路的变比为 k,则实际电压或电流为

$$y_1 = \frac{3 \times x}{4096 \times 16} \times k \tag{6-2}$$

式中，y_1 为检测调理电路实际输入的电压或电流。

若考虑到交流电路的检测，检测调理电路需包含偏置电路。设偏置电压为 k_1，则实际电压或电流为

$$y_1 = \left(\frac{3 \times x}{4096 \times 16} - k_1 \right) \times k \tag{6-3}$$

2．平均值法

平均值法较为简单，其程序代码如下：

```
void adc_isr()
{
u1=((float)AdcRegs.ADCRESULT0)*3/65536;   //转换结果
Voltage1[ConversionCount]=k*(u1);   //乘变比,存数组
if(ConversionCount==9)
{
ConversionCount=0;
sum1=0;//Voltage1[0];
    for(sy=0;sy<10;sy++)
    {
        sum1=sum1+Voltage1[sy];   //求和
    }
    sum=sum1/10;//求平均值
}
ConversionCount++;
}
```

3．均方根法

（1）原理分析

根据电工学中对周期性信号有效值和平均功率的基本定义，并将其离散化可得

电压有效值 $\qquad U = \sqrt{\frac{1}{T} \int_0^T u^2(t) \mathrm{d}t} \approx \sqrt{\frac{1}{N} \sum_{j=1}^{N} u_j^{\,2}(j)} \tag{6-4}$

电流有效值 $\qquad I = \sqrt{\frac{1}{T} \int_0^T i^2(t) \mathrm{d}t} \approx \sqrt{\frac{1}{N} \sum_{j=1}^{N} i_j^{\,2}(j)} \tag{6-5}$

平均有功功率 $\qquad P = \frac{1}{T} \int_0^T u(t)i(t) \mathrm{d}t = \frac{1}{N} \sum_{j=0}^{N} u_j i_j \tag{6-6}$

（注：计算平均有功功率时，应采用同步采样模式，即采样同一时刻的电流和电压的值。）

无功功率 $\qquad Q = \sqrt{(UI)^2 - P^2} \tag{6-7}$

（2）程序代码

```
while(1)
{
 if(jsflag==1)   //判断是否采样完一个周期
  {
   jsflag=0;
   sum1=0;
   for(sy=0;sy<16;sy++)
```

```
    {
       sum1=sum1+mpy(Voltage2[sy],Voltage2[sy]);    //求平方和
    }
       sum1=sum/16;   //平均
       U=sqrt(sum1);  //开方得均方根值
    }
}
```

4. 应用实例

本例由 ePWM2 模块产生 SPWM 波,然后将产生的 SPWM 波经 RC 滤波后送入 ADC 模块,由 ADC 模块测量其有效值。所用到的相关模块的初始化程序在相应章节中已经介绍了,在此仅给出主程序和中断服务程序。

（1）RC 滤波电路及参数计算

设载波频率为 12.8kHz,调制波频率为 50Hz,若选择 RC 滤波的截止频率为 f_c=160Hz,则

$$f_c = \frac{1}{2\pi \times RC} \tag{6-8}$$

可求得 R=10kΩ, C=0.1μF,其电路连接如图 6-10 所示。

（2）程序流程图

程序由主程序、ePWM 中断服务程序及 ADC 中断服务程序组成。主程序主要完成系统初始化、中断使能、正弦表初始化等；ePWM 中断服务程序主要产生 PWM 波并输出,利用不对称规则采样法产生 SPWM 波；ADC 中断服务程序完成信号采样及运算,利用均方根法对信号进行处理。程序流程如图 6-11 所示。

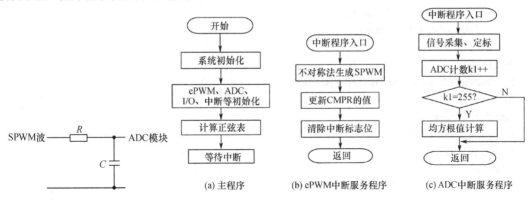

图 6-10 RC 滤波电路   图 6-11 程序流程图

（3）程序代码

```
/*本例采用 ePWM 模块利用不对称规则采样法产生 SPWM 波,经 RC 滤波后输入 ADC 模块,ADC 中断服务
程序中利用均方根法求电压有效值;改变调制度,观察电压的变化*/
#include "DSP2833x_Device.h"    //DSP2833x Header file Include File
#include "DSP2833x_Examples.h"  //DSP2833x Examples Include File
#include "math.h"
void InitEPwm1Example(void);     //声明 ePWM 初始化函数
void InitEPwm2Example(void);
void InitEPwm3Example(void);
interrupt void epwm2_isr(void);
interrupt void adc_isr(void);    //声明 ADC 中断服务程序
```

```
Uint16 pwm_cnt1=0,pwm_cnt2=0,pwm_cnt3=0;    //比较寄存器值
float sinne[512],m=0.8;    //调制比 N=12.8k/50=256(载波 12.8kHz,调制波 50Hz)
//采用不对称规则采样法的正弦表为 2*N=512,m=0.8 为调制度初始值
Uint 32k=0,k1=0,n,sy;    //循环计数值等
float Voltage1[256];    //暂存一个调制波周期内的采样值
float u1,sum1,U;    //u1 输入电压,U 均方根值

void main(void)
{
Init SysCtrl();
EALLOW;
SysCtrlRegs.HISPCP.all=0x3;//ADC_MODCLK;    //HSPCLK=SYSCLKOUT/ADC_MODCLK
EDIS;

InitEPwm1Gpio();
InitEPwm2Gpio();
InitEPwm3Gpio();
DINT;
InitPieCtrl();
IER=0x0000;
IFR=0x0000;
InitPieVectTable();
InitAdc();
EALLOW;
PieVectTable.EPWM2_INT=&epwm2_isr;
PieVectTable.ADCINT=&adc_isr;
EDIS;
EALLOW;
SysCtrlRegs.PCLKCR0.bit.TBCLKSYNC=0;
EDIS;
InitEPwm1Example();
InitEPwm2Example();
InitEPwm3Example();
EALLOW;
SysCtrlRegs.PCLKCR0.bit.TBCLKSYNC=1;
EDIS;
IER|=M_INT1;
IER|=M_INT3;
PieCtrlRegs.PIEIER3.bit.INTx2=1;
PieCtrlRegs.PIEIER1.bit.INTx6=1;
EINT;
ERTM;
  for(n=0;n<512;n++)
{
sinne[n]=sin(n*(6.283/512));    //正弦表初始化
}
n=0;
AdcRegs.ADCMAXCONV.all=0x0000;    //设置最大转换通道数
AdcRegs.ADCCHSELSEQ1.bit.CONV00=0x0;    //转换 ADCINA0
```

```
AdcRegs.ADCTRL2.bit.EPWM_SOCA_SEQ1=1;   //允许 EPWM_SOCA 启动 SEQ
AdcRegs.ADCTRL2.bit.INT_ENA_SEQ1=1;   //使能中断
EPwm2Regs.ETSEL.bit.SOCAEN=1;   //允许 EPWMA 触发 ADC
EPwm2Regs.ETSEL.bit.SOCASEL=4;   //选择 CPMA 加匹配事件触发
EPwm2Regs.ETPS.bit.SOCAPRD=1;   //选择一个事件触发一次
for(;;)
{
asm("NOP");
}

}

interrupt void epwm2_isr(void)
{    //不对称规则采样法产生 SPWM,t1,t2,t3,t4,t5,t6 分别为 tona1、tona2;tonb1、tonb2;tonc1、tonc2;
    Uint16j=0,t1,t2,t3,t4,t5,t6,tona,tonb,tonc,pp=EPwm1Regs.TBPRD>>1;   //pp 为 Tc/4
j=k;
t1=pp+pp*(m*sinne[j]);   //计算 tona1
j=j+170;
if(j>512)j=j-512;
t2=pp+pp*(m*sinne[j]);   //计算 tonb1
j=j+170;
if(j>512)j=j-512;
t3=pp+pp*m*sinne[j];   //计算 tonc1
k++;
j=k;

t4=pp+pp*m*sinne[j];   //计算 tona2
j=j+170;
if(j>512)j=j-512;
t5=pp+pp*m*sinne[j];   //计算 tonb2
j=j+170;
if(j>512)j=j-512;
t6=pp+pp*m*sinne[j];   //计算 tonb2

k++;
tona=t1+t4;
tonb=t2+t5;
tonc=t3+t6;

pwm_cnt1=(Uint16)((4*pp-tona)>>1);   //比较寄存器的值 CMP=(Tc-ton)/2
pwm_cnt2=(Uint16)((4*pp-tonb)>>1);
pwm_cnt3=(Uint16)((4*pp-tonc)>>1);

    EPwm1Regs.CMPA.half.CMPA=pwm_cnt1;
    EPwm1Regs.CMPB=(4*pp-tona)>>1;
    EPwm2Regs.CMPA.half.CMPA=pwm_cnt2;
    EPwm2Regs.CMPB=(4*pp-tonb)>>1;
    EPwm3Regs.CMPA.half.CMPA=pwm_cnt3;
    EPwm3Regs.CMPB=(4*pp-tonc)>>1;
```

```
if(k>511)
{k=0;
}

EPwm2Regs.ETCLR.bit.INT=1;  //清除中断标志
PieCtrlRegs.PIEACK.all=PIEACK_GROUP3;  //清除应答寄存器
EINT;
EINT;
}

interrupt void adc_isr(void)
{
u1=((float)AdcRegs.ADCRESULT0)*3/65536-1.46;  //数据定标
Voltage1[k1]=u1;
//均方根法
if(k1==255)
{
k1=0;
sum1=0;//Voltage1[0];
    for(sy=0;sy<16;sy++)
    {
        sum1=sum1+Voltage1[sy*16]*Voltage1[sy*16];
    }
    sum1=sum1/16;
U=sqrt(sum1);
}
k1++;
AdcRegs.ADCTRL2.bit.RST_SEQ1=1;  //复位 SEQ1
AdcRegs.ADCST.bit.INT_SEQ1_CLR=1;  //清除标志位
PieCtrlRegs.PIEACK.all=PIEACK_GROUP1;  //清除应答位
return;
}
```

思考与练习题

6-1　简述 TMS320F28335 ADC 模块的结构及工作原理。

6-2　简述 TMS320F28335 ADC 模块时钟产生的过程。

6-3　TMS320F28335 ADC 中断模式有哪两种？分别使用在什么情况下？

6-4　试写出 ADC 模块工作在级联排序器、连续、顺序采样模式下转换 5 个通道模拟量的初始化代码。

6-5　试写出 ADC 模块工作在双排序器、连续、同步采样模式下转换 2 对通道模拟量的初始化代码。

6-6　由 ePWM 模块产生频率为 10kHz 的 PWM 波，占空比可调，然后经 RC 滤波后送入 ADC 模块，利用均值滤波法求其平均值。要求设计 RC 滤波器参数并编写主程序和中断服务程序代码。

6-7　由 ePWM 模块产生频率为 400Hz 的 SPWM 波，SPWM 波的调制度 m 可调，载波频率为 20kHz，然后经 RC 滤波后送入 ADC 模块，利用均方根法求其有效值。要求设计 RC 滤波器参数并编写主程序和中断服务程序代码。

第7章 通信模块工作原理与应用

通常 DSP 与 DSP 或 DSP 与外设间通过通信方式实现信息的交换，通信方式主要包括并行通信和串行通信两大类。其中，并行通信一般包括多条数据线、多条控制线和状态线，传输速度快，传输线路多，但硬件开销大，不适合远距离传输。一般用在系统内部，如 XINTF 接口或控制器内部，如 DMA 控制器。而串行通信在通信线路上既传输数据信息，也传输联络控制信息，硬件开销小，传输成本低，可用于远距离通信，但是传输速度慢，且收发双方需要通信协议。串行通信又可分为同步通信和异步通信。同步通信指发送器和接收器通常使用同一时钟源来同步，方法是在发送器发送数据的同时发送时钟信号，接收器利用该时钟信号进行接收。典型的如 I²C、SPI 通信。异步通信指收发双方的时钟不是同一个时钟，是由双方各自的时钟实现数据的发送和接收，但要求双方使用同一标称频率，允许有一定偏差，典型的如 SCI 通信。

7.1 SCI 模块

7.1.1 SCI 模块结构与工作原理

TMS320F28335 有 3 个串行 SCI 接口，即 SCIA、SCIB 和 SCIC。GPIO 的引脚对应如下：SCIA 对应 GPIO28/29 和 GPIO35/36，两组可选；SCIB 有 4 组引脚可以选择，分别是 GPIO9/11、GPIO14/15、GPIO18/19 和 GPIO22/23；SCIC 对应的是 GPIO62/63。相对于 TI 公司 C240x 系列 DSP 的 SCI 接口，TMS320F28335 的 3 个 SCI 接口在功能上有很大的改进，主要是在原有功能基础上增加了通信速率自动检测和 FIFO 缓冲等新功能。为了减小串口通信时 CPU 的开销，TMS320F28335 的串口支持 16 级接收和发送 FIFO，也可以不使用 FIFO 缓冲。SCI 接收器和发送器有各自独立的中断和使能位，可以独立地操作实现半双工通信，或者同时操作实现全双工通信。为了保证数据完整，SCI 模块对接收到的数据进行间断、极性、超限和帧错误的检测。为了减少软件的负担，SCI 模块采用硬件对通信数据进行极性和数据格式检查。通过对 16 位的波特率选择寄存器进行编程，可以配置不同的 SCI 通信速率。

1. SCI 通信原理与结构

TMS320F28335 SCI 模块的 3 个 SCI 接口结构相同，其全双工通信连接如图 7-1 所示，主要由发送接收引脚、发送/接收移位寄存器（TXSHF/RXSHF）、发送/接收缓冲寄存器（SCITXBUF/SCIRXBUF）和发送/接收 FIFO（TXFIFO/RXFIFO）等组成。SCI 通信的工作过程是：将要发送的数据写入发送缓冲寄存器（SCITXBUF），由发送缓冲寄存器送入发送移位寄存器（TXSHF），TXSHF 中的数据逐一由引脚 SCITXD 发送出去，发送完毕置位中断标志位，若需要可申请中断继续写数据。接收数据是从接收引脚 SCIRXD 逐一将数据送入接收移位寄存器（RXSHF），然后送入接收缓冲寄存器（SCIRXBUF），置位中断标志位，申请中断读数据。

2. 数据传输格式

（1）数据帧格式

TMS320F28335 的 SCI 数据帧格式与其他微处理器类似，由 1 个起始位、1～8 个可编程数据位、奇/偶校验（可选择奇校验、偶校验或无校验位模式）位和 1 或 2 个停止位组成，采用非

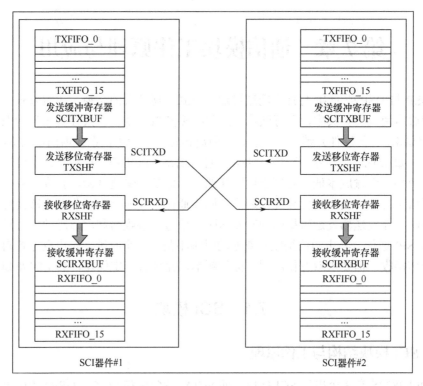

图 7-1　SCI 全双工通信连接图

归零码（Non-Return-to-Zero，NRZ）格式，每个数据（字符）均以相同的帧格式传送。数据帧格式通过 SCICCR 寄存器进行相应设置，如图 7-2 所示。

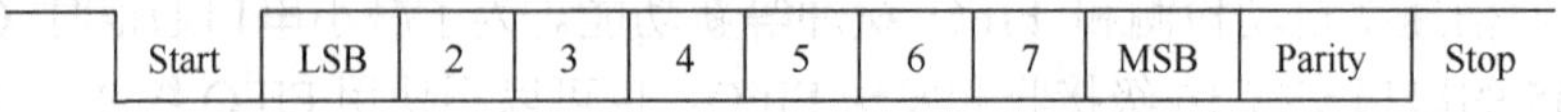

Start	LSB	2	3	4	5	6	7	MSB	Parity	Stop

图 7-2　数据格式图

起始位（Start）：占用 1 位，为低电平表示数据的开始。

数据位（Data）：1～8 位，由低位（LSB）开始传输。

奇/偶校验位（Parity）：1 位，用于纠错。

停止位（Stop）：1～2 位，为高电平表示数据帧的结束。

（2）异步通信格式

TMS320F28335 SCI 通信的 1 位数据占用 8 个内部 SCICLK 时钟周期，需要多数表决，可靠性高于普通单片机。接收器在接收到一个有效的起始位之后开始工作，如图 7-3 所示。在 SCIRXD 上检测到 4 个连续的 SCICLK 周期宽度的低电平信号，表示收到一个有效起始位，如果没有检测到 4 个连续的 SCICLK 周期宽度的低电平信号，重新开始等待另一个起始位。起始位之后是数据位，在每个数据位的第 4、5、6 个 SCICLK 进行采样，确定数据位的高低，3 次采样中两次的相同值即被作为数据位取值。

3．SCI 操作控制

（1）SCI 发送操作

SCI 发送操作的具体操作过程由如下 6 步组成，发送操作的时序如图 7-4 所示。

① 使 TXENA=1，允许发送器发送数据；

② CPU 将数据写入 SCITXBUF，TXEMPTY 为 0，同时 TXRDY=0；

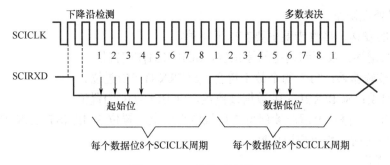

图 7-3　SCI 通信时钟图

③ 数据从 SCITXBUF 加载到 TXSHF，TXRDY 为高电平，TXSHF 中的数据逐一由引脚 SCITXD 上发送出去；

④ TXRDY 变高电平后，CPU 再将下一帧数据写入 SCITXBUF；

⑤ 第一帧数据发送完毕，第二帧数据传送到 TXSHF，并开始发送；

⑥ 当 TXENA=0，将当前数据帧发送完毕后停止。

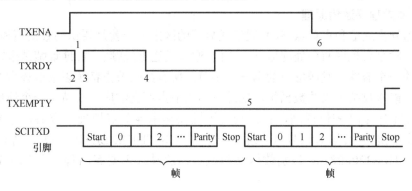

图 7-4　发送操作时序图

（2）SCI 接收操作

SCI 接收操作的具体操作过程由如下 6 步组成，接收操作的时序如图 7-5 所示。

① 令 RXENA=1，允许接收器接收数据；

② 接收器检测到起始位（连续 4 个以上 SCICLK 低电平），将数据位、奇/偶校验位依次移入 RXSHF；

③ 一帧接收完毕，将其传送到 SCIRXBUF，并置位 RXRDY 标志；

④ 读取 SCIRXBUF 数据后，RXRDY 标志自动消除；

⑤ 接收器继续接收下一帧数据；

⑥ 若第二帧数据尚未接收完毕，RXENA=0，则将其接收完毕后再停止，但 RXSHF 中数据不传送到 SCIRXBUF。

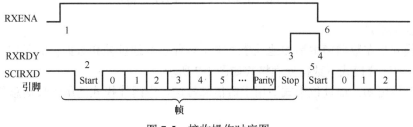

图 7-5　接收操作时序图

（3）错误处理操作

SCI 通信的发送、接收错误主要有以下 4 种。

① 数据帧错误：收不到期待的停止位，SCIRXST[FE]置位。

② 奇/偶校验错误："1"的个数不符合，SCIRXST[PE]置位。

③ 溢出错误：SCIRXBUF 中数据被覆盖，SCIRXST[OE]置位。

④ 间断错误：停止位后连续保持 7 位低电平以上，置位 SCIRXST[BRKDT]。

4 种错误发生时，均可申请中断。

（4）中断操作

SCI 通信的数据发送完毕、接收到数据及接收错误时均可产生中断。中断类型主要有 4 种，即发送中断、接收中断、接收数据错误中断和间断中断。其中断标志位如下：

① 发送中断标志位 SCICTL2[TXRDY]；

② 接收中断标志位 SCIRXST[RXRDY]；

③ 接收数据错误中断标志位 SCIRXST[RXERROR]；

④ 间断中断标志位 SCIRXST[BRKDT]。

4．SCI 多处理器通信原理

多处理器异步通信和点对点 SCI 通信最显著的区别之一就是要识别数据帧和地址帧，SCI 通信中在同一时刻只允许两个处理器进行通信，通过发送地址帧实现。地址帧是指发送节点（SCI 通信网络中的一个器件）发送信息的第一个字节，所有接收节点都可以读取该字节，只有地址相同的节点才能接收接下来的数据帧，地址不同的节点不会响应，等待下一个地址字节。控制寄存器 SCICTL1[SLEEP]位置高，且检测到地址帧和本地节点地址一致后，才能产生中断、接收数据。如果地址帧与本地节点地址不一致，SCICTL1[SLEEP]位不变，等待下次接收数据进行判断。TMS320F28335 识别数据帧和地址帧的模式主要有两种，即空闲线模式和地址位模式。

（1）空闲线模式

空闲线模式下，在地址字节前保留一段静态空间，宽度大于 10 个周期，即空闲 10 个周期，以供处理器识别地址帧，非地址帧前空闲周期小于 10 个。通过帧前空闲周期的数量，分辨地址帧和数据帧，因此通信实现时就要求帧间空闲位≥10 位，帧内空闲位<10 位。空间线模式下数据处理格式如图 7-6 所示。

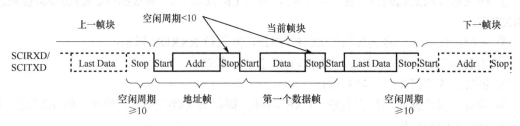

图 7-6　空闲线模式下数据处理格式

（2）地址位模式

地址位模式是在数据帧中增加地址/数据位，以此进行地址帧和数据帧的区别，1 表示地址，0 表示数据。地址位模式下数据处理格式如图 7-7 所示。

由以上分析可知，地址位模式适用于短信息传送，空闲线模式适用于长信息传送。

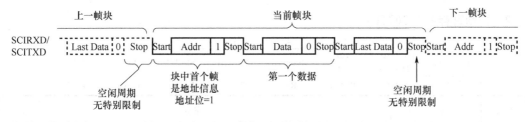

图 7-7　地址位模式下数据处理格式

5. SCI 模块的 FIFO 功能

所谓的 FIFO 就是先进先出的意思。SCI 工作在 FIFO 模式下，一般是因为所传输的信息并不是以一个帧为单位，而是以多个帧组成的一个包为单位的。比如，一个数据包由 5 个帧组成，第一个为控制字节，后四个字节共同组成一个浮点数。这时可以设置 FIFO 接收中断为 5 个字节时产生中断。设置以后，每接收到 5 个字节后才会产生一次中断，而不是每接收一次产生一次中断，这样可以大幅降低 CPU 的开销。而先进先出的意思就是：在中断中，从接收 FIFO 读到的数据是首先接收到的数据，再读一次，则读到的是接收到的第二个数据。而 16 级深度是指最多能保存最近的 16 个接收数据，如果接收数据超过 16 个，会产生相应的溢出，可用软件编程对溢出进行处理。

对于发送 FIFO 也是一样，可以一次将多个数据放到发送 FIFO 中，然后 DSP 按先后顺序依次发送数据。

7.1.2　SCI 模块的寄存器

SCI 模块的寄存器主要有通信控制寄存器 SCICCR、控制寄存器 SCICTL1～2、接收状态寄存器 SCIRXST、接收数据缓冲器 SCIRXBUF（或 SCIRXEMU）、发送数据缓冲器 SCITXBUF、发送 FIFO 寄存器 SCIFFTX、接收 FIFO 寄存器 SCIFFRX、FIFO 控制寄存器 SCIFFCT 和波特率选择寄存器等。

1. 通信控制寄存器 SCICCR

SCICCR 寄存器主要用于数据格式的设置等。

7	6	5	4	3	2	1	0
STOP BITS	EVEN/ODD PARITY	PARITY ENABLE	LOOP BACK ENA	ADDR/IDLE MODE	SCICHAR2	SCICHAR1	SCICHAR0
R/W-0	R/W-0	R/W-0	R/W-0	R/W-0	R/W-0	R/W-0	R/W-0

位域	名称	描述
7	STOP BITS	停止位个数：0—1 位；1—2 位
6	EVEN/ODD PARITY	奇/偶校验选择位：0—奇校验；1—偶校验
5	PARITY ENABLE	奇/偶校验允许位：0—禁止校验；1—允许校验
4	LOOP BACK ENA	自测模式允许位：0—禁止；1—允许（即 SCIRXD 和 SCITXD 内部连接）
3	ADDR/IDLE MODE	多处理器选择模式位：0—空闲线模式；1—地址位模式
2～0	SCICHAR[2:0]	字符（数据）长度选择位： 字符长度=SCICHAR[2:0]（对应十进制数）+1

编程代码：

```
SciaRegs.SCICCR.all=0x0007;   //1 停止位,无奇/偶校验,无自测,空闲线模式,8 数据位
```

2．控制寄存器 SCICTL1

7	6	5	4	3	2	1	0
Reserved	RX ERR INT ENA	SW RESET	Reserved	TXWAKE	SLEEP	TXENA	RXENA
R-0	R/W-0	R/W-0	R-0	R/S-0	R/W-0	R/W-0	R/W-0

位域	名称	描述
7	Reserved	保留
6	RX ERR INT ENA	接收错误中断允许位：0—禁止接收错误中断；1—允许接收错误中断
5	SW RESET	软件复位位（低有效）： 0—进入复位状态；1—退出复位状态，允许 SCI 通信
4	Reserved	保留
3	TXWAKE	发送器唤醒模式选择位：0—无发送特征； 1—发送特征取决于空闲线和地址位模式，若向该位写 1 后，接着向 SCITXBUF 写数据；若是空闲线模式，则产生 11 位空闲位；若是地址位模式，则将该字符的地址位置 1
2	SLEEP	SCI 睡眠位：0—禁止睡眠方式；1—允许睡眠方式
1	TXENA	SCI 发送允许位：0—禁止发送；1—允许发送
0	RXENA	SCI 接收允许位：0—禁止接收；1—允许接收

编程代码：

```
SciaRegs.SCICTL1.all=0x0003;//允许发送与接收
```

3．控制寄存器 SCICTL2

7	6	5			2	1	0
TXRDY	TXEMPTY	Reserved				RX/BKINTENA	TXINTENA
R-1	R-1	R-0				R/W-0	R/W-0

位域	名称	描述
7	TXRDY	SCITXBUF 准备好标志位： 0—SCITXBUF 满；1—SCITXBUF 准备接收下一个数据
6	TXEMPTY	发送器空标志位： 0—SCITXBUF 或 TXSHF 中有数据；1—SCITXBUF 和 TXSHF 中均无数据
5~2	Reserved	保留
1	RX/BKINTENA	接收缓冲/间断中断允许位：0—禁止该中断；1—允许该中断
0	TXINTENA	发送缓冲器中断允许位：0—禁止 TXRYD 中断；1—允许 TXRYD 中断

编程代码：

```
SciaRegs.SCICTL2.all=0x0003;//使能发送接收中断
```

或

```
SciaRegs.SCICTL2.bit.TXINTENA=1;//使能发送中断
SciaRegs.SCICTL2.bit.RXBKINTENA=1;//使能接收中断
```

4．接收状态寄存器 SCIRXST

接收状态寄存器 SCIRXST 包含 7 个状态标志位，显示相应的状态。

7	6	5	4	3	2	1	0
RXERROR	RXRDY	BRKDT	FE	OE	PE	RXWAKE	Reserved
R-0	R-0	R-0	R-0	R-0	R-0	R-0	R-0

位域	名称	描述
7	RXERROR	SCI 接收错误标志位：0—无接收错误；1—有接收错误
6	RXRDY	SCI 接收就绪位，接收器每接收完一个字符，该标志位置位，当新字符被读走时，标志位清除：0—SCIRXBUF 中无新数据；1—SCIRXBUF 中有新数据
5	BRKDT	间断错误标志位：0—无间断条件发生；1—有间断条件发生
4	FE	SCI 帧错误标志位：0—无帧错误；1—有帧错误
3	OE	SCI 溢出错误标志位：0—无未读数据被覆盖；1—有未读数据被覆盖
2	PE	SCI 校验错误标志位：0—无校验错误或校验被禁止；1—有校验错误
1	RXWAKE	接收唤醒检测标志位：0—未检测到唤醒条件；1—检测到唤醒条件
0	Reserved	保留

编程代码：

```
while(SciaRegs.SCIRXST.bit.RXRDY=1)
{ReceivedChar=SciaRegs.SCIRXBUF.all;}
```

5．接收数据缓冲器 SCIRXBUF（或 SCIRXEMU）

接收数据缓冲器 SCIRXBUF、SCIRXEMU 用于接收来自移位寄存器的值，接收之后 RXRDY 位置位，两者完全一样，区别在于读取 SCIRXEMU 的数据不会清除 RXRDY 位，而读取 SCIRXBUF 则清除 RXRDY 位。因此，接收数据读取 SCIRXBUF，SCIRXEMU 主要用于仿真应用。

15	14	13					8
SCIFFFE	SCIFFPE	Reserved					
R-0	R-0	R-0					

7	6	5	4	3	2	1	0
RXDT7	RXDT6	RXDT5	RXDT4	RXDT3	RXDT2	RXDT1	RXDT0
R-0	R-0	R-0	R-0	R-0	R-0	R-0	R-0

位域	名称	描述
15	SCIFFFE	接收 FIFO 帧错误标志位（FIFO 允许时有效）：0—无帧错误；1—有帧错误
14	SCIFFPE	接收 FIFO 奇/偶错误标志位（FIFO 允许时有效）：0—无奇/偶错误；1—有奇/偶错误
13~8	Reserved	保留
7~0	RXDT[7:0]	接收到的数据

编程代码：

```
ReceivedChar=SciaRegs.SCIRXBUF.all;//读取接收数据
```

6．发送数据缓冲器 SCITXBUF

发送数据缓冲器 SCITXBUF 为 8 位，当发送的数据小于 8 位时，其左边的位将被忽略，数据的各位必须右对齐。

7	6	5	4	3	2	1	0
TXDT7	TXDT6	TXDT5	TXDT4	TXDT3	TXDT2	TXDT1	TXDT0
R/W-0	R/W-0	R/W-0	R/W-0	R/W-0	R/W-0	R/W-0	R/W-0

编程代码：

```
SciaRegs.SCITXBUF=a;   //发送数据
```

7. 发送 FIFO 寄存器 SCIFFTX

15	14	13	12	11	10	9	8
SCIRST	SCIFFENA	TXFIFO Reset	TXFFST4	TXFFST3	TXFFST2	TXFFST1	TXFFST0
R/W-1	R/W-0	R/W-1	R-0	R-0	R-0	R-0	R-0

7	6	5	4	3	2	1	0
TXFFINT Flag	TXFFINT CLR	TXFFIENA	TXFFIL4	TXFFIL3	TXFFIL2	TXFFIL1	TXFFIL0
R-0	W-0	R/W-0	R/W-0	R/W-0	R/W-0	R/W-0	R/W-0

位域	名称	描述
15	SCIRST	SCI 发送/接收通道复位位：0—复位；1—使能操作
14	SCIFFENA	FIFO 增强功能允许位：0—禁止；1—允许
13	TXFIFO Reset	发送 FIFO 复位位：0—复位，指针指向 0；1—使能操作
12~8	TXFFST[4:0]	发送 FIFO 状态位：00000~10000—FIFO 有 x 个字未发送（x 为对应的十进制数）
7	TXFFINT Flag	FIFO 发送中断标志位：0—无中断；1—有中断
6	TXFFINT CLR	FIFO 发送中断清除位：0—无影响；1—清除中断标志
5	TXFFIENA	FIFO 发送中断允许位：0—禁止；0—允许
4~0	TXFFIL[4:0]	FIFO 发送中断设定当前状态位：TXFFST<=TXFFIL 时发生中断

8. 接收 FIFO 寄存器 SCIFFRX

15	14	13	12	11	10	9	8
RXFFOVF	RXFFOVR CLR	RXFIFO Reset	RXFFST4	RXFFST3	RXFFST2	RXFFST1	RXFFST0
R-0	W-0	R/W-1	R-0	R-0	R-0	R-0	R-0

7	6	5	4	3	2	1	0
RXFFINT Flag	RXFFINT CLR	RXFFIENA	RXFFIL4	RXFFIL3	RXFFIL2	RXFFIL1	RXFFIL0
R-0	W-0	R/W-0	R/W-1	R/W-1	R/W-1	R/W-1	R/W-1

位域	名称	描述
15	RXFFOVF	接收 FIFO 溢出标志位：0—无溢出；1—溢出
14	RXFFOVR CLR	溢出标志清除位：0—无影响；1—清除溢出标志
13	RXFIFO Reset	接收 FIFO 复位位：0—复位，指针指向 0；1—使能操作
12~8	RXFFST[4:0]	接收 FIFO 状态位：00000~1000—接收 FIFO 收到 x 个字（x 为对应的十进制数）
7	RXFFINT Flag	FIFO 接收中断标志位：0—无中断；1—有中断
6	RXFFINT CLR	FIFO 接收中断清除位：0—无影响；1—清除中断标志
5	RXFFIENA	FIFO 接收中断允许位：0—禁止；0—允许
4~0	RXFFIL[4:0]	FIFO 接收中断设定当前状态位：RXFFST>=RXFFIL 时发生中断

9. FIFO 控制寄存器 SCIFFCT

15	14	13	12				8
ABD	ABD CLR	CDC	Reserved				
R-0	W-0	R/W-0	R-0				

7	6	5	4	3	2	1	0
FFTXDLY7	FFTXDLY6	FFTXDLY5	FFTXDLY4	FFTXDLY3	FFTXDLY2	FFTXDLY1	FFTXDLY0
R/W-0	R/W-0	R/W-0	R/W-0	R/W-0	R/W-0	R/W-0	R/W-0

位域	名称	描述
15	ABD	自动波特率检测标志位：0—未完成检测；1—完成检测
14	ABD CLR	ABD 标志清除位：0—无影响；1—清除 ABD 标志
13	CDC	自动波特率检测允许位：0—禁止；1—允许
12～8	Reserved	保留
7～0	FFTXDLY[7:0]	发送 FIFO 发送数据时每个数据之间的延时（以波特率时钟为单位）

10. 波特率选择寄存器 SCIHBAUD,SCILBAUD

波特率选择寄存器包括两个 8 位寄存器 SCIHBAUD 和 SCILBAUD，分别用于设置波特率的高 8 位和低 8 位。

（1）波特率选择高字节寄存器 SCIHBAUD

15	14	13	12	11	10	9	8
BAUD15(MSB)	BAUD14	BAUD13	BAUD12	BAUD11	BAUD10	BAUD9	BAUD8
R/W-0	R/W-0	R/W-0	R/W-0	R/W-0	R/W-0	R/W-0	R/W-0

（2）波特率选择低字节寄存器 SCILBAUD

7	6	5	4	3	2	1	0
BAUD7	BAUD6	BAUD5	BAUD4	BAUD3	BAUD2	BAUD1	BAUD0(LSB)
R/W-0	R/W-0	R/W-0	R/W-0	R/W-0	R/W-0	R/W-0	R/W-0

波特率寄存器设置值与波特率的关系为

$$SCI波特率 = \begin{cases} \dfrac{LSPCLK}{(BRR+1) \times 8} & BRR=1\sim65535 \\ \dfrac{LSPCLK}{16} & BRR=0 \end{cases} \tag{7-1}$$

式中，LSPCLK 为低速预定标输出时钟，BRR 为波特率寄存器设置值。

例如，要求的波特率为 9600bps，LSPCLK=37.5MHz，则

$$BRR=487=01E7H$$

赋值时要将十进制数转换为十六进制数，高 8 位赋值给 SCIHBAUD，低 8 位赋值给 SCILBAUD。

编程代码：

```
SciaRegs.SCIHBAUD=0x0001;   //9600bps@LSPCLK=37.5MHz
SciaRegs.SCILBAUD=0x00E7;
```

11. 优先级控制寄存器 SCIPRI

7		5	4	3	2		0
Reserved			SCISOFT	SCIFREE	Reserved		
R-0			R/W-0	R/W-0	R-0		

位域	名称	描述
7～5	Reserved	保留
4～3	SCISOFT SCIFREE	仿真器挂起时，SCI 操作方式位： 00—立刻停止；01—完成当前接收/发送操作后停止 x1—继续 SCI 操作，自由运行
2～0	Reserved	保留

7.1.3 SCI 模块应用示例

要求 DSP 将 "World!" 发送给上位机，上位机收到欢迎信息后，发送一个字符给 DSP；DSP 接收到该字符后，再将其发送给上位机。

```c
#include "DSP2833x_Device.h"      //DSP2833x Header file Include File
#include "DSP2833x_Examples.h"    //DSP2833x Examples Include File
void scia_echoback_init(void);
void scia_fifo_init(void);
void scia_xmit(inta);
void scia_msg(char*msg);
Uint16 LoopCount;//本例中使用的全局计数
Uint16 ErrorCount;
void main(void)
{Uint16 ReceivedChar;
char*msg;
InitSysCtrl();
InitSciaGpio();
DINT;
InitPieCtrl();
IER=0x0000;
IFR=0x0000;
InitPieVectTable();
LoopCount=0;
ErrorCount=0;
scia_fifo_init();  //初始化 SCIFIFO
    scia_echoback_init();//初始化 SCI for echoback
msg="\r\n\n\nHello World!\0";
scia_msg(msg);
msg="\r\nYou will enter a character,and the DSP will echo it back!\n\0";
scia_msg(msg);
for(;;)
{msg="\r\nEnter a character:\0";
scia_msg(msg);
while(SciaRegs.SCIFFRX.bit.RXFFST!=1){}
//wait for XRDY=1 for empty state
ReceivedChar=SciaRegs.SCIRXBUF.all;
msg="Yousent:\0";
scia_msg(msg);
scia_xmit(ReceivedChar);
LoopCount++;
}
}
void scia_echoback_init()
{
SciaRegs.SCICCR.all=0x0007; //停止位,无奇/偶校验位,8 位字符等
  SciaRegs.SCICTL1.all=0x0003;//使能 TX,RX
//DisableRXERR,SLEEP,TXWAKE
  SciaRegs.SCICTL2.all=0x0003;
```

```
SciaRegs.SCICTL2.bit.TXINTENA=1;
SciaRegs.SCICTL2.bit.RXBKINTENA=1;
#if(CPU_FRQ_150MHZ)
    SciaRegs.SCIHBAUD=0x0001;//9600bps@LSPCLK=37.5MHz.
    SciaRegs.SCILBAUD=0x00E7;
#endif
#if(CPU_FRQ_100MHZ)
    SciaRegs.SCIHBAUD=0x0001;//9600bps@LSPCLK=20MHz.
    SciaRegs.SCILBAUD=0x0044;
#endif
 SciaRegs.SCICTL1.all=0x0023;//系统复位后,重新启用 SCI
}
void scia_xmit(inta)
{
while(SciaRegs.SCIFFTX.bit.TXFFST!=0){}
SciaRegs.SCITXBUF=a;
}
void scia_msg(char*msg)
{
inti;
i=0;
while(msg[i]!='\0')
{scia_xmit(msg[i]);
i++;}
}
void scia_fifo_init()
{
SciaRegs.SCIFFTX.all=0xE040;
SciaRegs.SCIFFRX.all=0x204f;
SciaRegs.SCIFFCT.all=0x0;
}
```

7.2 SPI 模块

串行外设接口 SPI（Serial Peripheral Interface）模块主要用于 DSP 之间或由 DSP 控制的外设之间的通信。外设如移位寄存器、显示器、串行 A/D 转换器、串行 D/A 转换器等。SPI 接口是一个高速同步的 I/O 口，具有可编程的数据长度（1～16 位）和时钟。

7.2.1　SPI 模块结构与工作原理

1. SPI 通信原理与结构

SPI 同步串行通信必须有相同的同步时钟，DSP 的 SPI 通信线路包括 1 条串行同步时钟信号线、2 条数据线、1 条低电平有效的片选线。SPI 通信以主从方式进行工作，必须有一个主控制器，但可以有多个从控制器，通过片选信号（$\overline{\text{SPISTE}}$）来控制和选择通信的从控制器。SPI 时钟引脚（SPICLK）提供串行同步时钟，主控制器输出时钟，从控制器以此进行通信。对于主控制器，数据由从输入主输出引脚（SPISIMO）输出，由从输出主输入引脚（SPISOMI）输入；对于从控制器，引脚正好相反。DSP 的 SPI 主从通信连接如图 7-8 所示，主要由 4 个引脚

（SPISIMO、SPISOMI、$\overline{\text{SPISTE}}$ 和 SPICLK）、移位寄存器（SPIDAT）、串行发送缓冲器（SPITXBUF）、串行接收缓冲器（SPIRXBUF）、16 级接收 RXFIFO 和 16 级发送 TXFIFO 组成。

其工作过程为：将要发送的数据写入串行发送缓冲器（SPITXBUF），由 SPIRXBUF 送入移位寄存器（SPIDAT），在时钟作用下，SPIDAT 中的数据从高位逐一由引脚 SPISIMO 发送出去，发送完毕置位中断标志位，申请中断继续写数据。在时钟作用下，数据从接收引脚 SPISOMI 由高位逐一进入 SPIDAT，然后送入串行接收缓冲器（SPIRXBUF），置位中断标志位，申请中断读数据。其工作方式有主、从模式两种。

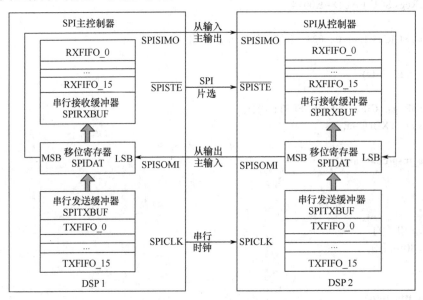

图 7-8　SPI 主从通信连接图

（1）主模式

主模式工作原理如图 7-9 所示，其工作具体过程如下：

① 主控制器输出时钟给从控制器，使二者同步；

② 主控制器将数据写入 SPIDAT，由 MSB 开始，从 SPISIMO 引脚上串行输出；

③ 从控制器接收数据并移入 SPIDAT 的 LSB；

④ 从控制器将数据并行写入 SPIRXBUF，供 CPU 读出，同时可以产生中断。

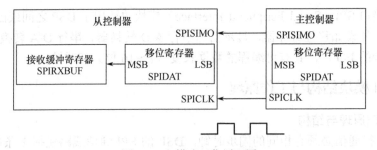

图 7-9　主模式工作原理图

（2）从模式

从模式工作原理如图 7-10 所示，其工作具体过程如下：

① 外部主控制器为从控制器提供时钟，使二者同步；

② 主控制器从 $\overline{\text{SPISTE}}$ 引脚输出低电平给从控制器，允许从控制器发送数据；

③ 从控制器写数据至 SPIDAT，从 SPISOMI 引脚输出；

④ 主控制器从 SPISOMI 引脚接收数据，并移入 SPIDAT；

⑤ 主控制器将数据并行写入 SPIRXBUF。

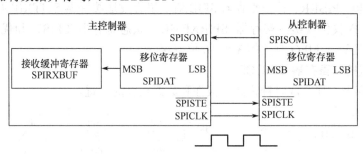

图 7-10　从模式工作原理图

2．波特率和时钟模式

（1）SPI 波特率的设定

SPI 模块可设置 125 种波特率，在主模式下 SPI 的时钟信号由 SPI 模块产生，从 SPICLK 引脚输出，从模式下 SPI 所需的时钟信号由主控制器提供，从 SPICLK 引脚输入。无论是主模式还是从模式，SPI 时钟的频率均不得大于 SYSCLKOUT/4。

SPI 波特率由寄存器 SPIBRR 中的值确定，它们的关系为

$$SPI波特率=\begin{cases} \dfrac{LSPCLK}{(SPIBRR+1)} & SPIBRR=3{\sim}127 \\ \dfrac{LSPCLK}{4} & SPISPIBRR=0{\sim}2 \end{cases} \qquad (7\text{-}2)$$

式中，LSPCLK 为低速预定标输出时钟。

（2）SPI 时钟模式

SPI 的时钟有 4 种模式，分别为无延时的上升沿、有延时的上升沿、无延时的下降沿和有延时的下降沿。它们由 SPICCR[CLOCK POLARITY]和 SPICTL[CLOCK PHASE]位设置。其设置关系见表 7-1。

表 7-1　SPI 时钟模式配置表

SPICCR[CLOCK POLARITY]	0	0	1	1
SPICTL[CLOCK PHASE]	0	1	0	1
时钟模式	无延时的上升沿	有延时的上升沿	无延时的下降沿	有延时的下降沿

无延时的上升沿：在 SPICLK 时钟的上升沿发送数据，下降沿接收数据。

有延时的上升沿：在 SPICLK 时钟的上升沿之前半个周期发送数据，上升沿接收数据。

无延时的下降沿：在 SPICLK 时钟的下降沿发送数据，上升沿接收数据。

有延时的下降沿：在 SPICLK 时钟的下降沿之前半个周期发送数据，下升沿接收数据。

注意：SPI 的时钟 SPICLK 波形在 SPIBRR+1 的值为偶数时保持对称；为奇数时不对称，高、低电平相差一个 CLKOUT 周期。

（3）SPI 模块的 FIFO 功能

SPI 模块的 FIFO 功能与 SCI 模块类似，详见相关资料。

7.2.2　SPI 模块的寄存器

SPI 模块的寄存器主要包括 SPI 配置控制寄存器 SPICCR、SPI 工作控制寄存器 SPICTL、波特率设置寄存器 SPIBRR、移位寄存器 SPIDAT、串行发送缓冲器 SPITXBUF、串行接收缓冲器 SPIRXBUF、接收仿真缓冲器 SPIRXEMU、状态寄存器 SPIST 和优先级控制寄存器 SPIPRI。另外，还有与 FIFO 有关的 3 个 16 位寄存器。

1. SPI 配置控制寄存器 SPICCR

SPICCR 寄存器主要完成时钟模式、极性和数据长度的配置。

7	6	5	4	3	2	1	0
SPISW Reset	CLOCK POLARITY	Reserved	SPILBK	SPI CHAR3	SPI CHAR2	SPI CHAR1	SPI CHAR0
R/W-0	R/W-0	R-0	R-0	R/W-0	R/W-0	R/W-0	R/W-0

位域	名称	描述
7	SPISW Reset	SPI 软件复位位：0—SPI 复位；1—SPI 准备好接收/发送
6	CLOCK POLARITY	移位时钟极性位： 0—上升沿输出数据，下降沿输入数据；1—下降沿输出数据，上升沿输入数据
5	Reserved	保留
4	SPILBK	SPI 自反馈模式位，实现 SPI 内部输入和输出相连，用于通信测试，该方式只在 SPI 为主模式时有效：0—SPI 自反馈模式禁止；1—SPI 自反馈模式使能，即 SIMO/SOMI 在内部相连
3~0	SPICHAR[3:0]	字符长度选择位：字符长度=SPICHAR[3:0]+1

编程代码：

```
SpiaRegs.SPICCR.all=0x000F;  //设置数据为 16 位,上升沿输出
```

2. SPI 工作控制寄存器 SPICTL

SPICTL 寄存器主要完成时钟模式相位、主从模式和中断等的配置。

7	5	4	3	2	1	0
Reserved		OVERRUN INTENA	CLOCK PHASE	MASTER/ SLAVE	TALK	SPIINT ENA
R-0		R/W-0	R/W-0	R/W-0	R/W-0	R/W-0

位域	名称	描述
7~5	Reserved	保留
4	OVERRUN INTENA	接收超时中断允许位：0—禁止；1—允许
3	CLOCK PHASE	SPI 时钟相位选择位，与 SPICCR.6 位组合共形成 4 种时钟方案。0—无延时；1—延时半个周期
2	MASTER/SLAVE	SPI 主从模式选择位：0—从模式；1—主模式
1	TALK	主从模式发送允许位：0—禁止发送（高阻态）；1—允许发送
0	SPIINT ENA	SPI 发送/接收中断允许位：0—禁止 SPI 中断；1—允许 SPI 中断

编程代码：

```
SpiaRegs.SPICTL.all=0x0006;//主模式,允许发送
```

3. 波特率设置寄存器 SPIBRR

SPIBRR 寄存器主要用于波特率的设置。

7	6	5	4	3	2	1	0
Reserved	SPIBIT RATE 6	SPIBIT RATE 5	SPIBIT RATE 4	SPIBIT RATE 3	SPIBIT RATE 2	SPIBIT RATE 1	SPIBIT RATE 0
R-0	RW-0	RW-0	RW-0	RW-0	RW-0	RW-0	RW-0

SPIBRR 为 8 位寄存器，设置 SPIBRR[0:6]位可以配置 125 种不同的波特率，具体关系详见式（7-2）。

编程代码：

```
SpiaRegs.SPIBRR=0x007F;  //设置波特率
```

4. 数据类寄存器 SPIRXBUF,SPITXBUF,SPIDAT,SPIRXEMU

数据类寄存器共 4 个，包括串行接收缓冲器 SPIRXBUF、串行发送缓冲器 SPITXBUF、移位寄存器 SPIDAT 和接收仿真缓冲寄存器 SPIRXEMU，都为 16 位，用于存储数据，本节不再详细一一介绍。当发送的数据不足 16 位时，写入 SPITXBUF 的数据必须采用左对齐方式。

（1）串行接收缓冲器 SPIRXBUF

15	14	13	12	11	10	9	8
RXB15	RXB14	RXB13	RXB12	RXB11	RXB10	RXB9	RXB8
R-0	R-0	R-0	R-0	R-0	R-0	R-0	R-0

7	6	5	4	3	2	1	0
RXB7	RXB6	RXB5	RXB4	RXB3	RXB2	RXB1	RXB0
R-0	R-0	R-0	R-0	R-0	R-0	R-0	R-0

（2）串行发送缓冲器 SPITXBUF

15	14	13	12	11	10	9	8
TXB15	TXB14	TXB13	TXB12	TXB11	TXB10	TXB9	TXB8
R-0	R-0	R-0	R-0	R-0	R-0	R-0	R-0

7	6	5	4	3	2	1	0
TXB7	TXB6	TXB5	TXB4	TXB3	TXB2	TXB1	TXB0
R-0	R-0	R-0	R-0	R-0	R-0	R-0	R-0

（3）移位寄存器 SPIDAT

15	14	13	12	11	10	9	8
SDAT15	SDAT14	SDAT13	SDAT12	SDAT11	SDAT10	SDAT9	SDAT8
R/W-0	R/W-0	R/W-0	R/W-0	R/W-0	R/W-0	R/W-0	R/W-0

7	6	5	4	3	2	1	0
SDAT7	SDAT6	SDAT5	SDAT4	SDAT3	SDAT2	SDAT1	SDAT0
R/W-0	R/W-0	R/W-0	R/W-0	R/W-0	R/W-0	R/W-0	R/W-0

（4）接收仿真缓冲寄存器 SPIRXEMU

15	14	13	12	11	10	9	8
TXB15	TXB14	TXB13	TXB12	TXB11	TXB10	TXB9	TXB8
R/W-0	R/W-0	R/W-0	R/W-0	R/W-0	R/W-0	R/W-0	R/W-0

7	6	5	4	3	2	1	0
TXB7	TXB6	TXB5	TXB4	TXB3	TXB2	TXB1	TXB0
R/W-0	R/W-0	R/W-0	R/W-0	R/W-0	R/W-0	R/W-0	R/W-0

编程代码：

```
SpiaRegs.SPITXBUF=a;  //写串行发送缓冲器
rdata=SpiaRegs.SPIRXBUF;  //读串行接收缓冲器
```

5. 状态寄存器 SPIST

SPIST 寄存器是一个 8 位寄存器，主要显示中断标志和发送缓冲器的状态。

7	6	5	4				0
RECEIVER OVERRUN FLAG[①②]	SPIINT FLAG[①②]	TXBUFFULL FLAG[②]	Reserved				
R/C-0	R/C-0	R/C-0	R-0				

位域	名称	描述
7	RECEIVER OVERRUN FLAG	SPI 接收器溢出标志： 0—写 0 无影响 1—写 1 清除位，中断服务期间应清除该位，因为该标志位和 SPIINT 标志位共享相同的中断向量
6	SPIINTFLAG	SPI 中断标志位： 0—无中断请求 1—有中断请求。读 SPIRXBUF 或向 SPISW Reset 写 1 或系统复位，可清除该标志位
5	TXBUFFULLFLAG	发送缓冲器满标志：0—SPITXBUF 空；1—SPITXBUF 有新数据
4~0	Reserved	保留

注：①接收器溢出标志位和 SPIINT 标志位共享相同的中断向量；②将 0 写入位 5、6 和 7 无效。

编程代码：

```
while(SpiaRegs.SPIST.bit.TXBUFFULLFLAG=1){}}//查询是否有新数据
```

6. 优先级控制寄存器 SPIPRI

7		6	5	4	3			0
Reserved		SPISUSPSOFT		SPISUSPFREE	Reserved			
R-0		R/W-0		R/W-0	R-0			

位域	名称	描述
7~6	Reserved	保留
5~4	SPI SUSP SOFT, SPI SUSP FREE	仿真器挂起时 SPI 操作方式位： 00—当 TSPEND 被设置时，发送立刻停止。一旦 TSPEND 被撤销，在 DATBUF 中的剩余位数据将被移位发送 01—如果仿真器挂起发生在一次传送的开始前，则传送不会产生；如果仿真器挂起发生在一次传送的开始后，数据将会被移位传送出去后停止 x1—无论仿真器是否挂起，SPI 都自由运行
3~0	Reserved	保留

7. FIFO 发送寄存器 SPIFFTX

15	14	13	12	11	10	9	8
SPIRST	SPIFFENA	TXFIFO	TXFFST4	TXFFST3	TXFFST2	TXFFST1	TXFFST0
R/W-1	R/W-0	R/W-1	R-0	R-0	R-0	R-0	R-0

7	6	5	4	3	2	1	0
TXFFINT Flag	TXFFINT CLR	TXFFIENA	TXFFIL4	TXFFIL3	TXFFIL2	TXFFIL1	TXFFIL0
R/W-0	W-0	R/W-0	R/W-0	R/W-0	R/W-0	R/W-0	R/W-0

位域	名称	描述
15	SPIRST	SCI 发送/接收通道复位位：0—复位；1—使能操作
14	SPIFFENA	FIFO 增强功能允许位：0—禁止；1—允许
13	TXFIFO	发送 FIFO 复位位：0—复位，指针指向 0；1—使能操作
12~8	TXFFST[4:0]	发送 FIFO 状态位：00000~10000—FIFO 有 x 个字未发送
7	TXFFINT Flag	FIFO 发送中断标志位：0—无中断；1—有中断
6	TXFFINT CLR	FIFO 发送中断清除位：0—无影响；1—清除中断标志
5	TXFFIENA	FIFO 发送中断允许位：0—禁止；0—允许
4~0	TXFFIL[4:0]	FIFO 发送中断设定当前状态位：TXFFST<=TXFFIL 时发生中断

8. FIFO 接收寄存器 SPIFFRX

15	14	13	12	11	10	9	8
RXFFOVF	RXFFOVF CLR	RXFIFO Reset	RXFFST4	RXFFST3	RXFFST2	RXFFST1	RXFFST0
R-0	W-0	R/W-1	R-0	R-0	R-0	R-0	R-0

7	6	5	4	3	2	1	0
RXFFINT Flag	RXFFINT CLR	RXFFIENA	RXFFIL4	RXFFIL3	RXFFIL2	RXFFIL1	RXFFIL0
R-0	W-0	R/W-0	R/W-1	R/W-1	R/W-1	R/W-1	R/W-1

位域	名称	描述
15	RXFFOVF	接收 FIFO 溢出标志位：0—无溢出；1—溢出
14	RXFFOVF CLR	溢出标志清除位：0—无影响；1—清除溢出标志
13	RXFIFO Reset	接收 FIFO 复位位：0—复位，指针指向 0；1—使能操作
12～8	RXFFST[4:0]	接收 FIFO 状态位：00000～10000—接收 FIFO 收到 x 个字
7	RXFFINT Flag	FIFO 接收中断标志位：0—无中断；1—有中断
6	RXFFINT CLR	FIFO 接收中断清除位：0—无影响；1—清除中断标志
5	RXFFIENA	FIFO 接收中断允许位：0—禁止；0—允许
4～0	RXFFIL[4:0]	FIFO 接收中断设定当前状态位：RXFFST>=RXFFIL 时发生中断

9. FIFO 控制寄存器 SPIFFCT

15							8
Reserved							
R-0							

7	6	5	4	3	2	1	0
FFTXDLY7	FFTXDLY6	FFTXDLY5	FFTXDLY4	FFTXDLY3	FFTXDLY2	FFTXDLY1	FFTXDLY0
R/W-0	R/W-0	R/W-0	R/W-0	R/W-0	R/W-0	R/W-0	R/W-0

位域	名称	描述
15～8	Reserved	保留
7～0	FFTXDLY[7:0]	发送 FIFO 发送数据时每个数据之间的延时（以波特率时钟为单位）

7.2.3 SPI 模块应用示例

该示例为 SPI 内部自测程序，要求 SPI 工作在主模式，自发自收，并检测接收数据的错误率。

```
#include "DSP2833x_Device.h"     //DSP2833x Header file Include File
#include "DSP2833x_Examples.h"     //DSP2833x Examples Include File

#define LedReg  (*((volatile Uint16*)0x41FF))
Uint16 *ExRamStart=(Uint16*)0x100000;

//Prototype statements for functions found within this file.
//interrupt void ISRTimer2(void);
void delay_loop(void);
void spi_xmit(Uint16a);
void spi_fifo_init(void);
```

```
void spi_init(void);
void error(void);

void main(void)
{
Uint16 sdata;//发送数据
Uint16 rdata;//接收数据
InitSysCtrl();

InitXintf16Gpio();
InitSpiaGpio();

DINT;
InitPieCtrl();
IER=0x0000;
IFR=0x0000;
InitPieVectTable();

spi_fifo_init();    //初始化 SPIFIFO
spi_init();         //初始化 SPI

LedReg=0xFF;
sdata=0x0000;
for(;;)
{
  //Transmit data
  spi_xmit(sdata);
  //等待数据接收
  while(SpiaRegs.SPIFFRX.bit.RXFFST!=1){}
  //Check against sent data
  rdata=SpiaRegs.SPIRXBUF;
  if(rdata!=sdata)error();
  sdata++;
 }
}

void delay_loop()
{
   long i;
   for(i=0;i<1000000;i++){}
}

void error(void)
{
   asm("ESTOP0");                          //测试失败!!停止!
   for(;;);
}

void spi_init()
```

```
{
    SpiaRegs.SPICCR.all=0x000F; //复位,上升沿,16 位字符位
    SpiaRegs.SPICTL.all=0x0006; //启用模式,正常相位,允许发送,禁止中断等
    SpiaRegs.SPIBRR=0x007F;
    SpiaRegs.SPICCR.all=0x009F;        //系统复位后,重新启用 SPI
    SpiaRegs.SPIPRI.bit.FREE=1;
}

void spi_xmit(Uint16a)
{
    SpiaRegs.SPITXBUF=a;
}

void spi_fifo_init()
{
//Initialize SPIFIFO registers
    SpiaRegs.SPIFFTX.all=0xE040;
    SpiaRegs.SPIFFRX.all=0x204f;
    SpiaRegs.SPIFFCT.all=0x0;
}
```

7.3　I²C 模块

I²C（Inter-Integrated Circuit）总线是一种同步的串行通信总线，使用多主从架构。I²C总线是各种总线中使用信号线最少，并具有自动寻址、多主机时钟同步和仲裁等功能的总线。因此，使用 I²C 总线设计系统十分方便灵活，体积也小，因而在各类实际应用中得到广泛应用。

7.3.1　I²C 模块结构与工作原理

1. I²C 通信原理和模块结构

I²C 模块通过 I²C 总线为 DSP 和其他符合 I²C 总线规格的设备提供接口。I²C 总线是一种两线制串行总线，包括一条串行数据线 SDA 和一条串行时钟线 SCL。TMS320F28335 的 I²C 模块由一个数据引脚（SDA）、时钟引脚（SCL）和对应的总线相连。与 I²C 总线相连的外部设备可以发送 1～8 位数据到 DSP，或者从 DSP 接收 1～8 位数据。I²C 模块支持任何主从 I²C 兼容设备，如图 7-11 所示，多个 I²C 设备连接在总线上实现多个设备间的数据双向传输。I²C 总线通过上拉电阻接电源，当总线空闲时，两条线均为高电平。连接到总线上的任一设备输出的低电平，都将使总线的信号电平变低，结束总线空闲状态，控制总线进行通信，各个设备的 SDA 和 SCL 都是线与关系。

I²C 是一种多主控总线，总线上每个 I²C 设备都有一个唯一的识别地址，任何一个设备都能作为主机或者从机进行通信。主机控制总线，发送数据中包含地址信息，对应地址的设备作为通信的从机，以主从模式实现两个 I²C 设备之间的串行通信。通信过程中，主机的主要特征是实现初始化发送、产生时钟信号和终止发送信号，一旦主机控制总线和从机建立通信连接，两者即可实现同步串行通信。主机可以是数据的发送者和接收者，从机同样也可以是发送者和接收者。多主机系统中，可能存在几个设备企图启动总线申请，申请作为主机传送数据，为避免

混乱，这种情况下要通过总线仲裁，以决定由哪个设备成为主机控制总线进行通信。

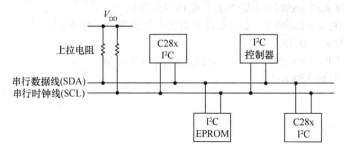

图 7-11　多个 I^2C 设备连接图

　　DSP 支持两种主要传输模式。一种为标准模式：发送 n 个数据，n 是在 I^2C 模块寄存器中所设置的传输数据个数；另一种为重复模式：一直发送数据，直到软件产生一个停止条件或一个新的开始条件。

　　如图 7-12 所示为 I^2C 模块结构图，给出了非 FIFO 模式下数据发送和接收的操作方式。其中用了 4 个寄存器：I^2C 数据接收寄存器（I2CDRR）、I^2C 数据发送寄存器（I2CDXR）、I^2C 接收移位寄存器（I2CRSR）、I^2C 发送移位寄存器（I2CXSR）。CPU 将需要发送的数据写入 I2CDXR，并从 I2CDRR 中读取接收到的数据。当 I^2C 模块配置成发送器时，写入 I2CDXR 的数据被复制到 I2CXSR 中，并逐位移出到 SDA 引脚上；当 I^2C 模块配置成接收器时，接收到的数据先移入 I2CRSR，再复制到 I2CDRR 中。

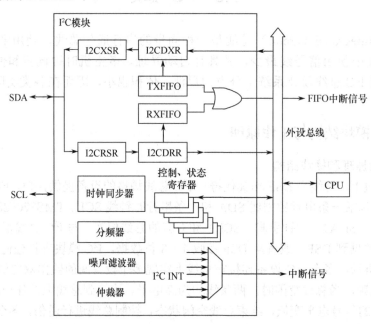

图 7-12　I^2C 模块结构图

2．时钟产生

　　DSP 时钟发生器对外部输入时钟通过对 PLLCR 寄存器进行软件设置实现倍频，得到 I^2C 输入时钟。可见，I^2C 输入时钟与 CPU 时钟及 SYSCLKOUT 时钟相等，在 I^2C 模块内进行了两次分频，最后得到主机的输出时钟，如图 7-13 所示。第一个分频系数 IPSC 是 I^2C 模块中的预分频寄存器 I2CPSC 的低 8 位，ICCL 和 ICCH 分别是低电平分频寄存器（I2CCLKL）和高电平分频寄存器（I2CCLKH）的 16 位。经过第一个分频系数 IPSC 得到 I²C 模块时钟，模块时钟频率必须配置在 7～12MHz，其公式为

$$f_{模块} = \frac{I^2C输入时钟频率}{IPSC+1} \tag{7-3}$$

I²C 模块时钟经过 ICCL 和 ICCH 分别进一步分频得到作为主机时的输出时钟，该时钟不仅频率而且高、低电平的相应宽度都取决于 ICCL 和 ICCH 的配置数值。

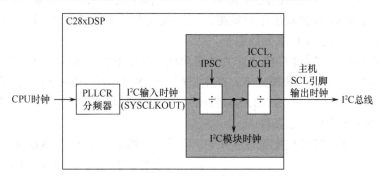

图 7-13　I²C 模块时钟产生图

3．总线操作

（1）输入、输出电平

I²C 通信为同步串行通信，主机为每个数据传输对应产生一个时钟，数据和时钟的高、低电平随 DSP 的技术指标不同而不同，因此，I²C 总线上的逻辑电平对应的高、低电平是不固定的，取决于 DSP 的 V_{DD}，具体需要查看相应的技术文档。

（2）数据有效性

在时钟为高电平时，SDA 引脚上的数据必须稳定，只有在 SCL 上的时钟信号变为低电平时，SDA 引脚的数据才可以改变，如图 7-14 所示。

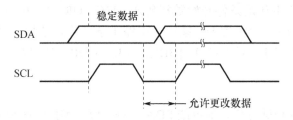

图 7-14　数据有效状态

（3）I²C 模块的操作模式

根据 DSP 的 I²C 模块为主机还是从机，发送数据还是接收数据进行组合，I²C 模块共有 4 种操作模式：主机发送数据模式、主机接收数据模式、从机发送数据模式、从机接收数据模式。

① 主机发送数据模式即 I²C 模块为主机，向从机发送控制信息和数据。需要强调的是，I²C 通信的开始就是主机先发送一个包含地址的数据给指定的从机，从而建立主从连接。接下来，当需要主机发送数据给从机时，I²C 模块仍然保持在主机发送数据模式。具体实现如下：以 7 位/10 位地址格式的数据在 SDA 中被移出，位移位与主机产生的时钟脉冲同步。当要求 DSP 进行干预时（I2CSTR[XSMT]=0），发送完当前字节，时钟脉冲被禁止，SCL 保持低电平。

② 主机接收数据模式即主机接收从机发送的数据。该模式只能从主机发送数据模式进入，主机必须先向从机发送命令。具体实现如下：传送地址数据及 R/$\overline{W}$=1 以 7 位/10 位地址格式被

发送到从机，I^2C 模块进入主机接收数据模式，即在主机产生的时钟信号送入 SCL，在此时钟节拍下，串行数据从从机的发送移位寄存器传送到 SDA 上。主机接收到干预请求时（I2CSTR[XSMT]=0），接收完当前字节，把输出时钟禁止，即 SCL 保持低电平。

③ 从机发送数据模式即 I^2C 模块作为从机向主机发送数据。该模式只能由从机接收数据模式进入，I^2C 模块必须首先从主机接收命令。具体实现如下：如果接收到的地址字节与其本身的地址（I2COAR）相同，且主机已发送 $R/\overline{W}$ =1，I^2C 模块进入从机发送数据模式，在主机产生的时钟节拍下，向 SDA 移位输出串行数据，当接收到主机干预请求时（I2CSTR[XSMT]=0），发送完当前字节后，可将 SCL 置为低电平。

④ 从机接收数据模式即 I^2C 模块作为从机模块，接收主机发送的数据。所有的从机均从此模式启动。具体实现如下：在该模式下，在主机产生的 SCL 时钟节拍下从机接收 SDA 的数据，当接收到 DSP 干预请求时（I2CSTR[XSMT]=0），接收完当前字节，可将 SCL 置为低电平。

（4）I^2C 模块的开始和停止条件

当 I^2C 总线上的 I^2C 模块被配置成主机时，可以由该模块产生开始（START）和停止（STOP）条件。如图 7-15 所示为 I^2C 模块的开始和停止时序图。

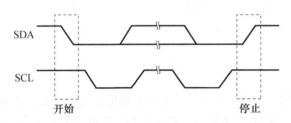

图 7-15　I^2C 模块的开始和停止时序图

当 SCL 为高电平，数据线 SDA 产生由高到低跳变时，表示开始条件开始。主机通过产生这样的条件来表明数据传送开始。当 SCL 为高电平，数据线 SDA 产生由低到高跳变时，表明停止条件产生，主机通过产生该条件表明数据传送停止。

开始条件开始后且停止条件产生之前，这期间认为 I^2C 总线处于忙状态，此时总线忙标志位 I2CSTR[BB]=1；在停止条件产生后与下一个开始条件产生前，这期间认为 I^2C 总线处于空闲状态，此时 I2CSTR[BB]=0。

为了使 I^2C 模块使用开始条件开始数据传送，I2CMDR 的主从模式位（MST）和开始条件位（STT）都必须为 1。为了使 I^2C 模块使用停止条件终止数据的传送，则 I2CMDR 的停止条件位（STP）必须置 1。当 I2CSTR[BB]位和 I2CMDR[STT]位都置 1 时，产生重复的开始条件。

（5）串行数据格式

I^2C 模块支持 1～8 位数据值，数据线 SDA 上每一位的维持时间和时钟线 SCL 上的一个脉冲相对应，发送数据从最高位到最低位依次发送，传送或者接收的数据个数没有限制。地址位可以有两种位数选择：7 位或 10 位。如图 7-16 所示为 I^2C 模块串行数据格式，其中地址位为 7 位，数据为 8 位。

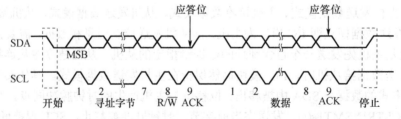

图 7-16　I^2C 模块串行数据格式

① 7 位地址格式

如图 7-17 所示为 7 位地址格式，开始位后第一字节包括 7 位的从机地址和 1 位读写选择位（R/$\overline{\text{W}}$），R/$\overline{\text{W}}$ =0：主机写数据入从机；R/$\overline{\text{W}}$ =0：从机写数据入主机。每个字节传送完成后，插入一个响应信号（ACK）专用的额外时钟周期。主机发送完第一字节，从机发出响应信号后，根据 R/$\overline{\text{W}}$ 位的状态，在响应信号之后主机或者从机就会发送 n 位数据，n 的值介于 1~8 之间，由寄存器 I2CMDR[BC]确定。数据发送完成后，接收器会插入一个响应信号。要使用 7 位地址格式，需向 I2CMDR 的扩展地址使能位（XA）写 0，并且要确保全数据格式关闭（I2CMDR [FDF]=0）。

图 7-17　7 位地址格式

② 10 位地址格式

如图 7-18 所示为 10 位地址格式。10 地址格式与 7 位地址格式类似，不同的是主机发送从机地址采用两个分离的字节传输，开始位后第一字节包括 11110 和从机地址的 2 个最高位 MSB 及一个读写选择位（R/$\overline{\text{W}}$），第二字节为剩下的 8 位地址。主机一旦向从机发送了第二字节，从机在每两个字节传输完成之后必须发送一个响应信号。主机将第二字节的地址写到从机时，主机可以写数据或者通过重复使用开始信号来改变数据传送方向。要使用 10 位地址格式，需向 I2CMDR 的扩展地址使能位（XA）写 1，并且要确保全数据格式关闭（I2CMDR[FDF]=0）。

图 7-18　10 位地址格式

（6）应答信号 ACK 和无应答信号 NACK

总线空闲状态指 SDA 和 SCL 两条信号线都处于高电平，即总线上的设备都处于释放状态。I2C 总线的数据都以 8 位进行传送，发送器每发送一个字节后，在时钟线 SCL 的第 9 个时钟脉冲期间释放数据线，由接收器发送一个 ACK（把数据线电平拉低）信号来表示数据成功接收。在时钟线 SCL 的第 9 个时钟脉冲期间释放数据线，接收器不拉低数据线则表示一个 NACK 信号。NACK 信号有两种用途：

① 表示接收器未成功接收数据字节；

② 当接收器是主机时，它收到最后一个字节后，应发送一个 NACK 信号，以通知被控发送器结束数据发送，并释放总线，以便主控接收器发送一个停止信号。

（7）仲裁

如果两个或者多个设备要同时向总线发送数据，即有多个设备竞争作为主机发起 I2C 通信，此时需要启动仲裁程序。通过仲裁决定由哪个设备作为主机。如图 7-19 所示为两个设备的仲裁过程。传送低电平串行数据流的设备具有优先权。如果两个或多个设备发送的数据首字节相等，则仲裁结果将继续选取随后的数据字节比较，依然是低电平优先。

如果 I2C 模块丢失主机模式，就转变为从机接收器模式，发送仲裁丢失标志（AL），并产生一个仲裁丢失中断请求。

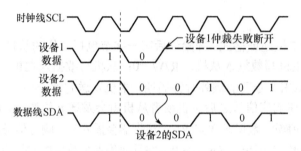

图 7-19　两个设备的仲裁过程

（8）写通信过程

① 主机在检测到总线空闲的状况下，首先发送一个开始信号接管总线；

② 发送一个地址字节，包括 7 位地址码和一位 0；

③ 当从机检测到主机发送的地址与自己的地址相同时，发送一个应答信号（ACK）；

④ 主机收到 ACK 信号后，开始发送第一个数据字节；

⑤ 从机收到数据字节后发送一个 ACK 信号表示继续传送数据，发送 NACK 信号表示数据传送结束；

⑥ 主机发送完全部数据后，发送一个停止信号，结束整个通信并释放总线。

（9）读通信过程

① 主机在检测到总线空闲的状况下，首先发送一个开始信号接管总线；

② 发送一个地址字节，包括 7 位地址码和一位 1；

③ 当从机检测到主机发送的地址与自己的地址相同时，发送一个应答信号（ACK）；

④ 主机收到 ACK 信号后释放数据线，开始接收第一个数据字节；

⑤ 主机收到数据字节后发送一个 ACK 信号表示继续传送数据，发送 NACK 信号表示数据传送结束；

⑥ 主机接收完全部数据后，发送一个停止信号，结束整个通信并释放总线。

4. I²C 模块的中断

I²C 模块可以产生 7 个基本中断请求，其中包括两个有关 CPU 写入传送数据和读取接收数据的中断源。如果要使用 FIFO 模式进行数据传送和接收，可以使用 FIFO 中断功能。I²C 模块的基本中断对应 PIE8 组的中断 1（I2CINT1A），I²C 模块的 FIFO 中断对应 PIE8 组的中断 2（I2CINT2A）。

（1）I²C 模块的基本中断

如图 7-20 所示为 I²C 模块的中断结构。所有的中断请求都汇集到仲裁器，通过仲裁器判断之后再向 CPU 发出一个 I²C 中断请求。在状态寄存器（I2CSTR）中给每个中断请求都分配了一个标志位，在中断使能寄存器（I2CIER）给每个中断都分配了一个使能位。当产生一个中断请求时，其标志位就置位，如果相应使能位置 1，则中断请求被送到 CPU。

I²C 中断是 CPU 的可屏蔽中断之一，如果 CPU 能够响应该中断，则执行中断服务函数 I2CINT1A_ISR，通过读取中断源寄存器（I2CISRC）中的相应信息来确定中断源，然后执行中断服务函数。

CPU 读取 I2CISRC 寄存器之后，将进行以下步骤：

① 清除 I2CSTR 寄存器中相应的中断源标志位，但 I2CSTR 中的 ARDY、RRDY、XRDY 位不清 0。当需要清除时，向该位写 1。

② 通过仲裁器确定剩下的其他中断请求中哪个具有最高优先级，在寄存器 I2CISRC 中做

标记，并将该中断请求发给 CPU。

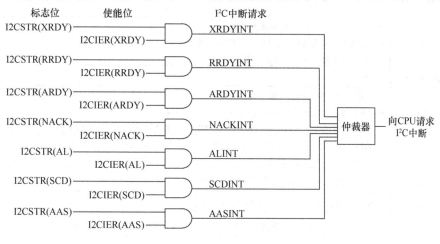

图 7-20 I²C 模块的中断结构

（2）I²C 模块的 FIFO 中断

除 7 个基本中断外，每个发送 FIFO 与接收 FIFO 都能够产生一个中断（I2CINT2）。可以配置发送 FIFO 在发送一定数量的字节之后产生一个中断，最多 16 字节。同样可以配置接收 FIFO 在接收一定数量的字节之后产生一个中断，最多 16 字节。这两个中断经"或"操作得到一个可屏蔽 CPU 中断，中断服务程序通过读取 FIFO 中断标志位来确定该中断属于哪个中断源。

7.3.2 I²C 模块的寄存器

I²C 模块的寄存器主要包括 I²C 模式寄存器 I2CMDR、I²C 中断使能寄存器 I2CIER、I²C 状态寄存器 I2CSTR、I²C 中断源寄存器 I2CISRC、I²C 预分频寄存器 I2CPSC、I²C 时钟分频寄存器 I2CCLKL 和 I2CCLKH、I²C 从机地址寄存器 I2CSAR、I²C 自身地址寄存器 I2COAR、I²C 数据计数寄存器 I2CCNT、I²C FIFO 发送寄存器 I2CFFTX、I²C FIFO 接收寄存器 I2CFFRX、I²C 数据发送寄存器 I2CDXR、I²C 数据接收寄存器 I2CDRR 等。

1. I²C 模式寄存器 I2CMDR

15	14	13	12	11	10	9	8
NACKMOD	FREE	STT	Reserved	STP	MST	TRX	XA
R/W-0	R/W-0	R/W-0	R/W-0	R/W-0	R/W-0	R/W-0	R/W-0

7	6	5	4	3	2		0
RM	DLB	IRS	STB	FDF		BC	
R/W-0	R/W-0	R/W-0	R/W-0	R/W-0		R/W-0	

位域	名称	描述
15	NACKMOD	无应答信号模式位，只应用于接收器。 0—从机接收模式：I²C 模块在每个应答时钟周期向发送器发送一个应答位； 1—主机接收模式：I²C 模块在每个应答时钟周期向发送器发送一个应答位，但如果内部数据计数器自减到 0，I²C 模块发送一个无应答信号（NACK）给发送器，因此需要初始化时设置 NACKMOD 位。 从机接收或者主机接收模式下，I²C 模块在下一个应答时钟周期向发送器发送一个无应答信号。一旦无应答信号发送，NACKMOD 位就会被清除。 注意：为了使 I²C 模块能在下一个应答时钟周期向发送器发送一个无应答信号，在最后一个数据位的上升沿到来之前，必须置位 NACKMOD
14	FREE	如果遇到一个调试断点：0—模块停止工作；1—I²C 模块无条件运行

位域	名称	描述
13	STT	开始条件位（仅限于 I²C 模块为主机）： 0—在总线上接收到开始信号后，STT 将自动清除； 1—此位置 1 会在总线上发送一个开始信号
12	Reserved	保留
11	STP	停止条件位（仅限于 I²C 模块为主机）： 0—在总线上接收到停止条件位后，STP 将自动清除； 1—在 I²C 内部数据计数器自减到 0 时，STP 会被 DSP 置位，从而在总线上发送一个停止信号
10	MST	主从模式位：当 I²C 主机发送一个停止条件位时，MST 将自动从 1 变为 0。 0—从机模式；1—主机模式
9	TRX	发送/接收模式位：0—接收模式；1—发送模式
8	XA	扩充地址使能位：0—7 位地址格式；1—10 位地址格式
7	RM	循环模式位（仅限于 I²C 模式为主机发送状态）：0—非循环模式；1—循环模式
6	DLB	自测模式位：0—屏蔽自测模式，此模式下 MST 必须为 1；1—使能自测模式
5	IRS	I²C 模块复位：0—I²C 模块处于复位/禁用状态；1—I²C 模块使能
4	STB	开始字节模式位（仅限于 I²C 模块为主机模式）：如果从机需要一定的时间才能检测到总线上的开始信号，那么该位可以将开始信号延长。 0—I²C 模块开始信号无须延长；1—I²C 模块开始信号需要延长
3	FDF	全数据格式位：0—屏蔽全数据格式；1—使能全数据格式，不支持自测模式（DLB=1）
2~0	BC	数据位数位：这 3 位决定了 I²C 收发数据位数（1~8 位）。BC 设置的数据位数必须与实际的通信数据位数吻合。如果 BC 的数据位数设置少于 8 位，那么接收到的数据在 I2CDRR 中为右对齐，其他位为未定义状态。同样，写到 I2CDXR 中要发送的数据也是右对齐。 000—8 位数据；001—1 位数据；010—2 位数据；011—3 位数据 100—4 位数据；101—5 位数据；110—6 位数据；111—7 位数据

2. I²C 中断使能寄存器 I2CIER

I2CIER 寄存器包括 I²C 中断的使能与屏蔽信息。

15							8
Reserved							
R-0							

7	6	5	4	3	2	1	0
Reserved	AAS	SCD	XRDY	RRDY	ARDY	NACK	AL
R-0	R/W-0	R/W-0	R/W-0	R/W-0	R/W-0	R/W-0	R/W-0

位域	名称	描述
15~7	Reserved	保留
6	AAS	从机地址中断使能位：0—中断使能；1—屏蔽中断
5	SCD	停止信号中断使能位：0—中断使能；1—屏蔽中断
4	XRDY	数据发送就绪中断使能位：当使用 FIFO 时，此位无须设置。 0—中断使能；1—屏蔽中断
3	RRDY	数据接收就绪中断使能位：0—中断使能；1—屏蔽中断
2	ARDY	寄存器准备就绪中断使能位：0—中断使能；1—屏蔽中断
1	NACK	无应答信号中断使能位：0—中断使能；1—屏蔽中断
0	AL	总线仲裁失败中断使能位：0—中断使能；1—屏蔽中断

3. I²C 状态寄存器 I2CSTR

I2CSTR 寄存器包括中断标志状态和读状态信息。

15	14	13	12	11	10	9	8
Reserved	SDIR	NACKSNT	BB	RSFULL	XSMT	AAS	AD0
R-0	R/W1C-0	R/W1C-0	R-0	R-0	R-1	R-0	R-0

7	6	5	4	3	2	1	0
Reserved		SCD	XRDY	RRDY	ARDY	NACK	AL
R-0		R/W1C-0	R-1	R/W1C-0	R/W1C-0	R/W1C-0	R/W1C-0

位域	名称	描述
15	Reserved	保留
14	SDIR	从机方向位：0—作为从机接收的 I²C 不寻址；1—作为从机接收的 I²C 寻址，I²C 模块接收数据
13	NACKSNT	发送无应答信号位（仅限于 I²C 模块为接收器）：0—没有无应答信号被发送；1—无应答信号被发送，一个无应答信号在应答信号时钟周期被发送
12	BB	总线忙位，向此位写 1 将清除此位：0—总线空闲；1—总线忙
11	RSFULL	接收移位寄存器满时是否接收新数据：0—未拒绝；1—拒绝读取移位寄存器
10	XSMT	发送移位寄存器空位：0—I2CXSR 为空；1—I2CXSR 不为空
9	AAS	从机地址位： 0—在 7 位地址格式下，当 I²C 接收到一个无应答信号、一个停止信号或一个循环开始信号时，AAS 位会被清除；在 10 位地址格式下，当 I²C 接收到一个无应答信号、一个停止信号或一个与 I²C 本身外围设置的地址不符的从机地址时，AAS 位会被清除； 1—I²C 模块确认收到的地址为它的从机地址或一个全零的广播地址。如果在全数据格式下（I2CMDR[FDF]=1）收到了第一个字节数据，AAS 位也将被置位
8	AD0	全 0 地址位： 0—AD0 位可以被开始信号或停止信号清除；1—接收到一个全零地址（广播地址）
7~6	Reserved	保留
5	SCD	停止信号位：当 I²C 发送或接收到一个停止信号时，SCD 将被置位。 0—没有检测到停止信号；1—在总线上检测到停止信号
4	XRDY	数据发送就绪中断标志位：如果不处于 FIFO 模式下，XRDY 表明数据发送寄存器（I2CDXR）已经准备好接收新的发送数据。 0—I2CDXR 未做好准备；1—I2CDXR 准备就绪，数据已经从 I2CDXR 中复制到 I2CXSR 中。I²C 模块复位，该位也会被置 1
3	RRDY	数据接收就绪中断标志位。如果不处于 FIFO 模式下： 0—I2CDRR 未做好准备；1—I2CDRR 准备就绪，数据已经从 I2CDRR 中复制到 I2CXSR 中
2	ARDY	寄存器读写准备就绪中断标志位（仅限于 I²C 模块为主机）：该位表明 I²C 模块已经准备好了存取操作，因为之前的程序地址、数据和命令已经被使用过了。CPU 可以查询 ARDY 或响应 ARDY 触发的中断请求。 0—寄存器未做好被存取的准备；1—寄存器已经做好被存取的准备
1	NACK	无应答信号中断标志位（仅限于 I²C 模块为发送器，无论是做主机还是从机）：NACK 表明 I²C 模块从数据接收器接收到的是应答信号还是无应答信号。 0—收到应答信号（未收到无应答信号）；1—收到无应答信号。注意：在 I²C 模块处于广播地址数据交换的模式下，即使收到应答信号，NACK 始终为 1
0	AL	仲裁失败中断标志位（仅限于 I²C 模块作为主机发送数据模式）： 0—获得总线控制权；1—未获得总线控制权

4．I²C 中断源寄存器 I2CISRC

15	12	11	8	7	3	2	0
Reserved		Reserved		Reserved		INTCODE	
R-0		R/W-0		R-0		R-0	

位域	名称	描述
15～3	Reserved	保留
2～0	INTCODE	中断事件位：这3位用于确定哪种事件触发的 I²C 中断。 000—无事件中断；001—仲裁失败中断 010—收到无应答信号；011—寄存器存取准备就绪 100—数据接收准备就绪；101—数据发送准备就绪 110—检测到停止信号；111—作为从机地址 CPU 读该数据后，这 3 位自动清除。如果发生的是仲裁失败中断、收到无应答信号中断或者检测到停止信号中断，随着这 3 位的清除，I2CSTR 中相应的中断标志位也会被同步清除

5. I²C 预分频寄存器 I2CPSC

15		8	7			0
	Reserved				IPSC	
	R-0				R/W-0	

位域	名称	描述
15～8	Reserved	保留
7～0	IPSC	I²C 模块时钟分频系数。IPSC 确定供给 I²C 模块的工作频率是 I²C 模块输入频率的分频值。I²C 模块的工作频率=I²C 输入时钟频率/(IPSC+1)。注意：在 I²C 模块复位时，IPSC 必须要初始化（I2CMDR[IRS]=0）

6. I²C 时钟分频寄存器 I2CCLKL 和 I2CCLKH

当 I²C 模块作为主机时，模块时钟频率经过分频以后，将作为主机频率作用在 SCL 引脚上。以下两个参数值决定了模块时钟频率的特性：I2CCLKL 中的 ICCL 和 I2CCLKH 中的 ICCH，分别决定了时钟信号的低、高电平时间。

如图 7-21 所示为 I²C 输出时钟的高、低电平。

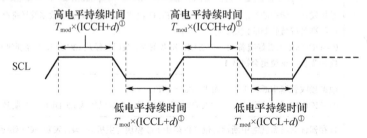

① 注：T_{mod} 是模块时钟周期，d 为 5、6 或 7，详见公式（7-4）。

图 7-21　I²C 输出时钟的高、低电平

（1）I2CCKL 寄存器

15		0
	ICCL	
	R/W-0	

位域	名称	描述
15～0	ICCL	时钟低电平时间值。模块时钟周期乘以（ICCL+d）确定主机时钟低电平宽度，d 可以是 5、6 或 7

（2）I2CCKH 寄存器

15		0
	ICCH	
	R/W-0	

位域	名称	描述
15～0	ICCH	时钟高电平时间值。模块时钟周期乘以（ICCH+d）确定主机时钟高电平宽度，d 可以是 5、6 或 7

主机输出时钟周期（T_{mst}）计算公式为

$$T_{mst} = T_{mod} \times [(ICCL + d) + (ICCH + d)]$$

$$T_{mst} = \frac{(IPSC + 1)[(ICCL + d) + (ICCH + d)]}{I^2C输入时钟频率} \qquad (7\text{-}4)$$

式中，T_{mod} 为模块时钟周期；d 的数值由 I2CPSC[IPSC]值决定。

I2CPSC[IPSC]值	d
0	7
1	6
大于 1	5

7. I²C 从机地址寄存器 I2CSAR

当 I²C 模块作为主机时，I²C 从机地址寄存器用来存储下一次要发送的地址值。它包含一个 7 位或 10 位从机地址空间，当 I²C 工作在非全数据模式时（I2CMDR[FDF]=0），寄存器中的地址是传输的首帧数据。如果寄存器中的地址值非全零，那该地址对应一个指定的从机；如果寄存器中的地址为全零，地址就为广播地址，呼叫所有挂在总线上的从机。

15	10	9	0
Reserved		SAR	
R-0		R/W-3FFh	

位域	名称	描述
15～10	Reserved	保留
9～0	SAR	在 7 位地址格式下（I2CMDR[XA]=0）：0x00～0x7F。位 6～0 为处于主机发送模式下的 I²C 模块提供 7 位将要发送数据的从机地址，位 9～7 写 0。 在 10 位地址格式下（I2CMDR[XA]=1）：0x00～0x03FF。位 9～0 为处于主机发送模式下的 I²C 模块提供 10 位将要发送数据的从机地址

8. I²C 自身地址寄存器 I2COAR

I²C 模块使用该寄存器从所有挂在总线上的从机中找出属于自己的从机。

15	10	9	0
Reserved		OAR	
R-0		R/W-0	

位域	名称	描述
15～10	Reserved	保留
9～0	OAR	在 7 位地址格式下（I2CMDR[XA]=0）：0x00～0x7F。位 6～0 提供 7 位从机地址，位 9～7 写 0。 在 10 位地址格式下（I2CMDR[XA]=1）：0x00～0x03FF。位 9～0 提供 10 位从机地址

9. I²C 数据计数寄存器 I2CCNT

I2CCNT 是一个用来表示有多少字节的数据将会被发送（DSP 作为发送器）或接收（DSP 作为主机接收器）的寄存器。I²C 模块工作在循环模式下（I2CMDR[RM]=1），I2CCNT 不起作用。

ICDC
R/W-0

位域	名称	描述
15～0	ICDC	数据计数值。ICDC 表明有多少字节的数据要发送或接收。 当 I2CMDR[RM]=1 时，I2CCNT 的值不起作用。 0x0000—装载到内部数据计数器中的初始值为 65536； 0x0001～0xFFFF—装载到内部数据计数器中的初始值为 1～65536

10. I²C FIFO 发送寄存器 I2CFFTX

I2CFFTX 是一个 16 位的寄存器，包含 I²C 模块的 FIFO 发送数据的控制和状态信息。

15	14	13	12	11	10	9	8
Reserved	I2CFFEN	TXFFRST	TXFFST4	TXFFST3	TXFFST2	TXFFST1	TXFFST0
R-0	R/W-0	R/W-0	R-0	R-0	R-0	R-0	R-0

7	6	5	4	3	2	1	0
TXFFINT	TXFFINTCLR	TXFFIENA	TXFFIL4	TXFFIL3	TXFFIL2	TXFFIL1	TXFFIL0
R-0	R/W1C-0	R/W-0	R/W-0	R/W-0	R/W-0	R/W-0	R/W-0

位域	名称	描述
15	Reserved	保留
14	I2CFFEN	I²C 模块 FIFO 使能位：0—屏蔽 FIFO；1—使能 FIFO
13	TXFFRST	I²C 发送 FIFO 复位位：0—复位发送 FIFO，使其指针指向 0x00，保持发送 FIFO，处于复位状态；1—使能发送 FIFO
12～8	TXFFST[4:0]	FIFO 发送数据状态：10000—发送 FIFO 为 16 字节；0xxxx—发送 FIFO 为 xxxx 字节；00000—发送 FIFO 为空
7	TXFFINT	发送 FIFO 中断标志位： 0—发送 FIFO 没有中断发生；1—发送 FIFO 有中断发生
6	TXFFINTCLR	发送 FIFO 中断标志清除位：0—无任何作用；1—清除 TXFFINT 中断标志
5	TXFFIENA	发送 FIFO 中断使能位：0—屏蔽，TXFFINT 中断标志位不触发中断； 1—使能，TXFFINT 中断标志位触发中断
4～0	TXFFIL[4:0]	发送 FIFO 中断深度位：当 TXFFST[4:0]的值等于或小于 TXFFIL[4:0]的设定数值时，TXFFINT 将被置位。如果 TXFFIENA 位被使能，就会触发一个中断信号

11. I²CFIFO 接收寄存器 I2CFFRX

I2CFFRX 是一个 16 位的寄存器，包含 I²C 模块的 FIFO 接收数据的控制和状态信息。

15	14	13	12	11	10	9	8
Reserved		RXFFRST	RXFFST4	RXFFST3	RXFFST2	RXFFST1	RXFFST0
R-0		R/W-0	R-0	R-0	R-0	R-0	R-0

7	6	5	4	3	2	1	0
RXFFINT	RXFFINTCLR	RXFFIENA	RXFFIL4	RXFFIL3	RXFFIL2	RXFFIL1	RXFFIL0
R-0	R/W1C-0	R/W-0	R/W-0	R/W-0	R/W-0	R/W-0	R/W-0

位域	名称	描述
15～14	Reserved	保留
13	RXFFRST	I²C 接收 FIFO 复位位： 0—复位接收 FIFO，使其指针指向 0x00，保持接收 FIFO 处于复位状态； 1—使能发送 FIFO
12～8	RXFFST[4:0]	FIFO 接收数据状态：10000—接收 FIFO 为 16 字节；0xxxx—接收 FIFO 为 xxxx 字节；00000—接收 FIFO 为空
7	RXFFINT	接收 FIFO 中断标志位：0—接收 FIFO 没有中断发生；1—接收 FIFO 有中断发生

位域	名称	描述
6	RXFFINTCLR	接收 FIFO 中断标志清除位：0—无任何作用；1—清除 TXFFINT 中断标志
5	RXFFIENA	接收 FIFO 中断使能位： 0—屏蔽，RXFFINT 中断标志位不触发中断； 1—使能，RXFFINT 中断标志位触发中断
4～0	RXFFIL[4:0]	接收 FIFO 中断深度位：当 RXFFST[4:0]的值等于或大于 RXFFIL[4:0]的设定数值时，RXFFINT 将被置位。如果 TXFFIENA 位被使能，就会触发一个中断信号。 注意：如果接收 FIFO 操作使能而且 I²C 模块已脱离了复位状态，那么接收 FIFO 中断标志位将会被置位；如果接收 FIFO 中断使能，将会引起一个中断信号。为了避免这种情况，在置位 RXFFRST 之前应该修改这些位

7.3.3 I²C 模块应用示例

通过 TMS320F28335 的 I²C 模块与实时时钟芯片 X1226 进行 I²C 通信，首先向 X1226 芯片写入当前时间，X1226 芯片实现与现实时间同步，通过 I²C 总线读取芯片数值与当前时间一致。

```
#define I2C_SLAVE_ADDR0x6f
#define I2C_NUMBYTES1
#define I2C_RNUMBYTES8
#define I2C_RTC_HIGH_ADDR0x00
#define I2C_RTC_LOW_ADDR0x30
structI 2CMSGI2cMsgOut1={I2C_MSGSTAT_SEND_WITHSTOP,
                        I2C_SLAVE_ADDR,
                        I2C_NUMBYTES,
                        I2C_RTC_HIGH_ADDR,
                        I2C_RTC_LOW_ADDR};
struct I2CMSGI2cMsgIn1={I2C_MSGSTAT_SEND_NOSTOP,
                        I2C_SLAVE_ADDR,
                        I2C_RNUMBYTES,
                        I2C_RTC_HIGH_ADDR,
                        I2C_RTC_LOW_ADDR};
void rtc(void)//向芯片写时间,向芯片读时间
{
  Uint16 i;
  Uint16 flag=1;
  while(flag)
    {
      if(I2cMsgOut1.MsgStatus==I2C_MSGSTAT_SEND_WITHSTOP)//写当前时间
      {
        i=0x02;
        WriteData(&I2cMsgOut1,&i,0x003f,1);
        i=0x06;
        WriteData(&I2cMsgOut1,&i,0x003f,1);//解锁芯片
        i=Decimal_to_BCD(YEAR);
        WriteData(&I2cMsgOut1,&i,Y2K,1);
        i=(YEAR<2000)?1900:2000;
        i=Decimal_to_BCD(YEAR-i);
        WriteData(&I2cMsgOut1,&i,YR,1);
        i=Decimal_to_BCD(MONTH);
```

```
            WriteData(&I2cMsgOut1,&i,MO,1);
            i=Decimal_to_BCD(DAY);
            WriteData(&I2cMsgOut1,&i,DT,1);
            i=WEEK;
            WriteData(&I2cMsgOut1,&i,DW,1);
            i=Decimal_to_BCD(HOUR)|0x80;
            WriteData(&I2cMsgOut1,&i,HR,1);
            i=Decimal_to_BCD(MINUTE);
            WriteData(&I2cMsgOut1,&i,MN,1);
            i=Decimal_to_BCD(SECOND);
            WriteData(&I2cMsgOut1,&i,SC,1);*/
        }//写时间结束
        if(I2cMsgOut1.MsgStatus==I2C_MSGSTAT_INACTIVE)//读时间
        {
          if(I2cMsgIn1.MsgStatus==I2C_MSGSTAT_SEND_NOSTOP)//检查输入信息状态
          {
            while(I2CA_ReadData(&I2cMsgIn1)!=I2C_SUCCESS)//RTC 地址设置
              {    }
                CurrentMsgPtr=&I2cMsgIn1;//更新当前信息
                I2cMsgIn1.MsgStatus=I2C_MSGSTAT_SEND_NOSTOP_BUSY;
            }
          elseif(I2cMsgIn1.MsgStatus==I2C_MSGSTAT_RESTART)
          {
            DELAY_US(1000000);
            YEAR=BCD_to_Decimal(I2cMsgIn1.MsgBuffer[7])*100
            +BCD_to_Decimal(I2cMsgIn1.MsgBuffer[5]);
            MONTH=BCD_to_Decimal(I2cMsgIn1.MsgBuffer[4]);
            DAY=BCD_to_Decimal(I2cMsgIn1.MsgBuffer[3]);
            WEEK=I2cMsgIn1.MsgBuffer[6];
            HOUR=BCD_to_Decimal(I2cMsgIn1.MsgBuffer[2]&0x7F);
            MINUTE=BCD_to_Decimal(I2cMsgIn1.MsgBuffer[1]);
            SECOND=BCD_to_Decimal(I2cMsgIn1.MsgBuffer[0]);
            CurrentMsgPtr=&I2cMsgIn1;
            I2cMsgIn1.MsgStatus=I2C_MSGSTAT_READ_BUSY;
            flag=0;
          }
        }//读时间结束
    }
}
void main(void)
  {
        CurrentMsgPtr=&I2cMsgOut1;
        InitSysCtrl();
        InitI2CGpio();
        DINT;
        InitPieCtrl();
        IER=0x0000;
        IFR=0x0000;
        InitPieVectTable();//初始化 DSP
```

```
        EALLOW;
        PieVectTable.I2CINT1A=&i2c_int1a_isr; //中断向量赋值
        EDIS;
        I2CA_Init();//初始化 I²C 模块
        PieCtrlRegs.PIEIER8.bit.INTx1=1;//使能 I²C 模块中断
        IER|=M_INT8;//使能相应 CPU 中断
        EINT;//开总中断
        for(;;)
        {
         rtc();//写时间;读时间
        }//end of for(;;)
    }//end of main
void I2CA_Init(void)//InitializeI2C
    {
        I2caRegs.I2CMDR.all=0x0000;        //Take I²C reset
        I2caRegs.I2CFFTX.all=0x0000;       //禁止 FIFO 发送模式
        I2caRegs.I2CFFRX.all=0x0040;       //禁止 FIFO 接收模式
        I2caRegs.I2CPSC.all=14;//Prescaler-need7-12MHz on module clk(150/15=10MHz)
        I2caRegs.I2CCLKL=10;               //NOTE:must be non zero
        I2caRegs.I2CCLKH=5;                //NOTE:must be non zero
        I2caRegs.I2CIER.all=0x24;          //使能 SCD&ARDY 中断
        I2caRegs.I2CMDR.all=0x0020;        //I²C 模块就绪
        I2caRegs.I2CFFTX.all=0x6000;       //使能发送 FIFO 模式
        I2caRegs.I2CFFRX.all=0x2040;       //使能接收 FIFO 模式
            return;
}
Uint16 I2CA_WriteData(structI2CMSG*msg)//I²C 写数据函数
{
    Uint16 i;
    if(I2caRegs.I2CMDR.bit.STP==1)//等待,一直到 STP 被清 0
      {returnI2C_STP_NOT_READY_ERROR;}
      I2caRegs.I2CSAR=msg->SlaveAddress;//设置从机地址
      if(I2caRegs.I2CSTR.bit.BB==1)//判断总线是否空闲
        {returnI2C_BUS_BUSY_ERROR;}
        I2caRegs.I2CCNT=msg->NumOfBytes+2;//设置字节数
        I2caRegs.I2CDXR=msg->MemoryHighAddr;//设置发送数据
        I2caRegs.I2CDXR=msg->MemoryLowAddr;
        for(i=0;i<msg->NumOfBytes;i++)

{
    I2caRegs.I2CDXR=*(msg->MsgBuffer+i);
}

    I2caRegs.I2CMDR.all=0x6E20;//设置成主机发送模式,开始发送
    returnI2C_SUCCESS;

}
Uint16 I2CA_ReadData(structI2CMSG*msg)//从总线读数据
{
  if(I2caRegs.I2CMDR.bit.STP==1)
    {returnI2C_STP_NOT_READY_ERROR;}
```

```
            I2caRegs.I2CSAR=msg->SlaveAddress;
            if(msg->MsgStatus==I2C_MSGSTAT_SEND_NOSTOP)
        {
          if(I2caRegs.I2CSTR.bit.BB==1)
           {returnI2C_BUS_BUSY_ERROR;}
            I2caRegs.I2CCNT=2;
            I2caRegs.I2CDXR=msg->MemoryHighAddr;
            I2caRegs.I2CDXR=msg->MemoryLowAddr;
            I2caRegs.I2CMDR.all=0x2620;              //发送数据到设置的 RTC 地址
}
elseif(msg->MsgStatus==I2C_MSGSTAT_RESTART)
{
            I2caRegs.I2CCNT=msg->NumOfBytes;    //设置接收的字节数
            I2caRegs.I2CMDR.all=0x2C20;          //设置成主机接收模式,开始接收
    }
    returnI2C_SUCCESS;
}
interrupt void i2c_int1a_isr(void)//I2C-A
{
    Uint16 IntSource,i;
    IntSource=I2caRegs.I2CISRC.all;//读中断源
    if(IntSource==I2C_SCD_ISRC)//读完数据判定
       {
        if(CurrentMsgPtr->MsgStatus==I2C_MSGSTAT_WRITE_BUSY)
          {
          CurrentMsgPtr->MsgStatus=I2C_MSGSTAT_INACTIVE;//设置为非激活
          }
        else//否则处于读数据状态
          {
          if(CurrentMsgPtr->MsgStatus==I2C_MSGSTAT_SEND_NOSTOP_BUSY)
          {
          CurrentMsgPtr->MsgStatus=I2C_MSGSTAT_SEND_NOSTOP;
          }
        //如果 RTC 数据读完,复位 MSG 为非激活状态,并且读 FIFO
elseif(CurrentMsgPtr->MsgStatus==I2C_MSGSTAT_READ_BUSY)
   {
     CurrentMsgPtr->MsgStatus=C_MSGSTAT_SEND_NOSTOP;//复位 MSG 为非激活状态;
     for(i=0;i<CurrentMsgPtr->NumOfBytes;i++)
     {
     CurrentMsgPtr->MsgBuffer[i]=I2caRegs.I2CDRR;
     }
   }
  }
}
}//状态检测结束
elseif(IntSource==I2C_ARDY_ISRC)//判定进入读准备状态,一直接收到 NACK 信号
  {
    if(I2caRegs.I2CSTR.bit.NACK==1)
     {
       I2caRegs.I2CMDR.bit.STP=1;
```

```
        I2caRegs.I2CSTR.all=I2C_CLR_NACK_BIT;
        }
    elseif(CurrentMsgPtr->MsgStatus==I2C_MSGSTAT_SEND_NOSTOP_BUSY)
        {CurrentMsgPtr->MsgStatus=I2C_MSGSTAT_RESTART;}
    }
else
    {asm("ESTOP0");}
    PieCtrlRegs.PIEACK.all=PIEACK_GROUP8;
}
void WriteData(structI2CMSG*msg,Uint16*MsgBuffer,Uint16MemoryAdd,Uint16NumOfBytes)
{
    Uint16 i,Error;
    for(i=0;i<NumOfBytes;i++)
    {
        msg->MsgBuffer[i]=MsgBuffer[i];
    }
        msg->MemoryHighAddr=MemoryAdd>>8;
        msg->MemoryLowAddr=MemoryAdd&0xff;
        msg->NumOfBytes=NumOfBytes;
        Error=I2CA_WriteData(&I2cMsgOut1);
        if(Error==I2C_SUCCESS)
        {
        CurrentMsgPtr=&I2cMsgOut1;
        I2cMsgOut1.MsgStatus=I2C_MSGSTAT_WRITE_BUSY;
        }
        while(I2cMsgOut1.MsgStatus!=I2C_MSGSTAT_INACTIVE);
        DELAY_US(1000);
}
```

思考与练习题

7-1 SCI、SPI、I²C 这 3 种通信方式有哪些优缺点？

7-2 在 SCI 通信中如何采用 FIFO 模式收发数据？

7-3 采用中断方式和查询方式实现 SCI 通信各有什么特点？

7-4 采用中断方式和查询方式实现 SPI 通信各有什么特点？

7-5 I²C 通信和 SPI 通信的主从模式有什么区别？

7-6 如何实现 I²C 模块和 AT24C1024 EEPROM 之间进行数据读取？

第8章 TMS320F28335 在电能变换与控制系统中的应用

TI 公司的 C2000 系列 DSP 已广泛应用于电能变换与控制系统中，为了更好地掌握 TMS320F28335 的原理与技术，本章选用了典型 Buck 变换、Boost 变换、三相 DC/AC 变换和单相 AC/DC 变换为例进行分析，使读者在学习完 TMS320F28335 基本原理与技术后，在实际应用能力方面能有一个更大的提升。

8.1 TMS320F28335 在 Buck 变换中的应用

8.1.1 Buck 变换的原理与控制

降压斩波（Buck Chopper）变换电路即 Buck 电路，主要由输入直流电源、全控型器件、储能

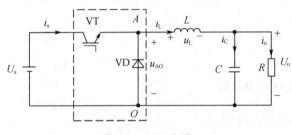

图 8-1 Buck 电路

电感、续流二极管、滤波电容、控制单元（PWM 产生电路）和负载组成，如图 8-1 所示。图中，使用一个全控型器件 VT（如 IGBT 或 MOSFET 等），在 VT 关断时，为了能给电感电流提供通道，设置了续流二极管 VD。Buck 电路主要用于电子电路的供电电源，也可拖动直流电机或带蓄电池负载等。

1. Buck 电路稳态分析

如图 8-2 所示，当全控型器件 VT 导通时，电源 U_s 通过电感 L 和电容共同向负载供电，随着电感电流的增加，负载的电压也随之上升，如图 8-2（b）所示。当 VT 关断时，电源 U_s 停止工作，由电感和电容储能向负载供电，经二极管 VD 续流，如图 8-2（c）所示。当 VT 关断且 VD 截止时，由电容储能向负载供电，如图 8-2（d）所示。

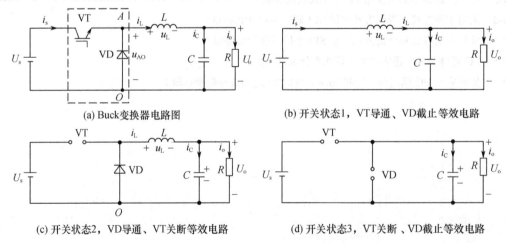

(a) Buck 变换器电路图   (b) 开关状态1，VT导通、VD截止等效电路

(c) 开关状态2，VD导通、VT关断等效电路   (d) 开关状态3，VT关断、VD截止等效电路

图 8-2 Buck 电路的工作状态

Buck 电路的降压原理如图 8-3 所示，VT 的导通时间与一个开关周期的比值称为导通比 D，即控制全控型器件的 PWM 信号占空比为

$$D = T_{on} / T_s \tag{8-1}$$

其中，$T_{on}=DT_s$，$T_{off}=(1-D)T_s$。

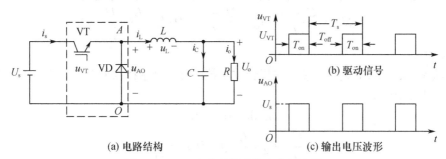

(a) 电路结构   (b) 驱动信号   (c) 输出电压波形

图 8-3　Buck 电路结构及输出电压波形

其输出电压与输入电压之比称为该变换器的变比 M，即

$$M = U_o / U_s \tag{8-2}$$

式中，M 总小于 1。

变比 M 与电路结构和导通比 D 有关，它们之间的关系可用多种方法推导。

Buck 电路根据电感电流是否连续有 3 种可能的运行情况，如图 8-4 所示。电感电流连续模式（Continuous Current Mode，CCM），指电感电流在整个开关周期中都不为零；电感电流断续模式（Discontinuous Current Mode，DCM），指在开关管关断期间经二极管续流的电感电流已降为零；电感电流临界连续状态，即开关管关断期结束时电感电流刚好降为零的状态。

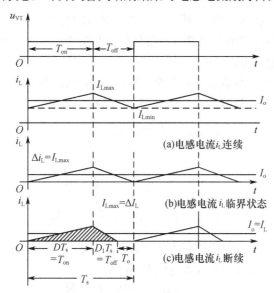

图 8-4　Buck 电路中电感电流波形图

对 Buck 电路参数计算时，一般选择临界状态进行分析计算。

（1）电感电流连续模式（CCM）

图 8-4（a）给出了电感电流连续时的工作波形，它有两种工作状态：①VT 导通，电感电流 i_L 从 I_{Lmin} 增长到 I_{Lmax}；②VT 关断，二极管 VD 续流，i_L 从 I_{Lmax} 降到 I_{Lmin}。这两种工作状态对应两种不同的电路结构，如图 8-2（b）、（c）所示。

工作状态①：电路处于稳态，即输入与输出电压都不变，当 VT 导通时，续流二极管 VD 截止，电源输出电流 i_s 等于电感电流 i_L，此时有

$$L \cdot \mathrm{d}i_s / \mathrm{d}t = L \cdot \mathrm{d}i_L / \mathrm{d}t = U_s - U_o \tag{8-3}$$

在 VT 导通时，电感充电，电感电流呈上升趋势，由上式可得电流增加量 Δi_{L+}为

$$\Delta i_{L+} = \frac{U_s - U_o}{L} \cdot T_{on} = \frac{U_s - U_o}{L} \cdot D \cdot T_s = \frac{U_s - U_o}{Lf_s} \cdot D \tag{8-4}$$

式中，$T_{on} = DT_s$。

工作状态②：当 VT 关断，续流二极管 VD 导通时，电感释放能量，电感电流呈下降趋势，电感电流减少量 Δi_{L-}为

$$L \cdot \mathrm{d}i_L / \mathrm{d}t = -U_o \tag{8-5}$$

$$\Delta i_{L-} = \frac{U_o}{L} \cdot T_{off} = \frac{U_o}{L}(1-D)T_s = \frac{U_o}{Lf_s}(1-D) \tag{8-6}$$

显然，只有当 VT 导通期间电感电流的增加量等于 VT 截止期间电感电流的减少量时，电路才能达到平衡。即

$$\left| \Delta i_{L-} \right| = \left| \Delta i_{L+} \right| = \Delta i_L$$

$$\frac{U_o}{L} \cdot (1-D) \cdot T_s = \frac{U_s - U_o}{L} \cdot D \cdot T_s \tag{8-7}$$

式中，Δi_L 表示电流的变化量，是一个正值。故有

$$U_o = DU_s$$

$$U_o = MU_s \tag{8-8}$$

$$M = D$$

因此，Buck 电路在电感电流连续模式下，其变比 M 与占空比 D 相等，理想情况下输出电压 U_o 与负载电流无关，因此 Buck 电路具有很好的控制性能。D 从 0 到 1，输出电压从 0 到 U_s，且输出电压最大值不会超过 U_s。

由图 8-2 可知，稳态时，负载电流 i_o 不变，为 I_o，$i_L = i_C + I_o$，在一个开关周期内，滤波电容平均充电电流等于平均放电电流，故 Buck 电路输出端负载的平均电流 I_o 就是电感的平均电流 I_L，即

$$I_o = I_L = \frac{I_{Lmin} + I_{Lmax}}{2}$$

$$I_{Lmax} = I_o + \frac{1}{2}\Delta i_L = \frac{U_o}{R} + \frac{1}{2}\Delta i_L \tag{8-9}$$

$$I_{Lmin} = I_o - \frac{1}{2}\Delta i_L = \frac{U_o}{R} - \frac{1}{2}\Delta i_L$$

式中，I_{Lmax} 和 I_{Lmin} 分别为电感电流的最大值和最小值；R 为负载电阻。

电容 C 在一个开关周期内的充或放电电荷 ΔQ 为

$$\Delta Q = \frac{1}{2} \cdot \frac{\Delta i_L}{2} \cdot \frac{T_s}{2} = \frac{\Delta i_L}{8f_s} \tag{8-10}$$

输出电压波动量 ΔU_o 为

$$\Delta U_o = U_{omax} - U_{omin} = \frac{\Delta Q}{C} = \frac{\Delta i_L}{8Cf_s} = \frac{(1-D)U_o}{8LCf_s^2} \tag{8-11}$$

$$\frac{\Delta U_o}{U_o} = \frac{1-D}{8LCf_s^2} = \frac{\pi^2}{2}\left(\frac{f_c}{f_s}\right)^2(1-D) \tag{8-12}$$

式中，$f_c = \dfrac{1}{2\pi\sqrt{LC}}$ 为 LC 滤波器的谐振频率。

由式（8-12）可知，降低纹波电压，除与输入、输出电压有关外，还与 L、C 和开关频率有关。增大储能电感 L、滤波电容 C 和提高全控器件的工作频率，都可以改变输出电压的纹波。

（2）电感电流断续模式（DCM）

当电感 L 较小，负载电阻 R 较大，或采样周期 T_s 较大时，将会出现电感电流已下降到 0 而新的周期尚未开始的情况。在新的周期电流将从 0 开始增加，这种工作模式称为电感电流断续模式。

图 8-4（c）给出了电感电流断续时的工作波形，它有 3 种工作状态：①VT 导通，电感电流 i_L 从 0 增长到 I_{Lmax}；②VT 关断，二极管 VD 续流，i_L 从 I_{Lmax} 降到 0；③VT 和 VD 均截止，在此期间 i_L 保持为零，负载电流由输出滤波电容供电。这 3 种工作状态对应 3 种不同的电路结构，如图 8-2（b）、（c）、（d）所示。

工作状态①：当 VT 导通时，电感电流由零开始增大，有

$$\Delta i_{L+} = \frac{U_s - U_o}{L} \cdot T_{on} = \frac{U_s - U_o}{L} \cdot D \cdot T_s = \frac{U_s - U_o}{Lf_s} \cdot D \tag{8-13}$$

工作状态②：当 VT 关断，续流二极管 VD 导通时，电感电流由最大值 I_{Lmax} 减小，有

$$\Delta i_{L-} = -\frac{U_o}{L} D_1 \cdot T_s \tag{8-14}$$

式中，$D_1 T_s$ 为二极管导通续流时间，$D + D_1 \neq 1$。由 $|\Delta i_{L+}| = |\Delta i_{L-}|$，得

$$\frac{U_s - U_o}{L} \cdot D \cdot T_s = \frac{U_o}{L} D_1 \cdot T_s \tag{8-15}$$

$$U_o = \frac{D}{D + D_1} U_s \tag{8-16}$$

电感电流连续或电感电流临界状态时，$D + D_1 = 1$；电感电流断续时，$D + D_1 \neq 1$。

Buck 电路的输出电流 I_L 等于电感电流平均值，即

$$I_L = \frac{1}{T_s} \Delta Q = \frac{1}{T_s} \times \frac{1}{2} \Delta i_L (T_{on} + T_{off}) = \frac{D^2}{2f_s L}\left(\frac{U_s}{U_o} - 1\right) U_s \tag{8-17}$$

（3）电感电流临界状态

当负载电流减小到 T_s 截止时（见图 8-4（b）），电感电流刚好下降为 0，即临界状态，此时输出电流为电感临界状态下的平均电流

$$I_L = \frac{1}{2} \Delta I_L = \frac{1}{2}\frac{U_s - U_o}{L} \cdot D T_s = \frac{U_s - U_o}{2Lf_s} D = \frac{U_s}{2Lf_s} D(1-D) = \frac{U_o}{2Lf_s}(1-D) \tag{8-18}$$

由式（8-18）可以得出临界电感值 L_C 为

$$L_C = \frac{U_o}{2I_L f_s}(1-D) \tag{8-19}$$

（4）Buck 电路设计步骤

① 选择续流二极管 VD。续流二极管选用快速恢复二极管，其额定工作电流和反向耐压必须满足电路要求，并留一定的余量。

② 选择全控型器件的工作频率。最好工作频率大于 20kHz，以避开音频噪声。工作频率提高，可以减小 L、C，但开关损耗增大，因此效率降低。

③ 全控型器件的可选方案：MOSFET、IGBT、GTR。

④ 选择占空比。为了保证当输入电压发生波动时输出电压能够稳定，占空比一般选 0.7 左右。

⑤ 确定临界电感值

$$L_{\mathrm{C}} = (1-D)\frac{R}{2f_{\mathrm{s}}} \tag{8-20}$$

在实际应用中，电感选取一般要比理论值大，有资料称电感选取一般为临界电感的 10 倍。

⑥ 确定电容值。电容耐压必须超过额定电压；电容必须能够传送所需的电流有效值；电流波形为三角形，三角形高为 $\Delta i_{\mathrm{L}}/2$、底为 $T_{\mathrm{s}}/2$，因此电容电流有效值 I_{CRMS} 为

$$I_{\mathrm{CRMS}} = \Delta i_{\mathrm{L}}/2\sqrt{3} \tag{8-21}$$

根据纹波要求，可按式（8-11）确定电容值。

⑦ 确定连接导线。确定导线必须计算电流有效值（RMS），电感电流有效值 I_{LRMS} 由下式给出

$$I_{\mathrm{LRMS}} = \sqrt{I_{\mathrm{L}}^2 + \left[\frac{\Delta i_{\mathrm{L}}/2}{\sqrt{3}}\right]^2} \tag{8-22}$$

由电感电流有效值确定导线截面积，由工作频率确定穿透深度（当导线为圆铜导线时，穿透深度为 $\sigma = \dfrac{66.1}{\sqrt{f}}$ ），然后确定线径和导线根数。

2. Buck 变换器闭环控制原理分析

闭环控制又常称为反馈控制或偏差控制。图 8-5 所示为 Buck 变换器单闭环控制原理图，通过电压环控制输出稳定。其工作过程为：将参考电压 U_{ref} 与检测的输出电压 U_{o} 做差，通过 PI 调节，得到占空比 D，进而控制 PWM 脉冲调节器，调节 Buck 变换器的输出电压 U_{o}，使输出电压 U_{o} 趋近参考电压。在输入电压不稳定或负载变化的情况下，闭环控制能自动调节输出电压，使输出电压稳定，从而使系统稳定可靠。

图 8-6 所示为 Buck 变换器双闭环控制原理图，将参考电压 U_{ref} 与检测到的输出电压 U_{o} 相减，偏差结果送入电压环的 PI 调节器，该 PI 调节器的输出信号即为电流内环的参考输入信号。将在主回路中检测到的电流 I_{L} 作为反馈信号与电流参考信号相减，结果送入电流环的 PI 调节器，并与三角载波做比较，得到全控型器件 VT 的 PWM 脉宽调制信号。其中，电流环能够限制主回路的最大电流，快速抑制电源扰动；电压环能够稳定输出电压。

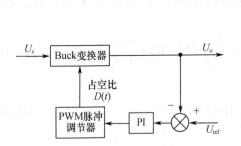

图 8-5　Buck 变换器单闭环控制原理图

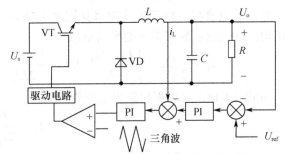

图 8-6　Buck 变换器双闭环控制原理图

8.1.2　Buck 变换软件编程

1. 软件流程

采用 TMS320F28335 实现以上 Buck 电路，程序由主程序、ePWM 中断服务程序和 A/D 采样子程序组成。主程序主要完成系统的初始化等；ePWM 中断服务程序主要完成 A/D 采样子程

序调用和 CMPR 更新；A/D 采样子程序主要完成输出电压的采样、数据定标、平均值的计算及 PI 调节等。程序流程图如图 8-7 所示。

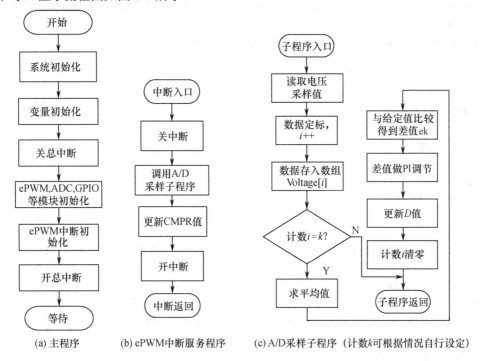

(a) 主程序　　　　　　(b) ePWM中断服务程序　　　　(c) A/D采样子程序（计数k可根据情况自行设定）

图 8-7　Buck 电路的程序流程图

2. 软件的调试步骤

编写程序并进行调试：

① 将例程导入当前工作空间（具体内容见第 9 章），然后编译下载。

② 选择偏置（程序中为 pian）、变比（程序中为 bian）、开闭环控制（程序中为 close）、平均值（程序中为 sum）和占空比（程序中为 D）等变量，右击添加到观察窗口。选择【Add Watch Expression】，在对话框中单击 按钮，可以在线修改相应的值，使 close=0 开环调试，调整输入电压的大小。与示波器观察测量的值进行对比，调整偏置、变比的大小，使采样值和实际输出值相等。对于直流变换，在调理电路中可不加偏置电压，此时偏置的校准值应为 0。

③ 闭环调节：选择 Kp 和 Ki 变量，右击添加到观察窗口。选择【Add Watch Expression】，在对话框中单击 按钮，可以在线修改，使 close=1 闭环，然后调节 Kp 和 Ki，使系统到达要求，改变输入电压或负载的大小，观察输出电压稳定的情况。

3. 软件代码

```
/*------本例为 Buck 变换,输入电压为 36V,输出电压为 24V,输出功率 60W,电压纹波小于 5%;PWM 频率为
12.8kHz。---------*/
#include "DSP2833x_Device.h"    //DSP2833x Header file Include File
#include "DSP2833x_Examples.h"    //DSP2833x Examples Include File
#include "math.h"
void adc_isr(void);    //声明 A/D 采样子程序
interrupt void ISRepwm1(void);    //声明 ePWM 中断服务程序
void EPwmSetup(void);    //声明 ePWM 模块初始化子函数
float D=0.5;    //占空比赋初值
Uint32 i=0,j=0,close=0,pwm_cnt1;
```

```
//A/D 采样相关
float u1,sum1,sum=0,Voltage1[10];   //u1 为采样值,数组用于平均值计算,sum1 为和,sum 为平均值
float bian=40,pian=1.50,U=24;   //bian 为调理电路变比,pian 为电路偏置电压,没有为零,U 为给定电压
//PI 调节相关
float deltae,ek=0,ek1,uk,uk1,Kp=0.01,Ki=0.001;//Kp 和 Ki 分别为比例和积分常数
main()
{
    InitSysCtrl();
    InitGpio();

    DINT;   //禁止 CPU 中断
    InitPieCtrl();
    IER=0x0000;
    IFR=0x0000;
    InitPieVectTable();
    EALLOW;
    PieVectTable.EPWM1_INT=&ISRepwm1;   //重新映射此处使用的中断向量,使其指向中断服务函数
    EDIS;
    InitAdc();   //A/D 采样初始化
    EALLOW;
    SysCtrlRegs.PCLKCR0.bit.TBCLKSYNC=0;   //停止所有 ePWM 通道的时钟
    EDIS;
    EPwmSetup();//初始化 epwm
    EALLOW;
    SysCtrlRegs.PCLKCR0.bit.TBCLKSYNC=1;   //使能 ePWM 通道的时钟
    EDIS;

    PieCtrlRegs.PIECTRL.bit.ENPIE=1;   //允许从 PIE 中断向量表中读取中断向量
    PieCtrlRegs.PIEIER3.bit.INTx1=1;   //允许 PIE 中断组 3 中 EPWM1_INT 中断
    IER|=M_INT3;   //使能中断
    EINT;
    ERTM;
    EPwm1Regs.ETSEL.bit.INTEN=1;   //中断使能
    EPwm1Regs.ETCLR.bit.INT=1;   //ETCLR.bit.INT 清除标志位
    for(;;)
    {asm("NOP");}
}
void adc_isr()   //A/D 采样子程序
{
    u1=((float)AdcRegs.ADCRESULT0)*3/65536;
    Voltage1[i]=bian*(u1-pian);
    //平均值计算
    if(k==9)
      {
        i=0;
        sum1=0;//Voltage1[0];
        for(j=0;j<10;j++)
          {
                sum1=sum1+Voltage1[j];   //求和
```

```
        }
        sum=sum1/10;     //平均值
    //PI 调节
        ek=U-sum;
        if(ek>0.2)ek=0.2;
        if(ek<-0.2)ek=-0.2;
        deltae=ek-ek1;
        uk=Kp*deltae+Ki*ek+uk1;
        if(uk>0.9)uk=0.9;
        if(uk<0.2)uk=0.2;
        uk1=uk;
        ek1=ek;
        if(close==1)D=uk;//开闭调节转换控制,一般先使 close=0 进行开环调试,然后再使 close=1 进行闭环调试
    }
    i++;
    return;
}
interrupt void ISRepwm1(void)
{
    adc_isr();     //调用 A/D 采样子程序
    pwm_cnt1=(Uint16)((EPwm1Regs.TBPRD+1)*(1-D));     //连续增,注意与实际驱动电路高低有效有关
    //更新比较寄存器的值
    EPwm1Regs.CMPA.half.CMPA=pwm_cnt1;
    EPwm1Regs.CMPB=pwm_cnt1;

    EPwm1Regs.ETSEL.bit.INTEN=1;     //使能 EPWM1 中断
    EPwm1Regs.ETCLR.bit.INT=1;     //清除标志位
    PieCtrlRegs.PIEACK.all=PIEACK_GROUP3;     //清除应答位
    EINT;
}
```

8.2　TMS320F28335 在 Boost 变换中的应用

8.2.1　Boost 变换的原理与控制

升压斩波（Boost Chopper）变换电路即 Boost 电路，主要由输入直流电源、储能电感、全控型器件、续流二极管、滤波电容、控制单元（PWM 产生电路）和负载组成，如图 8-8 所示。

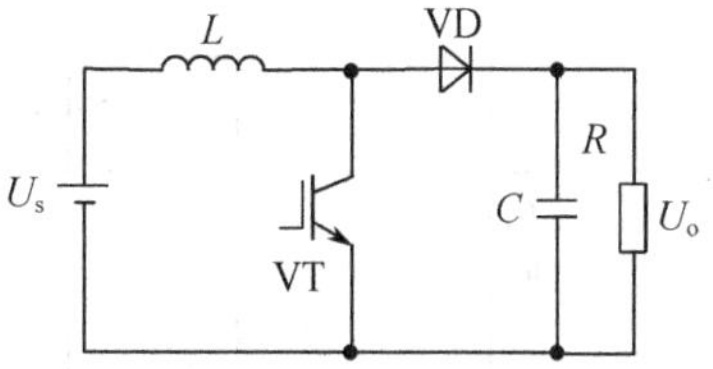

Boost 电路也使用一个全控型器件。首先，假设电路中电感 L 很大，电容 C 也很大。当全控型器件 VT 处于导通状态时，电源 U_s 向电感 L 充电，充电电流基本恒定为 i_L，此时由电容 C 向负载 R 供电。因电容 C 很大，基本保持输出电压 u_o 为恒定值 U_o。当 VT 处于关断状态时，U_s 通过 L 和电容 C 共同向负载 R

图 8-8　Boost 电路

提供能量。此时由于 U_s+U_L 向负载 R 共同供电，U_o 高于 U_s，故称它为 Boost 电路。Boost 电路的工作状态及其主要波形如图 8-9 所示。

1. Boost 电路稳态分析

同 Buck 电路一样，根据电感电流在周期开始时是否为零，可分为电感电流连续模式（CCM）、电感电流断续模式（DCM）和电感电流临界状态模式 3 种情况，如图 8-9 所示。

（1）电感电流连续模式（CCM）

当 $u_{VT}>0$ 时，全控型器件 VT 导通，续流二极管 VD 截止，电源 U_s 向电感充电，电感储存能量，如图 8-9（b）所示。若 VT 导通时间为 T_{on}，则

$$T_{on} = DT_s \tag{8-23}$$

$$L\frac{\mathrm{d}i_L}{\mathrm{d}t} = U_s \tag{8-24}$$

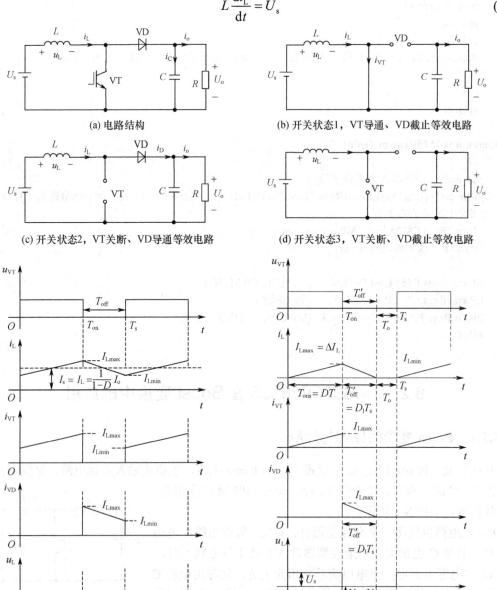

(a) 电路结构

(b) 开关状态1，VT导通、VD截止等效电路

(c) 开关状态2，VT关断、VD导通等效电路

(d) 开关状态3，VT关断、VD截止等效电路

(e) 电感电流连续时波形图

(f) 电感电流断续时波形图

图 8-9 Boost 电路的工作状态及其主要波形

电感电流增量 Δi_{L+} 为

$$\Delta i_{L+} = \frac{U_s}{L} \cdot D \cdot T_s \tag{8-25}$$

当 $u_{VT}=0$ 时，全控型器件 VT 关断，续流二极管 VD 导通，由 U_s 和 L 共同向电容 C 充电，并向负载 R 提供能量，如图 8-9（c）所示。若 VT 关断时间为 T_{off}，则

$$T_{off} = (1-D)T_s \tag{8-26}$$

$$L\frac{di_L}{dt} = U_s - U_o \tag{8-27}$$

在此期间电感电流的减少量 Δi_{L-} 为

$$\Delta i_{L-} = \frac{U_o - U_s}{L} \cdot (1-D) \cdot T_s \tag{8-28}$$

当电路处于稳态时，有 $|\Delta i_{L+}| = |\Delta i_{L-}|$，所以

$$M = U_o / U_s = 1/(1-D) \tag{8-29}$$

假定负载电流平均值为 I_o，则输入电流和电感电流的电流平均值均为

$$I_s = I_L = I_o \cdot U_o / U_s = \frac{1}{1-D}I_o \tag{8-30}$$

通过续流二极管的电流 I_{VD} 等于负载电流 I_o（电容的平均电流为零）。

通过开关管 VT 的电流平均值为

$$I_{VT} = I_s - I_o = \frac{D}{1-D}I_o \tag{8-31}$$

电感电流的脉动量 ΔI_L 为

$$\Delta I_L = \Delta I_{L+} = \Delta I_{L-} = \frac{U_s}{L}DT_s = \frac{U_o(1-D)DT_s}{L} = \frac{(1-D)DU_o}{Lf_s} \tag{8-32}$$

通过 VT 和 VD 的电流最大值与电感的电流最大值 I_{Lmax} 相等，即

$$I_{VT\,max} = I_{VD\,max} = I_{L\,max} = I_s + \frac{1}{2}\Delta i_L = \frac{I_o}{1-D} + \frac{(1-D)DU_o}{2Lf_s} \tag{8-33}$$

输出电压脉动 ΔU_o 等于 VT 导通期间电容 C 的电压变化量，ΔU_o 可近似地由下式确定

$$\Delta U_o = U_{omax} - U_{omin} = \frac{\Delta Q}{C} = \frac{1}{C} \cdot I_o \cdot T_{on} = \frac{1}{C} \cdot I_o \cdot DT_s = \frac{D}{Cf_s}I_o \tag{8-34}$$

$$\frac{\Delta U_o}{U_o} = \frac{DI_o}{Cf_sU_o} = D\frac{1}{f_s} \cdot \frac{1}{RC} = D\frac{f_c}{f_s} \tag{8-35}$$

式中，$f_c = \frac{1}{RC}$，为 RC 电路的谐振频率。

由式（8-35）可知，输出电压的纹波 ΔU_o 除与输出电压有关外，还与滤波电容 C 和全控型器件 VT 的工作频率有关。增大电容 C 或提高全控型器件 VT 的工作频率 f_s，可以降低纹波电压的大小。

（2）电感电流断续模式（DCM）

当电感较小，或负载电阻较大，亦或 T_s 较大时，Boost 电路的电感电流在新周期开始前下降为零，如图 8-9（f）所示，此时电感电流是不连续的，称为电感电流断续状态。

当 $u_{VT}>0$ 时，全控型器件 VT 导通，续流二极管 VD 截止，电源 U_s 向电感充电，电感储存

能量，如图 8-9（b）所示。若 VT 导通时间为 T_{on}，则

$$T_{on} = D \cdot T_s \tag{8-36}$$

$$L\frac{di_L}{dt} = U_s \tag{8-37}$$

电感电流增量 Δi_{L+} 为

$$\Delta i_{L+} = \frac{U_s}{L} \cdot D \cdot T_s \tag{8-38}$$

当 $u_{VT}=0$ 时，全控型器件 VT 关断，续流二极管 VD 导通，电感电流下降到零，如图 8-9（c）所示。若 VT 关断时间为 T_{off}，则

$$T_{off} = (1-D)T_s \tag{8-39}$$

$$L\frac{di_L}{dt} = U_s - U_o \tag{8-40}$$

在此期间电感电流的减少量 Δi_{L-} 为

$$\Delta i_{L-} = \frac{U_o - U_s}{L} \cdot D_1 \cdot T_s \tag{8-41}$$

式中，D_1 为续流二极管的导通时间，电感电流断续状态时 $D_1 + D \neq 1$。

当电路处于稳态时，有 $|\Delta i_{L+}| = |\Delta i_{L-}|$，所以变比 M 为

$$M = \frac{U_o}{U_s} = \frac{D + D_1}{1 - D} \tag{8-42}$$

（3）电感电流临界状态模式

电感电流处于连续与断流的边界如图 8-10 所示，其负载临界平均电流（即 T_{off} 阶段电流在整个周期内的平均值）

$$I_o = \frac{1}{2}I_{L\max}\frac{T_{off}}{T_s} = \frac{1}{2}\frac{U_s}{L}DT_s\frac{(1-D)T_s}{T_s} = \frac{U_o}{2Lf_s}\frac{U_s}{U_o}D(1-D) = \frac{U_o}{2Lf_s}D(1-D)^2 \tag{8-43}$$

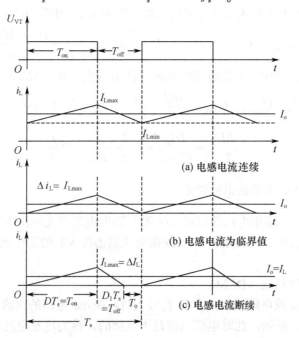

图 8-10 Boost 电路中电感电流波形图

临界电感值为

$$L_C = \frac{U_o}{2I_o f_s} D(1-D)^2 \qquad (8\text{-}44)$$

稳态运行时，全控型器件 VT 导通期间电源输入电感中的磁能，在 VT 截止期间全部通过续流二极管 VD 转移到输出端，如果负载电流很小，就会出现电流断流状态。

如果变换电路负载电阻变得很大，负载电流很小，这时如果占空比 D 仍不改变，电源输入到电感的磁能不变，则必使输出电压不断增加。因此，没有电压闭环调节的 Boost 电路不宜在输出端开路的情况下工作。

2．Boost 变换闭环控制

Boost 电路作为基本的 DC/DC 变换电路之一，能够实现从低压电源变换到高压电源，该变换电路具有体积小、结构简单、变换效率高等优点，因而在实际中得到广泛应用。Boost 电路由全控型器件构成的功率电路和控制电路两部分组成，控制电路一般需在 Boost 电路上加负反馈构成闭环系统，以提高输出精度和动态性能。故控制方法的选择与设计对提高开关电源的性能十分关键。

Boost 电路的电压型闭环控制原理图如图 8-11 所示，它是将输出电压的检测值与给定参考电压值进行比较得到偏差量，经过 PI 调节器产生控制信号，与固定频率的三角波或锯齿波比较，输出 PWM 波，控制全控型器件的导通和关断，维持输出电压相对稳定。

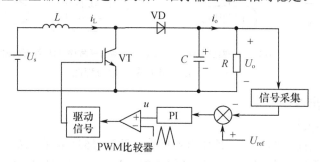

图 8-11　Boost 电路的电压型闭环控制原理图

为提高系统的抗干扰性能，在实际中常采用双闭环控制。双闭环控制方法是在上述电压型控制方法的基础上，通过检测电感的电流引入电流内环控制，从而实现双闭环控制，如图 8-12 所示。由于峰值电感电流容易检测，控制环易于设计，且对输入电压变化的动态响应很快，但是对负载的突变响应速度没有显著提高。

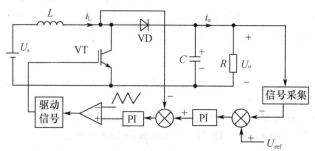

图 8-12　Boost 电路的电流型闭环控制原理图

8.2.2　Boost 变换软件编程

1．软件的流程

采用 TMS320F28335 实现以上 Boost 电路，程序同 Buck 电路类似，主要区别为 CMPR 更新，由主程序、ePWM 中断服务程序和 A/D 采样子程序组成。主程序主要完成系统的初始化等；ePWM 中断服务程序主要完成 A/D 的驱动、A/D 采样子程序调用和 CMPR 更新；A/D 采样子程序主要完成输出电压的采样、数据定标、平均值的计算及 PI 调节等。程序流程图如图 8-13 所示。

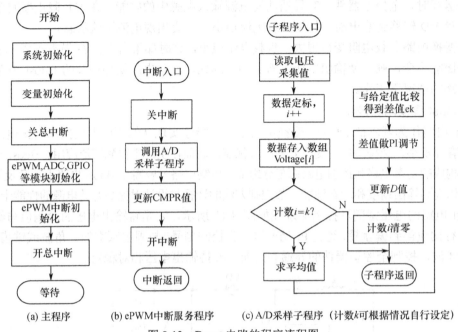

(a) 主程序　　　　　(b) ePWM 中断服务程序　　　(c) A/D 采样子程序（计数 k 可根据情况自行设定）

图 8-13　Boost 电路的程序流程图

2．软件的调试步骤

编写程序并进行调试：

① 将例程导入当前工作空间（具体内容见第 9 章），然后编译下载。

② 选择偏置（程序中为 pian）、变比（程序中为 bian）、开闭环控制（程序中为 close）、平均值（程序中为 sum）和占空比（程序中为 D）等变量，右击添加到观察窗口。选择【Add Watch Expression】，在对话框中单击 按钮，可以在线修改相应的值，使 close=0 开环调试，调整输入电压的大小。与示波器观察测量的值进行对比，调整偏置、变比的大小，使采样值和实际输出值相等。对于直流变换，在调理电路中可不加偏置，此时偏置的校准值应为 0。

③ 闭环调节：选择 Kp 和 Ki 变量，右击添加到观察窗口。选择【Add Watch Expression】，在对话框中单击 按钮，可以在线修改，使 close=1 闭环，然后调节 Kp 和 Ki，使系统达到要求，改变输入电压或负载的大小，观察输出电压稳定的情况。

3．软件代码

```
/*------本例为 Boost 变换,输入电压为 24V,输出电压为 36V,输出功率 60W,电压纹波小于 5%;PWM 频率为
12.8kHz。---------*/
#include "DSP2833x_Device.h"     //DSP2833x Header file Include File
#include "DSP2833x_Examples.h"    //DSP2833x Examples Include File
#include "math.h"

void adc_isr(void);     //声明 A/D 采样子程序
interrupt void ISRepwm1(void);    //声明 ePWM 中断服务程序
void EPwmSetup(void);    //声明 ePWM 模块初始化子函数
```

```c
float D=0.5;      //占空比赋初值
Uint32 i=0,j=0,close=0,pwm_cnt1;
//A/D 采样相关
float u1,sum1,sum=0,Voltage1[10];      //u1 为采样值,数组用于平均值计算,sum1 为和,sum 为平均值
float bian=44,pian=1.50,U=36;      //bian 为调理电路变比,pian 为电路偏置电压,没有为零,U 为给定电压
//PI 调节相关
float deltae,ek=0,ek1,uk,uk1,Kp=0.01,Ki=0.001;      //Kp 和 Ki 分别为比例和积分常数

main()
{
    InitSysCtrl();
    InitGpio();

    DINT;//禁止 CPU 中断
    InitPieCtrl();
    IER=0x0000;
    IFR=0x0000;
    InitPieVectTable();
    EALLOW;
    PieVectTable.EPWM1_INT=&ISRepwm1;      //重新映射此处使用的中断向量,使其指向中断服务函数
    EDIS;
    InitAdc();      //A/D 采样初始化

    EALLOW;
    SysCtrlRegs.PCLKCR0.bit.TBCLKSYNC=0;      //停止所有 ePWM 通道的时钟
    EDIS;
    EPwmSetup();      //初始化 ePWM
    EALLOW;
    SysCtrlRegs.PCLKCR0.bit.TBCLKSYNC=1;      //允许 ePWM 通道的时钟
    EDIS;

    PieCtrlRegs.PIECTRL.bit.ENPIE=1;      //允许从 PIE 中断向量表中读取中断向量
    PieCtrlRegs.PIEIER3.bit.INTx1=1;      //允许 PIE 中断组 3 中 EPWM1_INT 中断

    IER|=M_INT3;      //使能中断
    EINT;
    ERTM;
    EPwm1Regs.ETSEL.bit.INTEN=1;      //中断使能
    EPwm1Regs.ETCLR.bit.INT=1;      //清除标志位
    for(;;)
      {asm("NOP");}
}

void adc_isr()      //A/D 采样子程序
{
    u1=((float)AdcRegs.ADCRESULT0)*3/65536;
    Voltage1[i]=bian*(u1-pian);
    //平均值计算
    if(k==9)
```

```
    {
      i=0;
      sum1=0;//Voltage1[0];
      for(j=0;j<10;j++)
      {
        sum1=sum1+Voltage1[j];           //求和
      }
      sum=sum1/10;//平均值
    //PI 调节
      ek=U-sum;
      if(ek>0.2)ek=0.2;
      if(ek<-0.2)ek=-0.2;
      deltae=ek-ek1;
      uk=Kp*deltae+Ki*ek+uk1;
      if(uk>0.9)uk=0.9;
      if(uk<0.2)uk=0.2;
      uk1=uk;
      ek1=ek;
      if(close==1)D=uk;//开闭环调节转换控制,一般先使 close=0 进行开环调试,然后再使 close=1 进行闭环调试
      }
      i++;
      return;
}
interrupt void ISRepwm1(void)
{
    adc_isr();    //调用 A/D 采样子程序
    //计算比较寄存器的值
    pwm_cnt1=(Uint16)((EPwm1Regs.TBPRD+1)*D);    //连续增, 注意与实际驱动电路高低有效有关
    EPwm1Regs.CMPA.half.CMPA=pwm_cnt1;           //更新比较寄存器的值
    EPwm1Regs.CMPB=pwm_cnt1;

    EPwm1Regs.ETSEL.bit.INTEN=1;    //使能 ePWM1 中断
    EPwm1Regs.ETCLR.bit.INT=1;      //清除标志位
    PieCtrlRegs.PIEACK.all=PIEACK_GROUP3;    //清除应答位
    EINT;
}
```

8.3 TMS320F28335 在三相 DC/AC 变换中的应用

8.3.1 三相 DC/AC 变换的原理与控制

1. 三相 DC/AC 变换的原理

实际中应用最广的三相 DC/AC 变换电路即三相桥式逆变电路, 如图 8-14 所示。

图 8-14 中的 N' 点, 是为了便于电路分析而假想的一个中点。三相桥式逆变电路的基本工作方式为每个桥臂的导电角度为 180°, 同一相上、下两臂交替导通, 各相开始导通的角度差为120°。任一瞬间有 3 个桥臂同时导通, 每次换流都是在同一相上、下两臂之间进行, 这种换流方式也称为纵向换流。三相桥式逆变电路的工作波形如图 8-15 所示。

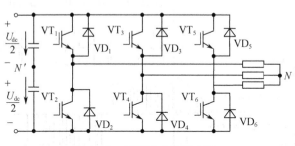

图 8-14　三相桥式逆变电路

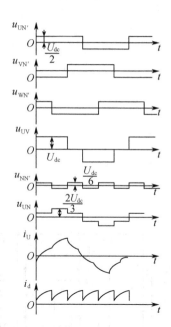

图 8-15　三相桥式逆变电路的工作波形

首先分析负载各相到电源中点 N' 的电压：对于 U 相，VT_1 导通，$u_{UN'} = U_{dc}/2$，VT_4 导通，$u_{UN'} = -U_{dc}/2$。V 和 W 相与 U 相类似，不同之处是相位依次相差 120°。$u_{UN'}$、$u_{VN'}$、$u_{WN'}$ 的波形如图 8-15 所示。

该电路输出电压的谐波较大，在实际应用中一般采用正弦脉宽调制等。对于三相交流电路，都采用双极性 PWM 控制方式，如图 8-16 所示。三相 PWM 控制公用载波 u_c，三相的调制信号 u_{ra}、u_{rb} 和 u_{rc} 大小相等，相位相差 120°。

在实际应用中，通常将 $u_{aN'}$ 和 u_{aN} 看作近似相等处理，对实际引起的误差不大。设调制波的幅值为 U_m（交流侧输出电压），则单相载波幅值为 U_{dc}（直流侧电压），三相载波幅值为 $U_{dc}/2$。设调制度为 m，则有

单相
$$m = \frac{U_m}{U_{dc}}$$
(8-45)

三相
$$m = \frac{U_m}{U_{dc}/2}$$
(8-46)

输出电压有效值与直流电压的关系为

单相
$$U = \frac{U_{dc}}{\sqrt{2}} m$$
(8-47)

三相相电压
$$U = \frac{U_{dc}}{2\sqrt{2}} m$$
(8-48)

在采用 PWM 调制时，无论是单极性调制还是双极性调制，都应设置防止直通的死区时间：因为同一相上、下两臂的驱动信号互补，在极短的时间内会出现上、下桥臂直通，造成逆变电路短路故障。为防止上、下臂直通造成的短路，要留一小段给上、下桥臂都施加关断信号的死区时间。死区时间的长短主要由器件关断时间决定。死区时间会给输出的 PWM 波带来影响，使其稍稍偏离正弦波。对于使用 DSP 控制的系统而言，其死区时间的设置可由 ePWM 模块的死区子模块 DB 完成。

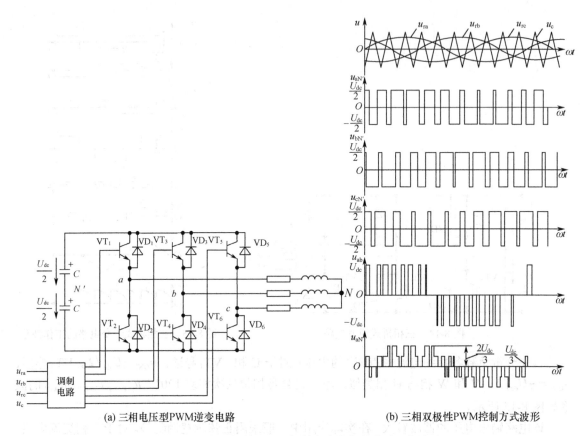

(a) 三相电压型PWM逆变电路　　　　　　　　　　(b) 三相双极性PWM控制方式波形

图 8-16　三相双极性 PWM 控制方式逆变电路及工作波形

2. DC/AC 变换控制策略

DC/AC 变换系统中常用的控制策略主要有两种：电压单环控制和电压电流双闭环控制。本节主要以三相交流电源为例，介绍采用 SPWM 技术和电压电流双闭环控制技术的 DC/AC 变换器。

电压外环是由给定电压和反馈电压比较后得到的误差，经过 PI 调节器作为电流内环的给定。给定电流和反馈电流的误差经过比例放大，和三角波进行比较，得到 SPWM 信号来控制开关器件，保证输出电压的稳定。

根据反馈电流的不同取法，电流控制方式可以分为电容电流反馈和电感电流反馈。这样，就可以组合成 4 种电压电流双闭环控制方式：电压瞬时值电容电流双闭环、电压瞬时值电感电流双闭环、电压有效值电容电流双闭环、电压有效值电感电流双闭环。

电压有效值控制有其缺点：系统动态响应速度缓慢，适应负载能力差，非线性负载时，电流峰值很高，输出电压波形产生畸变。通过控制电容电流可以得到最佳的输出动态特性，提高系统稳定性。电压外环瞬时值反馈能及时、快速地校正输出电压波形，在各种负载情况下，包括非线性负载下，都能使输出电压准确地跟踪基准正弦波。

对逆变电路输出电压的控制，希望其稳定、准确，并且调整时间短。

DC/AC 变换的动态性能取决于 LC 滤波器参数的选取和负载的大小。负载可能是非线性的，或者是突变的，没有一种通用的模型来包括所有的负载，但是可以定义在一定负载条件下逆变电路的模型，当负载变化时模型随该负载值的变化而变化。由于逆变电路中存在开关器件，因此逆变电路是一个非线性系统，但逆变电路的开关频率 f 远高于调制波频率，故可以利用传递函数和线性化技术，建立 SPWM 逆变电路的线性化模型。详细的模型分析请参阅有关资料。

图 8-17 所示为采用电压电流双环控制的逆变电路系统构成图。该系统包括脉宽调制环节、输出滤波环节、电流内环、电压外环等。

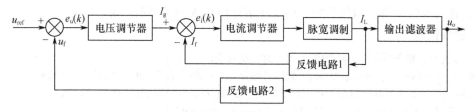

图 8-17 逆变电路的系统构成图

8.3.2 三相 DC/AC 变换软件编程

1. 软件流程

三相 DC/AC 变换的 DSP 程序包括主程序、ePWM 中断服务程序和 A/D 采样子程序。本例中 ePWM 中断服务程序利用非对称规则采样法产生 SPWM 波，采用分段调制进行变频处理；A/D 采样子程序利用基于瞬时无功理论坐标变换法，也可采用均方根法，对所采样的数据进行处理。本例采用电压单环控制，双环控制代码请读者自行分析。三相 DC/AC 变换的程序流程如图 8-18 所示。

2. 调试步骤

① 将例程导入当前工作空间（具体内容见第 9 章），然后编译下载。

② 选择偏置（程序中为 pian）、变比（程序中为 bian）、开闭环控制（程序中为 close）、有效值（程序中为 sum）和调制度（程序中为 m）等变量，右击添加到观察窗口。选择【Add Watch Expression】，在对话框中单击 ![按钮] 按钮，可以在线修改相应的值，使 close=0 开环调试，调整输入电压的大小。与示波器观察测量的值进行对比，调整偏置、变比的大小和相序，使采样值和实际输出值相等。

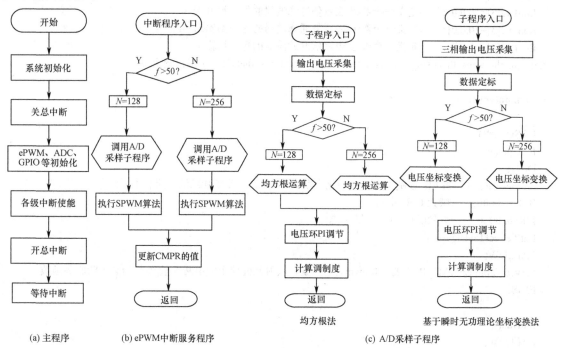

(a) 主程序   (b) ePWM中断服务程序   (c) A/D 采样子程序

图 8-18 DSP 程序流程图

③ 闭环调节：选择 Kp 和 Ki 变量，右击添加到观察窗口。选择【Add Watch Expression】，在对话框中单击 按钮，可以在线修改，使 close=1 闭环，然后调节 Kp 和 Ki，使系统达到要求，改变输入电压、负载和频率的大小，观察输出电压和频率的情况。

3．软件代码

```
/*-----本例为三相变频稳压电源,频率从 20～100Hz 可变;
   采用不对称规则采样法生成 SPWM 波,变频采用分段同步调制,大于 50Hz 时调制比 N=128,小于 50Hz 时调
制比 N=256;采样计算采用基于瞬时无功理论坐标变换法;滤波采用巴特沃斯低通数字滤波。----*/
#include "DSP2833x_Device.h"      //DSP2833x Header file Include File
#include "DSP2833x_Examples.h"    //DSP2833x Examples Include File
#include "math.h"

void adc_isr(void);             //声明 A/D 采样子程序
interrupt void ISRepwm1(void);    //声明 ePWM 中断服务程序
void EPwmSetup(void);//  声明 ePWM 模块初始化子函数
Uint16 j=0,ConversionCount=0,close=0;
//不对称规则采样法生成 SPWM 波相关
Uint16 pp,pwm_cnt1=0,pwm_cnt2=0,pwm_cnt3=0,i1=0;  //pp=Tc/4 即 1/4PWM 周期,pwm_cnt 比较寄存器的值
float sinne1[256],sinne[512],m=0.7,a=170;  //sinne[512]为 SPWM 初始化正弦表,m 为调制度,a 相当于 2*pi/3
Uint32 k=0,n,n1,n2,sy=0,ay=0,i=0;
   //A/D 采样相关
float u,u1,u2,u3,u4,u5,ua,ub,uc,ud,uq,f=50;
float sum1=0,pian2=1.5,pian1=1.507,bian=43,U=14,sum=0;    //bian 为调理电路变比,pian 为偏置电压,没有为
零,U 为给定电压
//PI 调节相关
float deltae,ek=0,ek1=0,uk,uk1=0.5,Kp=0.0031,Ki=0.001;    //Kp 和 Ki 分别为比例和积分常数
/******************低通数字滤波器所用到的变量*******************/
   float x1[3]={0,0,0};    //定义一个数组,表示低通滤波器的每一拍输入
   float x2[3]={0,0,0};    //定义一个数组,表示低通滤波器的每一拍输入
   float y1[3]={0,0,0};    //定义一个数组,表示低通滤波器的每一拍输出
   float y2[3]={0,0,0};    //定义一个数组,表示低通滤波器的每一拍输出
float sin_theta,cos_theta,sin_theta1,sin_theta2,cos_theta1,cos_theta2;    //坐标变换用中间变量

void main(void)
{
   InitSysCtrl();
   InitGpio();
   DINT;
   InitPieCtrl();      //将 PIE 控制寄存器初始化至默认状态(禁止所有中断,清除所有中断)
   IER=0x0000;     //禁止 CPU 中断
   IFR=0x0000;     //清除所有 CPU 中断标志
   InitPieVectTable();
   EALLOW;
   PieVectTable.EPWM1_INT=&ISRepwm1;    //重新映射此处使用的中断向量,使其指向中断服务函数
   EDIS;

   InitAdc();
   EALLOW;
   SysCtrlRegs.PCLKCR0.bit.TBCLKSYNC=0;      //停止所有 ePWM 通道的时钟
```

```
    EDIS;

    EPwmSetup();     //初始化 ePWM

    EALLOW;
    SysCtrlRegs.PCLKCR0.bit.TBCLKSYNC=1;
    EDIS;

    PieCtrlRegs.PIECTRL.bit.ENPIE=1;     //允许从 PIE 中断向量表中读取中断向量
    PieCtrlRegs.PIEIER3.bit.INTx1=1;     //使能 PIE 中断 INT3.1
        for(n=0;n<512;n++)     //调制比 N=256
            {sinne[n]=sin(n*(6.283/512));}
            n=0;
        for(n1=0;n1<256;n1++)     //调制比 N=128
            {sinne1[n1]=sin(n1*(6.283/256));}
            n1=0;

    IER|=M_INT3;     //使能 CPU 的 INT3 中断
    EINT;
    ERTM;
    EPwm1Regs.ETSEL.bit.INTEN=1;     //使能 ePWM1 中断
    EPwm1Regs.ETCLR.bit.INT=1;     //清除标志位
    for(;;)
        {   asm("NOP");}
}

    void adc_isr()     //子程序
    {//采样两相电压计算,另一相电压,uc=-(ua+ub)
    u1=((float)AdcRegs.ADCRESULT0)*3/65536;
    u2=((float)AdcRegs.ADCRESULT1)*3/65536;
    ua=bian*(u1-pian1);
    ub=bian*(u2-pian2);
    uc=-(ua+ub);
    /*--变频采用分段变频调制法,当 f>50Hz 时调制比 N=128(对应 sinne[256]),f<50Hz 时调制比 N=256(对应
sinne[512])---*/
    if(f>50)
    {
    ConversionCount=ConversionCount+2;
        if(ConversionCount>=256)
            {ConversionCount=ConversionCount-256;}     //看是否超出 360°,360°=256
            sin_theta=sinne1[ConversionCount];
            if(ConversionCount<=64)     //第一象限 cos_theta=sin_theta
                {cos_theta=sinne1[64-ConversionCount];}
            else     //二、三、四象限 cos_theta=-sin_n[90°-theta]
                {cos_theta=-sinne1[ConversionCount-64];}
    }
    else
        {
        ConversionCount=ConversionCount+2;
```

```c
    if(ConversionCount>=512)
        {ConversionCount=ConversionCount-512;}       //看是否超出 360°,360°=256
            sin_theta=sinne[ConversionCount];
        if(ConversionCount<=128)     //第一象限 cos_theta=sin_theta
            {cos_theta=sinne[128-ConversionCount];}
        else    //二、三、四象限 cos_theta=-sin_n[90°-theta]
            {cos_theta=-sinne[ConversionCount-128];}
    }
    //坐标变换
        sin_theta1=-sin_theta*0.5-cos_theta*0.866;//sin(theta-2pi/3)
        sin_theta2=-sin_theta*0.5+cos_theta*0.866;//sin(theta+2pi/3)
        cos_theta1=-cos_theta*0.5+sin_theta*0.866;//cos(theta-2pi/3)
        cos_theta2=-cos_theta*0.5-sin_theta*0.866;//cos(theta-2pi/3)

        uq=0.667*(cos_theta*ua+cos_theta1*ub+cos_theta2*uc);
        ud=0.667*(sin_theta*ua+sin_theta1*ub+sin_theta2*uc);
/*-----数字巴特沃斯低通滤波,截止频率为 30Hz-----------*/
    x1[2]=ud;
    x2[2]=uq;//y(n)=h(n)*x(n)+h(n-1)*x(n-1)+h(n-2)*x(n-2)+p(n-1)*y(n-1)+p(n-2)*y(n-2)
    y1[2]=0.000053656*x1[2]+0.00010731*x1[1]+0.000053656*x1[0]+1.9792*y1[1]-0.97939*y1[0];//截止频率 30
    y2[2]=0.000053656*x2[2]+0.00010731*x2[1]+0.000053656*x2[0]+1.9792*y2[1]-0.97939*y2[0];
    for(n=1;n<3;n++)
      {
       x1[n-1]=x1[n];
       x2[n-1]=x2[n];
       y1[n-1]=y1[n];
       y2[n-1]=y2[n];
      }
       ud=y1[2];
       uq=y2[2];
       uq=uq*uq;
       ud=ud*ud;
       u=uq+ud;
       sum=sqrt(u);
//PI 调节
ek=U-sum;
if(ek>0.2)ek=0.2;
if(ek<-0.2)ek=-0.2;
deltae=ek-ek1;
uk=Kp*deltae+Ki*ek+uk1;
if(uk>0.9)uk=0.9;
if(uk<0.2)uk=0.2;
uk1=uk;
ek1=ek;

if(close==1)m=uk; //开闭环转换控制,一般先使 close=0 进行开环调试,然后再使 close=1 进行闭环调试
return;
}
```

```c
interrupt void ISRepwm1(void)
{//不对称规则采样法产生 SPWM,t1,t2,t3,t4,t5,t6 分别为 tona1、tona2;tonb1、tonb2;tonc1、tonc2;
 Uint16 t1,t2,t3,t4,t5,t6,tona,tonb,tonc;
if(f>50)   //调制比为 128,采用不对称规则采样法,n2=256
{
a=84;    //2*π/3
n2=256;
EPwm1Regs.TBPRD=292969/f;
EPwm2Regs.TBPRD=292969/f;
EPwm3Regs.TBPRD=292969/f;
pp=EPwm1Regs.TBPRD>>1;
adc_isr();    //调用 A/D 采样子程序

j=k;
t1=pp+pp*(m*sinne1[j]);
j=j+a;
if(j>(n2-1))j=j-n2;
  t2=pp+pp*(m*sinne1[j]);
  j=j+a;
if(j>(n2-1))j=j-n2;
  t3=pp+pp*m*sinne1[j];
  k++;
  j=k;
  t4=pp+pp*m*sinne1[j];
  j=j+a;
if(j>(n2-1))j=j-n2;
  t5=pp+pp*m*sinne1[j];
  j=j+a;
if(j>(n2-1))j=j-n2;
  t6=pp+pp*m*sinne1[j];
}
else   //调制比为 256,采用不对称规则采样法,n2=512
{
a=170;    //2*π/3
n2=512;
EPwm1Regs.TBPRD=146484/f;
EPwm2Regs.TBPRD=146484/f;
EPwm3Regs.TBPRD=146484/f;

pp=EPwm1Regs.TBPRD>>1;
adc_isr();   //调用
j=k;
t1=pp+pp*(m*sinne[j]);
j=j+a;
if(j>(n2-1))j=j-n2;
t2=pp+pp*(m*sinne[j]);
j=j+a;
if(j>(n2-1))j=j-n2;
t3=pp+pp*m*sinne[j];
```

```
k++;

j=k;
t4=pp+pp*m*sinne[j];
j=j+a;
if(j>(n2-1))j=j-n2;
t5=pp+pp*m*sinne[j];
j=j+a;
if(j>(n2-1))j=j-n2;
t6=pp+pp*m*sinne[j];
}
tona=t1+t4;
tonb=t2+t5;
tonc=t3+t6;
k++;
if(k>(n2-2))
    {k=0;}
pwm_cnt1=(Uint16)((4*pp-tona)>>1);
pwm_cnt2=(Uint16)((4*pp-tonb)>>1);
pwm_cnt3=(Uint16)((4*pp-tonc)>>1);
EPwm1Regs.CMPA.half.CMPA=pwm_cnt1;
EPwm1Regs.CMPB=pwm_cnt1;
EPwm2Regs.CMPA.half.CMPA=pwm_cnt2;
EPwm2Regs.CMPB=pwm_cnt2;
EPwm3Regs.CMPA.half.CMPA=pwm_cnt3;
EPwm3Regs.CMPB=pwm_cnt3;
EPwm1Regs.ETSEL.bit.INTEN=1;      //使能 ePWM1 中断
EPwm1Regs.ETCLR.bit.INT=1;      //清除标志位
PieCtrlRegs.PIEACK.all=PIEACK_GROUP3;      //清除应答第三组
EINT;
}
```

8.4 TMS320F28335 在 AC/DC 变换中的应用

8.4.1 AC/DC 变换的原理与控制

AC/DC 变换的发展经历了传统的二极管整流器、相控整流器到目前应用较为广泛的 PWM 整流等几个阶段。虽然传统的相控整流技术比较成熟，但是也存在比较突出的问题。如晶闸管换相容易引起电网侧电压波形畸变、电网侧容易被注入谐波电流对电网产生"污染"、电路系统功率因数比较低、引入反馈时系统动态响应相对比较慢等。而 PWM 整流技术可以克服上述问题。同时，PWM 整流器可以实现能量的双向传输，当它从电网获取电能时，工作于整流状态；而当它向电网输送电能时，工作于有源逆变状态。PWM 整流器实质上是一个交流侧和直流侧均可控的四象限运行的变流电路。本节主要以单相 PWM 整流技术为例，介绍 AC/DC 变换原理与控制，有关三相 PWM 整流的内容请参考相关文献。

1. AC/DC 变换原理

图 8-19 是典型的 PWM 整流器模型电路。从图中可知：模型电路由交流侧回路、功率开关管电路及直流侧回路组成。而交流侧回路包含电网侧电压 e 和交流侧滤波电感 L 等；直流侧回路包含负载电阻 R_L 等；功率开关管电路根据实际应用场合，一般分为电压型和电流型两种类型。

若忽略电路中元器件的损耗，根据图 8-19 所示电路的电压、电流关系及交流侧与直流侧存在的功率平衡关系，有

$$i \cdot u = i_{dc} \cdot u_{dc} \qquad (8-49)$$

式中，u 表示模型电路中交流侧电压；i 表示交流侧电流；u_{dc} 表示直流侧电压；i_{dc} 表示直流侧电流。

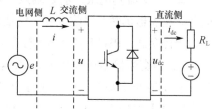

图 8-19　PWM 整流器模型电路

由式（8-49）可知：模型电路的交、直流侧可以实现相互控制，即通过控制交流侧，可实现对直流侧的控制，反之亦可。

下面以模型电路的交流侧分析为例介绍 PWM 整流器的工作原理。

如图 8-20 所示为在电路处于稳态条件下，PWM 整流器交流侧各个矢量间的关系。图中，E 表示电网电压矢量，U 表示 PWM 整流器交流侧电压矢量，U_L 表示交流侧滤波电感电压矢量，I 表示交流侧电流矢量。假设只存在基波分量，不考虑谐波分量的影响，并且在不计交流侧电路电阻的条件下，对图 8-20 简化分析：当以电网电压矢量 E 为参考量时，通过对 PWM 整流器交流侧电压矢量 U 的控制，就可实现 PWM 整流器在 4 个象限的运行。若假设 $|I|$ 不变，则有 $|U_L| = \omega L |I|$ 也固定不变，由此可知，PWM 整流器交流侧电压矢量 U 的端点运动轨迹是一个以 $|U_L|$ 为半径的圆。

图 8-20（a）、（b）、（c）、（d）中的 A、B、C、D 点分别是电压矢量 U 在圆轨迹上的 4 个具有代表性的特殊工作点，也代表了 PWM 整流器运行于四象限的特殊状态点。

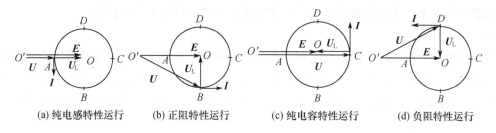

(a) 纯电感特性运行　　(b) 正阻特性运行　　(c) 纯电容特性运行　　(d) 负阻特性运行

图 8-20　PWM 整流器交流侧各个矢量间的关系

① 当交流侧电压矢量 U 端点运行至圆轨迹 A 点时，电流矢量 I 滞后于电网电压矢量 E 90°，这时 PWM 整流器电网侧表现出纯电感特点。

② 当交流侧电压矢量 U 端点运行至圆轨迹 B 点时，电流矢量 I 与电网电压矢量 E 同向，这时 PWM 整流器电网侧表现出正阻特点。

③ 当交流侧电压矢量 U 端点运行至圆轨迹 C 点时，电流矢量 I 超前于电网电压矢量 E 90°，这时 PWM 整流器电网侧表现出纯电容特点。

④ 当交流侧电压矢量 U 端点运行至圆轨迹 D 点时，电流矢量 I 与电网电压矢量 E 反向，这时 PWM 整流器电网侧表现出负阻特点。

进一步对 PWM 整流器模型电路的整个工作过程进行分析，得到其四象限运行规律如下。

① 当交流侧电压矢量 U 端点运行在圆轨迹上的 AB 段时，PWM 整流器工作在整流状态。

在这段时间内，整流器吸收电网电能，包括有功功率和感性无功功率，电能经 PWM 整流器从电网提供给直流侧负载。PWM 整流器在 B 点运行时，实现了系统的单位功率因数整流控制；而运行在 A 点时，PWM 整流器只吸收电网的感性无功功率，不吸收有功功率。

② 当交流侧电压矢量 U 端点运行在圆轨迹上的 BC 段时，PWM 整流器仍然工作在整流状态。而此时整流器仍然是吸收电能，包括有功功率和容性无功功率，电能经 PWM 整流器从电网提供给直流侧负载。PWM 整流器运行在 C 点时，只吸收电网的容性无功功率，不吸收有功功率。

③ 当交流侧电压矢量 U 端点运行在圆轨迹上的 CD 段时，PWM 整流器改变工作状态，这时在有源逆变状态下工作。此时 PWM 整流器内部的能量传输方向改变，即向电网传输有功功率和容性无功功率，电能也通过 PWM 整流器直流侧回馈到电网，且 PWM 整流器运行在 D 点时，即实现了单位功率因数有源逆变控制。

④ 当交流侧电压矢量 U 端点运行在圆轨迹上的 DA 段时，PWM 整流器仍然按有源逆变状态运行。而这时整流器还是向电网传输电能，包括有功功率和感性无功功率，电能经整流器直流侧回馈到电网。

综上所述，通过控制 PWM 整流器交流侧电压，便可以实现 PWM 整流器的四象限运行。上述分析也可以从另一个角度去理解，四象限运行控制最终体现在电网侧电压与电流的相位上，所以控制电网侧电流同样可以使 PWM 整流器四象限运行。实现交流侧电流的控制常用两种方法：①在系统中做交流侧电压环反馈，间接控制电网侧电流；②在系统中引入电网侧电流反馈，采用直接控制策略控制整流器电网侧电流。

2．AC/DC 控制策略

由电压型 PWM 整流器的工作原理及工作状态的要求可知，若要保证整流器运行在单位功率因数状态或功率因数可调，其控制策略有很多种。常用的控制策略主要有两大类：一类是直接电流控制，一类是间接电流控制。前者是在控制系统中直接引入交流电流反馈，后者是没有引入交流电流反馈，通过控制电压参考量来间接实现对电网侧电流的控制。

（1）直接电流控制

在直接电流控制策略中，根据电网平衡条件下电流的关系，首先根据控制系统的要求计算出交流侧电流的指令值，然后与整流器输出的电流进行比较，经过直接控制使其跟踪指令电流值。目前应用比较广泛的直接电流控制方法主要有滞环比较控制、三角波比较控制和调制法。

① 滞环比较电流控制

如图 8-21 所示为一种常用的滞环比较电流控制原理图。该控制系统是一个双闭环系统，由直流侧电压控制环构成电压外环，由交流侧电流反馈控制构成电流内环。

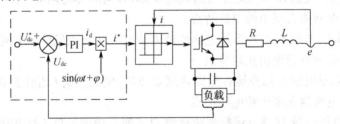

图 8-21　滞环比较电流控制原理图

在这种控制方法中，电压外环用来保持 PWM 整流器的直流侧电压恒定，而电流内环的作用主要是按电压外环输出的电流指令值与交流侧电流反馈信号进行滞环比较，实现单位功率因数正弦波电流控制。具体工作过程如下：直流侧电压给定信号U_{dc}^*和实际的直流侧电压U_{dc}比较之后送入 PI 调节器，PI 调节器的输出信号是直流电流分量i_d（其大小反映了交流侧电流幅值的大小），i_d分别乘以和电网电压同相位的单位正弦信号，即得到交流电流指令值的正弦信号i^*。很容易看出，i^*的相位与电网电压同相，其幅值与i_d成正比。当系统要求 PWM 整流器运行在非单位功率因数的状态时，或工作在其他象限时，调节图 8-21 虚线部分同步的正弦信号中的相位角φ即可。交流电流指令值与实际交流电流比较，再通过滞环控制环节，对功率开关管进行控制，就能实现实际交流输入电流跟踪所给的指令值，跟踪效果由系统所给的滞环环宽及功率开关管所承受的开关频率共同决定。

② 三角波比较电流控制

图 8-22 所示为三角波比较电流控制原理图。这种控制方法和滞环比较电流控制有些类似，主要不同之处在于先把交流侧电流的实际值与电流指令值进行比较，把偏差送入 PI 调节器，然后把 PI 调节器输出的信号和三角波做比较，根据比较结果，即可得到控制 PWM 整流器的功率开关管的开关状态的 PWM 信号。三角波比较电流控制的优点是 PWM 整流器中功率开关管的开关频率是固定的，这样的控制系统的动态响应速度快且易于实现。不足之处在于，如果开关频率选得不恰当，会造成 PWM 整流器输出的电流中含有大量与开关频率相同频率的谐波分量，且开关器件的损耗也比较大。

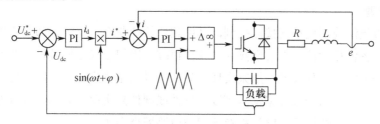

图 8-22　三角波比较电流控制原理图

③调制法

在采用调制法的直接电流控制中，根据 PWM 波形产生方式的不同，交流侧电压控制常用的方法有正弦波脉宽调制（SPWM）方式和空间电压矢量调制（SVPWM）两种，具体可参考3.9.3 节。

（2）间接电流控制

间接电流控制通常也称为相位和幅值控制。它是根据相量关系，控制 PWM 整流器交流侧电压，使 PWM 整流器输入电流和电压同相位，达到单位功率因数或功率因数可调的控制效果。

为了便于分析，将图 8-19 用图 8-23 所示等效表示。

由基尔霍夫电压定律可得

$$u = e - u_R - u_L = e - iR - L\frac{di}{dt} \tag{8-50}$$

式中，e 为电网电压；u_L 为交流侧滤波电感两端电压；u_R 是交流侧等效电阻两端电压；u 为交流侧电压。

$$u_R = iR = i_d R \sin \omega t \tag{8-51}$$

$$u_L = L\frac{di}{dt} = i_d \omega L \cos \omega t \tag{8-52}$$

由交、直流侧的功率平衡关系可知，交、直流侧可以相互控制。i_d 为给定直流电压与反馈直流电压相减经 PI 调节器调节后输出的电流指令幅值。

由式（8-50）、式（8-52）和式（8-52）可得间接电流控制的系统原理，如图 8-24 所示。

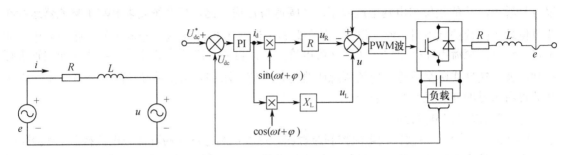

图 8-23　PWM 整流器等效电路图　　　　　　　　图 8-24　间接电流控制原理图

与直接电流控制不同的是，间接电流控制的系统中只有直流电压环。直流电压环的工作原理与直接电流控制相同。当负载上的电流减小时，U_{dc} 上升，PI 调节器的输入端出现负偏差，使其输出的 i_d 减小，致使 PWM 整流器的交流侧电流减小，进而又使直流侧电压 U_{dc} 下降。达到稳态时，而 i_d 稳定到新的值。负载电流增大时，调节过程与上述过程相反。

3. 锁相原理

不管采用直接法控制还是间接法控制，其中相位的捕获至关重要，即要实现系统的控制要求，因此必须具备锁相功能，以实现频率和相位跟踪。锁相技术是使被控振荡器的相位受标准信号或外来信号控制的一种技术，用来实现与外来信号的相位同步，或跟踪外来信号的频率或相位。产生控制的标准信号或外来信号可以由软件或硬件来实现，分别称为软件锁相和硬件锁相。硬件锁相主要由一些逻辑电路和寄存器门控电路配合完成。

（1）硬件锁相

一般 DSP 控制系统的硬件锁相工作过程为：通过检测电路将要跟踪的电网信号转化为过零比较电路能接收的小信号，通过过零比较电路转换为与电网同频率的方波，输入 DSP 的捕获模块 eCAP，然后由 DSP 计算其频率，调整其相位产生 SPWM 信号的相位或频率，从而达到跟踪相位或频率的目的。

（2）软件锁相

在电能变换系统中，一般采用基于坐标变换理论实现锁相，它无须过零检测硬件电路参与，因此称为软件锁相。软件锁相（SPLL）的基本原理是：将三相输入电压 u_a、u_b、u_c 转换到静止的 $\alpha\beta$ 坐标系，然后从静止的 $\alpha\beta$ 坐标系转换到与三相电压同步旋转的 dq 坐标系，得到交流电压的直流分量 u_d、u_q。如果锁相角与电网电压的相位同步，则直流分量 u_d 为额定值，而 u_q 为零。因此，可以将参考值零和实际三相电压坐标变换后的 u_q 相减，得到误差信号，经过 PI 调节器调节后得到误差信号 $\Delta\omega$，再与理论角频率 $2\pi f$ 相加后得到实际角频率。最后经过一个积分环节，输出即是电网电压的相位 θ。整个 SPLL 过程构成一个反馈，通过 PI 调节器达到锁相目的。SPLL 原理图如图 8-25 所示。

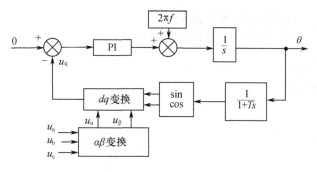

图 8-25　SPLL 原理图

8.4.2　AC/DC 变换软件编程

本例为单相 PWM 整流，采用三角波比较电流控制法。

1. 软件流程

采用 TMS320F28335 的软件总体结构由主程序、ePWM 中断服务程序、A/D 采样子程序和捕获中断服务程序组成。其中，主程序主要完成系统及所使用外设的初始化功能，以及通过查询方式发送要显示的数据等；ePWM 中断服务程序调用 A/D 采样子程序，利用三角波比较法完成占空比的更新，产生 PWM 波；A/D 采样子程序完成电网侧交流电压和直流电压的采样，直流电压的 PI 调节，电流指令值的生成与控制；捕获中断服务程序主要完成锁相和频率跟踪等。程序流程图如图 8-26 所示。

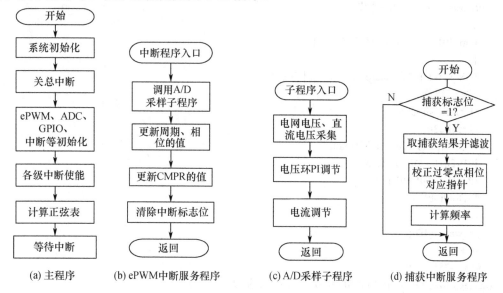

图 8-26　程序流程图

2. 软件代码

由于代码较长，本部分仅给出 ePWM 中断服务程序、A/D 采样子程序和捕获中断服务程序，其他代码请参考前面几节内容。

```
void adc_isr()
{
u1=((float)AdcRegs.ADCRESULT1)*3/65536;    //交流电流
u2=((float)AdcRegs.ADCRESULT2)*3/65536;    //直流电压
```

```c
    u1=biani*(u1-pian);      //biani 为电流变比,pian 为偏置
    u2=bian*(u2-pian);       //bian 为直流电压变比,pian 为偏置
    a1[bz]=u1;      //交流电流
    a2[bz]=u2;      //直流电压
    //直流平均值滤波+PI 调节
    sum2=sum2+u2;
        b0z1++;
        if(b0z1>=128)
        {
            b0z1=0;
            u2pj=sum2/128;
            sum2=0;
            e1=Uvalue-u2pj;      //直流电压 PI,求电流指令值
            if(e1>0.1)e1=0.1;
            if(e1<-0.1)e1=-0.1;
            e=e1-e2;
            PID=Kp*e+Ki*e1+PIDold;
            if(PID>Imax)PID=Imax;
            if(PID<1)PID=1;
            PIDold=PID;
            e2=e1;
        }
        if(close==1)      //闭环调节否?
        {
        I_m=PID;      //PI 调节传递值(0,1)
        }
        I_fx_sin=I_m*sindata[phi];      //电流指令值
        //交流 PI 调节
        e1i=I_fx_sin-u1;
        ei=e1i-e2i;
        PIDi=Kpi*ei+Kii*e1i+PIDoldi;
        if(PIDi>0.95)PIDi=0.95;
        if(PIDi<-0.95)PIDi=-0.95;
        PIDoldi=PIDi;
        e2i=e1i;
        U_want=PIDi;
        bz++;
      if(bz>=255)bz=0;
    AdcRegs.ADCTRL2.bit.RST_SEQ1=1;      //SEQ1 复位
    AdcRegs.ADCST.bit.INT_SEQ1_CLR=1;      //清除中断标志位
    PieCtrlRegs.PIEACK.all=PIEACK_GROUP1;      //清除应答位
    return;
}
interrupt void ISRepwm1(void)
{
    EPwm1Regs.TBPRD=Period1;      //根据电网频率更新周期寄存器值,实现频率跟踪
    EPwm2Regs.TBPRD=Period1;
        pp=EPwm1Regs.TBPRD>>1;
        adc_isr();
```

```
            phi++;
            if(phi>=256)phi=0;
            pwm_cnt1=(Uint16)(pp*(1-U_want));
            pwm_cnt2=(Uint16)(pp*(1-U_want));
            EPwm1Regs.CMPA.half.CMPA=pwm_cnt1;
            EPwm1Regs.CMPB=pwm_cnt1;
            EPwm2Regs.CMPA.half.CMPA=pwm_cnt2;
            EPwm2Regs.CMPB=pwm_cnt2;
            EPwm1Regs.ETSEL.bit.INTEN=1;        //使能 ePWM1 中断
            EPwm1Regs.ETCLR.bit.INT=1;        //清除标志位
            PieCtrlRegs.PIEACK.all=PIEACK_GROUP3;        //清除应答位
            EINT;
}
interrupt void ISRecap1(void)
{
        Period0=ECap1Regs.CAP1;
        Period0=Period0/1024;        //数据转换,求周期寄存器对应的值
        if(Period0>3300)        //抗干扰滤波
            {Period1=Period2;}
        elseif(Period0<2500)
            {Period1=Period2;}
        else
        {
            //求取相位,即锁相
            ph1=ph0*0.711;//0.711=256/360;
            if(ph1<0)phi=ph1+256;
            elsephi=ph1;
            Period1=Period0;
            Period2=Period1;
        }
    ECap1Regs.ECCLR.all=0xFFFF;
    ECap1Regs.ECEINT.bit.CEVT1=1;
    PieCtrlRegs.PIEACK.all=PIEACK_GROUP4;
}
```

思考与练习题

8-1 设计一个基于 Buck 变换的恒流电源,输入电压为 36V,输出电流为 3A,输出额定功率 60W,电流纹波小于 5%,PWM 频率为 10kHz,试计算电路参数,并编写程序代码。

8-2 设计一个基于 Boost 变换的稳压源,输入电压为 16～22V,输出电压为 36V,输出功率 60W,电压纹波小于 5%,PWM 频率为 20kHz。试计算电路参数,并编写程序代码。

8-3 要求输出三相交流的频率为 400Hz,输出相电压 115V,功率 1kW,谐波畸变率 THD 小于 5%,编写程序代码。

8-4 设计一个单相 AC/DC 变换,要求输入交流电压为 24V,功率 120W,直流侧电压 60V,交流侧电流谐波畸变率 THD 小于 5%,编写程序代码。

第9章 CCS集成开发环境和自动代码生成

9.1 CCS集成开发环境

CCS（Code Composer Studio）是 TI 公司推出的集成开发环境（Intergrated Development Environment，IDE）。所谓集成开发环境，就是处理器的所有开发都在一个软件里完成，包括项目管理、程序编译、代码下载、调试等。CCS 支持所有 TI 公司推出的处理器，包括 MSP430、32 位 ARM、C2000 系列 DSP 等。

下载地址可在 TI 公司官方网站中找到。本书以 CCS9.1 版本为例，介绍其使用方法。

9.1.1 CCS安装注意事项

下载完成后，安装时需注意：

① 安装包不要存放中文路径，使用中文路径后安装会报错；

② 安装前先关闭杀毒软件和安全卫士、电脑管家等安全防护软件，否则单击安装程序会出现警告提示；

③ CCS 支持 TI 公司所有的处理器，但需要用什么装什么，不要贪多。

9.1.2 创建工作区

双击 CCS 图标将其打开，欢迎界面关闭之后，将显示如图 9-1 所示对话框。单击【Browse】按钮，选择一个文件夹作为工作区，用于存储项目文件。最好别勾选【Use this as the default and do not ask again】，那样的话，要再更改工作区会不方便。然后单击【Launch】按钮，将打开 CCS 的工作界面。

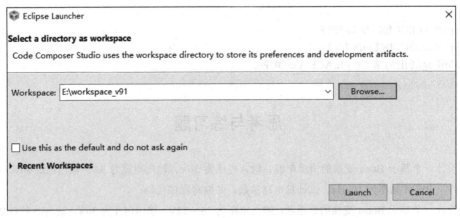

图 9-1　创建工作区

9.1.3 导入项目和编译项目

对于初学者，如果已经有创建完成的 CCS 项目，则采用导入项目的方式快速地开始工作，并且会避免项目特性设置错误和代码输入错误。导入项目有两种方式，包括导入 CCS 高版本的项目和导入 CCS3.3 版本的项目。

1. CCS 高版本项目的导入

CCS 软件有 CCS Edit 和 CCS Debug 两种模式，两种模式的界面和功能不同，可以单击按钮 和 切换模式，第一次打开软件默认为 CCS Edit 模式。

在 CCS Edit 模式视图下，单击菜单命令【Project】→【Import CCS Projects】，如图 9-2 所示。

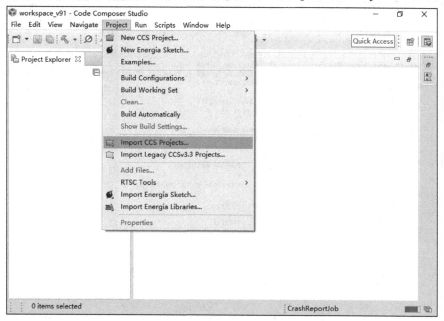

图 9-2   导入 CCS 高版本项目的菜单

弹出如图 9-3 所示对话框，单击【Browse】按钮，找到需要导入的项目文件夹，本例中文件夹为"1dsp-01-wave"，然后选中【Copy projects into workspace】，单击【Finish】按钮。如果操作过程中出现警告提示，则单击【OK】按钮忽略。

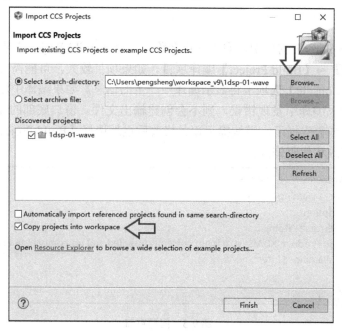

图 9-3   导入 CCS 高版本项目

2. 编译项目和特性设置

如果【Project Explorer】窗口没有打开,单击菜单命令【View】→【Project Explorer】弹出该窗口。单击项目名称将项目展开,可以看到项目中有很多文件,其中操作频率较高的是含有 void main(void)的文件 wave.c,双击【wave.c】,打开该文件于代码编辑区,如图 9-4 所示。

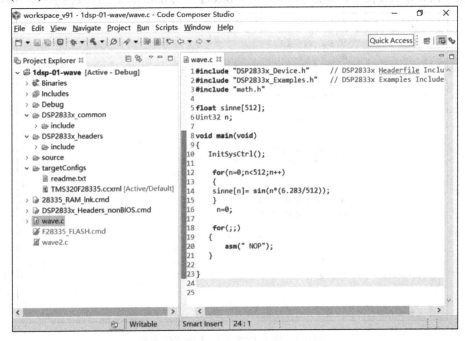

图 9-4　代码编辑区

CCS 软件中有"关联跳转"功能,该功能非常有用。在代码编辑区,按住 Ctrl+鼠标左键,可以单击跳转任意函数和外部变量的实际位置,以方便查看。单击工具栏中的 ⇦ 按钮,可以回到原代码位置。

(1)编译项目

在【Project Explorer】窗口中,右击项目名称,选择【Build Project】进行编译,或者单击菜单命令【Project】→【Build Project】编译项目。如果项目较大,可能需要花费较长时间。

窗口底部的【Console】选项卡将显示编译中产生的信息。如果编译中没有发现错误,则会创建输出文件;如果编译中发现错误,则不会创建输出文件。窗口底部的【Problems】选项卡将显示若干条错误或警告提示,需按提示逐条修改后重新选择【Build Project】,如图 9-5 所示,涉及项目的特性修改和代码修改。

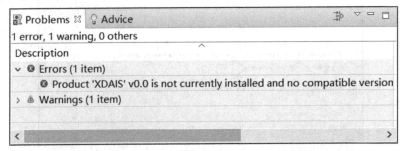

图 9-5　问题窗口

（2）特性设置

如需查看或修改项目的特性，在项目名上右击，选择【Properties】，具体操作如图 9-6 所示。

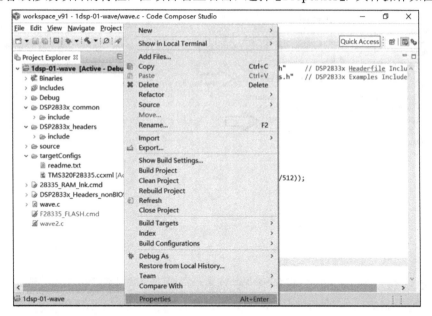

图 9-6　项目特性的菜单

① 常规特性

在弹出的窗口左侧选中【General】，其中【Project】选项卡按图 9-7 进行设置。

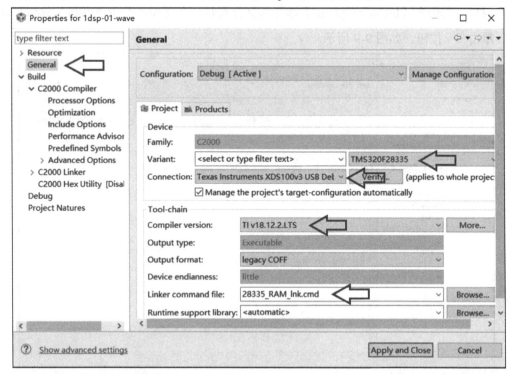

图 9-7　常规特性

在【Products】选项卡中，如果有【XDAIS】选项，并且有勾选的对号，将对号去掉，如

图 9-8 所示。

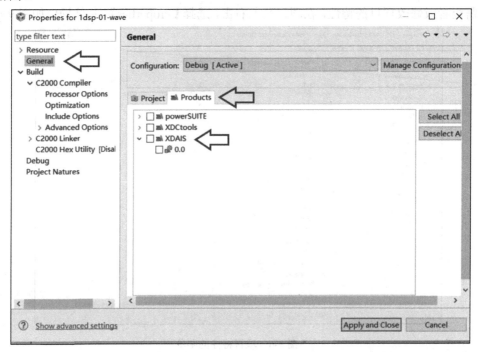

图 9-8　【Products】选项卡

② 包含选项

在窗口左侧选中【Include Options】添加头文件路径，在【Add dir to #include search path】
框中，单击 ![按钮] 按钮，如图 9-9 所示。

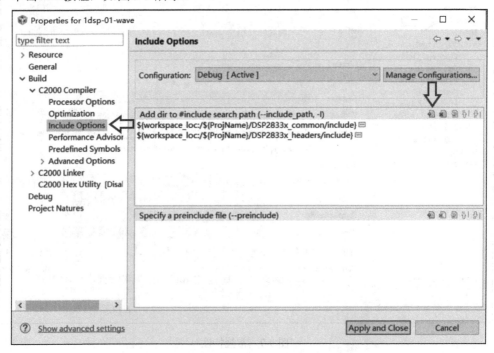

图 9-9　包含选项

在弹出的窗口中，有【Workspace】（打开项目目录）、【Variables】（打开 CCS 系统变量目录）和【Browse】（打开文件目录）3 个按钮，如图 9-10 所示。

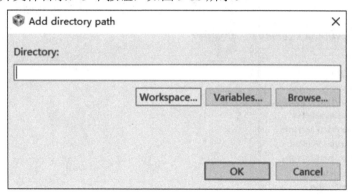

图 9-10　添加目录

如果要添加项目中的头文件，单击【Workspace】按钮，在弹出的窗口中将导入的项目展开。选中【include】文件夹，再单击【OK】按钮，即可完成添加头文件路径，如图 9-11 所示。

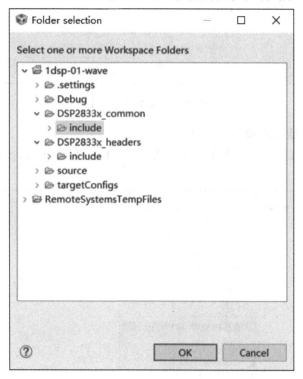

图 9-11　选择文件夹

如果要添加 CCS 自带的头文件，如 math.h，则单击【Variables】按钮，在弹出的窗口中选中【C2000_CG_ROOT】，单击【Extend】按钮。在弹出的窗口中选中【include】，再单击【OK】按钮，即可完成添加头文件路径，如图 9-12 所示。

添加完成后，在图 9-7 中单击【Apply and Close】按钮，完成设置。

特性设置完成后，右击项目名称，选择【Build Project】进行编译。

如果不需导入 CCS3.3 版本的项目和自己创建的 CCS 项目，可以直接跳到 CCS 与仿真器的连接。

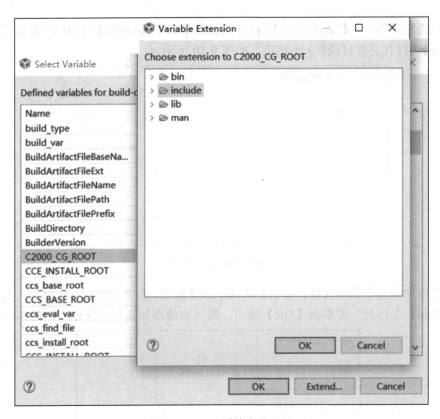

图 9-12　CCS 系统变量目录

3. 导入 CCS3.3 版本的项目

在 CCS Edit 模式视图下，单击菜单命令【Project】→【Import Legacy CCSv3.3 Projects】，如图 9-13 所示。

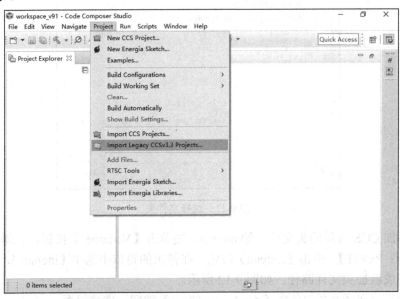

图 9-13　导入 CCS3.3 版本项目

弹出如图 9-14 所示对话框，单击【Browse】按钮，找到需要导入的项目，选中【Copy projects into workspace】，然后单击【Next】按钮。

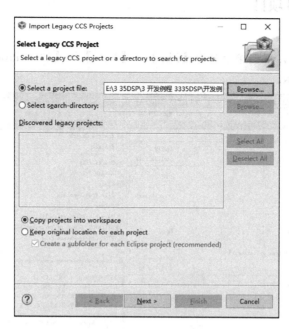

图 9-14　选择导入的项目

　　弹出如图 9-15 所示对话框，单击【Finish】按钮。如果出现警告提示，单击【OK】按钮，忽略警告，这样 CCS3.3 版本的项目就导入完成了。

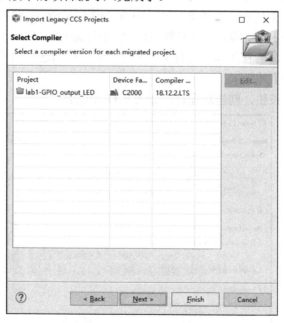

图 9-15　项目导入完成

　　参考 9.1.3 节中编译项目和特性设置的步骤，对项目的特性进行设置。特性设置完成后，右击项目名称，选择【Build Project】进行编译。

9.1.4 创建 CCS 项目

1. 创建新项目

① 如图 9-16 所示，单击菜单命令【File】→【New】→【CCS Project】，弹出创建新项目对话框，如图 9-17 所示。

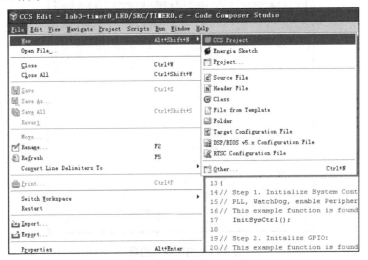

图 9-16 创建新项目的菜单

② 在【Target】列表中选择要用的芯片系列和型号：2833x Delfino 和 TMS320F28335。

③ 在【Connection】列表中选择仿真器：Texas Instruments XDS100v3 USB Debug Probe。

④ 在【Project Name】中，输入新项目的名称。将项目命名为"Sinwave"。若选中【Use default location】（默认启用），将会在工作区文件夹中创建项目。取消选中该选项，可以选择一个其他文件夹（单击【Browse】按钮）。

⑤ 单击【Finish】按钮，创建新项目，如图 9-17 所示。

图 9-17 创建新项目的设置

⑥ 要为项目创建文件，在【Project Explorer】窗口中右击项目名称，并选择【New】→【Source File】命令。在打开的文本框中，输入文件名称，其扩展名（.c、.asm等）要与源代码类型对应。单击【Finish】按钮。

⑦ 也可以向项目添加现有源文件，在【Project Explorer】窗口中右击项目名称，并选择【Add Files】，选中文件后弹出如图9-18所示对话框，可选中【Copy files】，也可以选中【Link to files】来创建文件引用，这样可以将文件保留在其原始目录中。

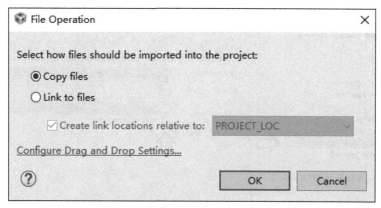

图9-18　文件操作

2．编译项目

在创建了项目并且添加或创建了所有文件之后，参考9.1.3节中编译项目和特性设置的步骤，对项目的特性进行设置。特性设置完成后，右击项目名称，选择【Build Project】进行编译。

9.1.5　仿真前硬件的连接

本书以TMS320F28335目标板和XDS100v3仿真器为例，说明仿真前硬件的连接步骤：

① 将XDS100v3仿真器连接到目标板的JTAG接口；

② 通过USB线将仿真器连接到计算机，驱动程序会自动识别安装；

③ 打开目标板的电源。

下面通过计算机中的CCS软件，使用仿真器对目标板进行仿真操作。

9.1.6　仿真的基本操作

在开始下面的工作之前，导入一个项目"2DN_01_buck"。在项目导入并通过编译、创建输出文件后，利用CCS对目标板进行仿真。单击打开该项目中的目标配置文件【TMS320F28335.ccxml】于代码编辑区，如果配置与图9-19不同，修改配置后单击【Save】按钮。

单击工具栏中的 ✷ ▼ 按钮，如果目标板供电正常，目标板、仿真器正常工作并且和计算机连接正常，则软件进入仿真模式，CCS界面发生改变。如果弹出错误提示，则依据提示信息，按前面步骤依次排除错误后，再单击 ✷ ▼ 按钮。

单击 ✷ ▼ 按钮之前，CCS软件处于CCS Edit模式，单击之后CCS软件进入CCS Debug模式。软件界面的变化有：【Project Explorer】和【Target Configurations】窗口关闭；出现【Debug】、

【Variables】和【Expressions】等窗口；菜单栏和工具栏也有一些改变，工具栏中出现下沉状态按钮，表示 CCS 软件与目标板硬件连接成功；弹出代码界面，有一箭头指向 void main(void)函数中的第一行代码，并用绿色高亮显示，如图 9-20 所示。

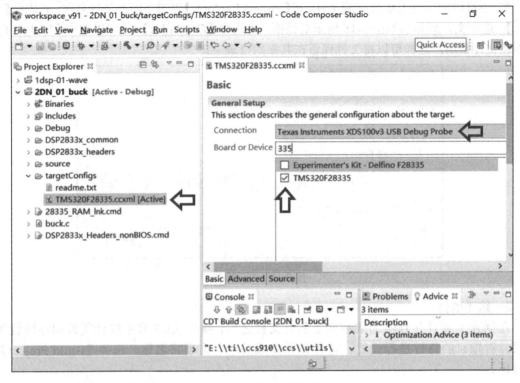

图 9-19　目标配置文件

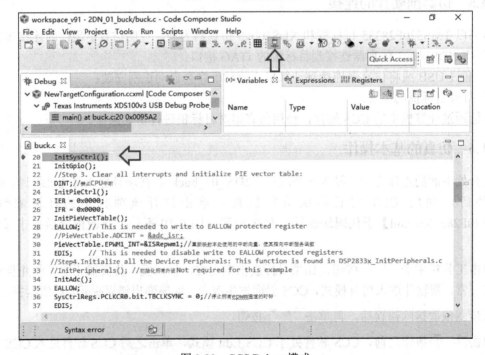

图 9-20　CCS Debug 模式

单击工具栏中的 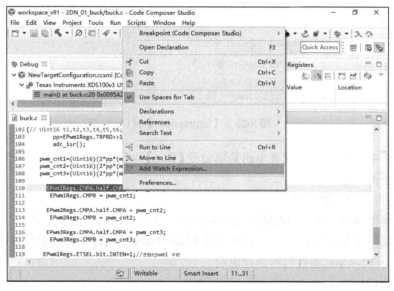按钮，或者单击菜单命令【Run】→【Resume】后，程序开始运行。如果所运行的程序有点亮 LED、显示屏或蜂鸣器响等声光效果，则可以在目标板上观察到。如果特定引脚有 PWM 波、正弦波等波形输出，可通过示波器查看。如果只是观看程序执行的效果，看完以后单击按钮 ■ 退出调试，从 CCS Debug 模式回到 CCS Edit 模式。

9.1.7 在 CCS9.1 环境下仿真调试

1. 常用的调试方法

如果需要调试程序、排除问题，则通过 CCS 使程序在受控状态下运行，同时查看变量、寄存器或内存等信息，显示程序运行的结果和现象，与预期的结果和现象进行比较，从而顺利地调试程序。

常用的调试方法有单步、执行到光标，配合观测变量和运行现象使用。单步调试按钮 ，用于单步执行程序。如需使用执行到光标功能，选择需要执行到的位置，右击选择菜单【Run to Line】，或选择菜单命令【Run】→【Run to Line】。在程序调试过程中，需要程序重新从头开始执行，不必单击退出调试按钮 ■ 后再单击 按钮，只要单击 按钮就能定位到 main()函数的开头。

观测变量有多种方法，比如用【Expressions】、【Registers】和【Memory Browser】等窗口观测变量、寄存器和内存的数值，用图形工具观察变量随时间变化的曲线。能观测到的运行现象有目标板上 LED、蜂鸣器产生的声光效果，显示器的显示状态，电机的旋转，引脚上的波形输出，以及由目标板控制产生的其他现象，其中一些现象需要借助专用的仪器查看。

2. 在观察窗口观测变量

以前面导入的项目为例继续说明观测变量的操作，在 CCS Debug 模式下，单击 按钮后，滚动鼠标滚轮，找到程序代码中的变量 EPwm1Regs.CMPA.half.CMPA，拖动光标将该变量全部选中后右击，选中【Add Watch Expression】，如图 9-21 所示。

图 9-21　添加观测变量的菜单

弹出如图 9-22 所示对话框，单击【OK】按钮。

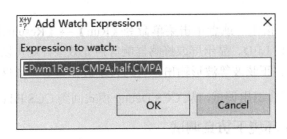

图 9-22　添加观测变量

在【Expressions】窗口中出现了变量 EPwm1Regs.CMPA.half.CMPA，该变量的数据类型、值和地址也显示出来。按此方法，将与 EPwm1Regs.CMPA.half.CMPA 关联的变量 "m" 也添加到【Expressions】窗口，单击 按钮，修改变量 "m" 的值，可以动态观察到变量在程序运行过程中的变化情况，如图 9-23 所示。

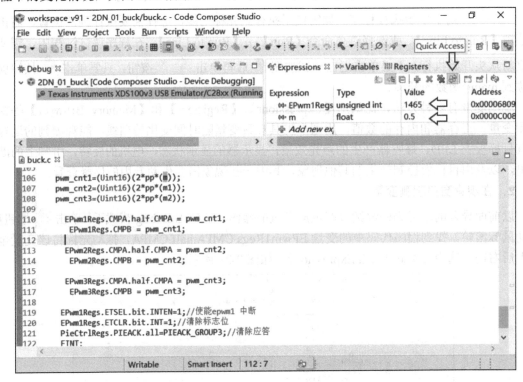

图 9-23　【Expressions】窗口

单击工具栏中的按钮 ，或者单击菜单命令【Run】→【Suspend】，程序暂停，【Expressions】窗口中的变量不再变化。

3. 利用图形工具观测变量

紧接上面操作再举一例，利用图形工具观察变量变化的曲线。由于 2DN_01_buck 项目中没有按典型曲线规律变化的变量，而之前导入的 1dsp-01-wave 项目中有按正弦规律变化的数组，所以下面以 1dsp-01-wave 项目为例进行说明。

（1）编译项目

装载之前要对该项目进行编译，有 3 种操作方法。

方法 1：单击菜单命令【View】→【Project Explorer】，切换出【Project Explorer】窗口，单

击选中项目名称"1dsp-01-wave"后，单击工具栏中的按钮 ✎ 进行编译。

方法 2：单击菜单命令【View】→【Project Explorer】，切换出【Project Explorer】窗口，右击项目名称"1dsp-01-wave"，选择【Build Project】进行编译。

方法 3：单击工具栏最右侧的按钮 ⊞ ，从 CCS Debug 模式切换到 CCS Edit 模式。在【Project Explorer】窗口中，右击项目名称"1dsp-01-wave"，选择【Build Project】进行编译。

通过编译创建输出文件后，单击工具栏最右侧的按钮 ✤ ，从 CCS Edit 模式切换到 CCS Debug 模式。

（2）装载输出文件

编译完成后，单击工具栏中的按钮 ▦ ，或者单击菜单命令【Run】→【Load】→【Load Program】，弹出如图 9-24 所示对话框。

图 9-24　装载对话框

按需选用两个按钮：【Browse project】按钮（弹出项目目录）和【Browse】按钮（弹出文件目录），常用【Browse project】按钮，单击后弹出如图 9-25 所示对话框。

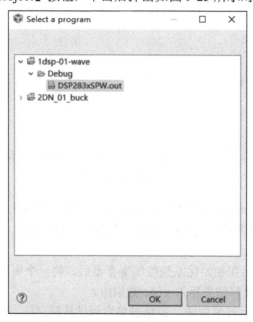

图 9-25　选择输出文件

选中【1dsp-01-wave】→【Debug】下带.out 后缀的文件 DSP283xSPW.out，然后单击【OK】按钮，出现如图 9-26 所示界面。

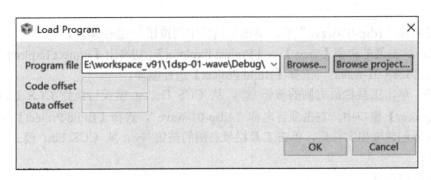

图 9-26　装载输出文件

单击【OK】按钮，完成装载后，弹出代码界面，有一箭头指向 void main(void)函数的第一行代码，并用绿色高亮显示，如图 9-27 所示。

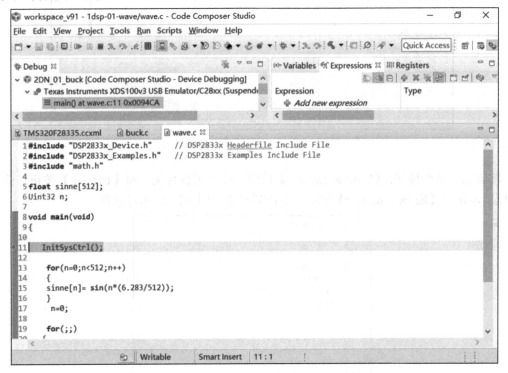

图 9-27　装载完毕

单击【Debug】、【Variables】和【Expressions】等窗口，并按住鼠标左键，将窗口拖动到如图 9-28 所示位置，能看到更多的代码和变量，在调试时更加方便。

（3）调试代码

通过代码可知，此项目在初始化系统控制寄存器后，将一个周期分为 512 步，利用库函数 sin()进行了正弦计算，将计算结果存入 sinne 数组中。

现在要待计算完成之后观察曲线，先单击单步调试按钮 ，执行几遍循环程序，观察计算结果是否正确。如果计算无误，考虑到该计算要循环执行 512 次，不能一直用单步调试，需要用【Run to Line】快速达到完成计算的目标。将光标移动到代码的 21 行并右击，在弹出的菜单中选择【Run to Line】，如图 9-29 所示，使程序执行到此行后暂停，通过图形工具观察数组曲线。或者待单步调试发现计算无误后，考虑到计算完成后程序进入下面的无限循环状态，不会再修改计算结果，可以单击 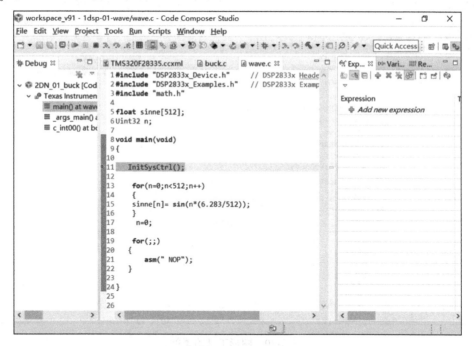 按钮，使程序进入全速执行状态，然后通过图形工具观察数组曲线。

图 9-28　调整窗口

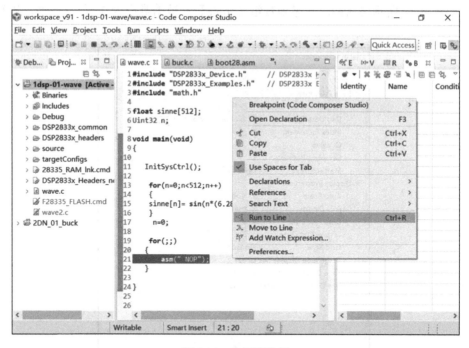

图 9-29　执行到光标

（4）使用图形工具

由于程序执行速度很高，计算工作很快就能完成，下面就观察保存于数组中的计算结果。单击菜单命令【Tools】→【Graph】→【Single Time】，如图 9-30 所示。

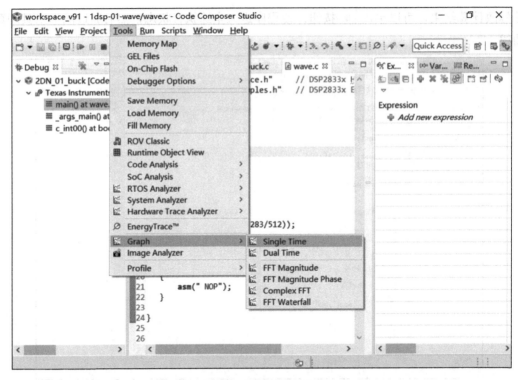

图 9-30　图形工具的菜单

　　弹出如图 9-31 所示对话框，考虑到数组【sinne】的数据类型为 32 位浮点型，进行图中所示配置。

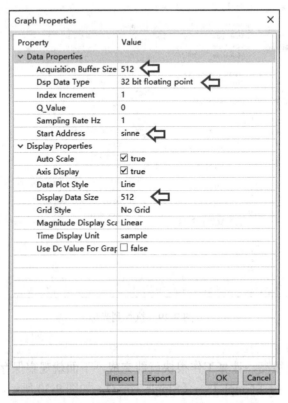

图 9-31　图形工具的特性

单击【OK】按钮，弹出【Single Time-0】窗口，如图 9-32 所示，可以看到按正弦规律变化的波形。如果数组在程序运行中不断变化，在程序运行时单击【Single Time-0】窗口中的 ⚙ 按钮，可以动态观察到波形的变化情况。

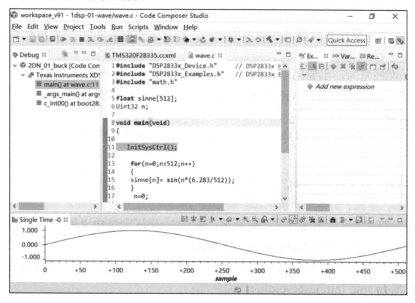

图 9-32　图形显示效果

调试结束后，单击 ■ 按钮退出调试。

9.1.8　CMD 文件简介与烧写 Flash 操作

在调试完成后，为了使目标板在脱离计算机后仍能独立运行程序，需要将输出文件烧写到芯片的 Flash 中，其中就要用到 CMD 文件。下面先简单介绍 CMD 文件的相关知识，再以"1dsp-01-wave"项目为例说明烧写过程。

1．CMD 文件简介

（1）CMD 文件的作用

CMD 文件（链接命令文件）为程序代码和数据分配存储空间。链接器的核心工作就是符号表解析和重定位，CMD 文件则使得编程者可以给链接器提供必要的指导和辅助信息。多数情况下，由于集成开发环境的存在，开发者无须了解 CMD 文件的编写，使用默认配置即可。但若需要对存储空间实行更精细化的管理，读懂 CMD 文件并能修改就显得很有必要。

（2）C 语言生成的段

段（section）是编译器生成的可重分配地址的代码块和数据块。通过段名对代码块和数据块的标识，链接器就能在链接时根据链接规则（默认规则或 CMD 文件制定）将代码块和数据块分配到指定的存储空间中。

C 语言生成的段大致分为三大类：已初始化段、未初始化段和自定义段。已初始化段含有真正的指令和数据，未初始化段只是保留变量的地址空间。已初始化段通常放在程序存储空间，未初始化段通常放在数据存储空间。

① 已初始化段

.text——存放 C 语言编译生成的汇编指令代码。

.cinit——存放初始化的全局变量和静态变量。

.econst——存放字符串常量和 const 定义的全局变量及静态变量。

.print——存放全局构造器（C++）程序列表。

.switch——存放 switch 语句产生的常数表格。

② 未初始化段

.ebss——为全局变量和局部变量保留的空间，芯片上电时，.cinit 中的数据被复制出来并存放在.ebss 中。

.stack——堆栈空间，主要用于函数传递变量或为局部变量分配空间。

.esystem——如果有宏函数（malloc），此空间会被占用。

③ 自定义段

已初始化段和未初始化段都是 TI 公司官方预先定义好的，用户还可以定义自己的段。使用如下语句：

```
#pragma CODE_SECTION(symbol,"section name");
#pragma DATA_SECTION(symbol,"section name");
```

其中，symbol 为符号，可以是函数名、变量名；section name 为自定义的段名；CODE_SECTION 用来定义代码段；DATA_SECTION 用来定义数据段。

注意：不能在函数体内声明#pragma，必须在符号被定义和使用之前声明#pragma。

例如，在函数 void InitFlash(void)的前面声明：

```
#pragma CODE_SECTION(InitFlash,"ramfuncs");
```

（3）常用伪指令

MEMORY 和 SECTIONS 是 CMD 文件中最常用的伪指令。MEMORY 伪指令用来表示实际存在目标系统中的可以使用的存储器范围，在这里每个存储空间都有自己的名字（可对照 TMS320F28335 存储空间映射图）、起始地址（origin）和长度（length）。其中，PAGE0 对应程序存储空间，PAGE1 对应数据存储空间。SECTIONS 伪指令用来描述段是如何分配到存储空间的。

（4）CMD 文件

一个项目里一般有两个 CMD 文件。仿真调试时，在 RAM 里运行程序，用的两个 CMD 文件分别为 DSP2833x_Headers_nonBIOS.cmd 和 28335_RAM_lnk.cmd，烧写到 Flash 里时用的两个 CMD 文件分别为 DSP2833x_Headers_nonBIOS.cmd 和 F28335.cmd，其中 DSP2833x_Headers_nonBIOS.cmd 文件可以在所有工程文件中通用，主要作用是把外设寄存器产生的数据段映射到对应的存储空间，可以与 DSP2833x_GlobalVariableDefs.c 文件对照来看。

一般情况下，直接用 TI 公司提供的 28335_RAM_lnk.cmd，不需要修改即可满足调试之用，模式较固定。当然，也可以用到哪块 RAM 存储空间，在 CMD 文件里做相应的分配即可。

（5）修改 CMD 文件

在开发 DSP 时，一般都是在仿真调试程序，需要把程序下载到 RAM 中。而当开发完成后，需要将程序烧写到 Flash 中。但是当程序烧写后，运行速度降低，大概降到原来 RAM 中的 70%～80%。

对 CMD 文件的处理大概分 3 种情况：①不需要把代码复制到 RAM 中、不需要外扩 RAM 时，直接用 TI 公司的 28335.cmd 即可；②需要把部分代码从 Flash 中复制到 RAM 中，如对时间敏感的延时函数 DSP2833x_usDelay.asm、在 Falsh 中不能执行操作的函数 InitFlash()等，这时 CMD 文件需要做相应的修改；③从时间开销方面考虑，需要把整个程序从 Flash 中复制到 RAM 中，这时程序及 CMD 文件要做相应的修改。下面以复制 InitFlash()为例说明。

① 在 F28335.cmd 文件中如下所示修改 ramfuncs 段，并重新命名为 F28335_Flash.cmd：

```
SECTIONS
{
    .cinit       :>FlashA      PAGE=0
    .pinit       :>FlashA      PAGE=0
    .text        :>FlashA      PAGE=0
    codestart    :>BEGIN       PAGE=0
    ramfuncs     :LOAD=FlashD,
                 RUN=RAML0,
                 LOAD_START(_RamfuncsLoadStart),
                 LOAD_END(_RamfuncsLoadEnd),
                 RUN_START(_RamfuncsRunStart),
                 PAGE=0
}
```

② 在头文件 DSP28335_GlobalPrototypes.h 中定义变量：

```
extern Uint16 RamfuncsLoadStart;
extern Uint16 RamfuncsLoadEnd;
extern Uint16 RamfuncsRunStart;
```

③ 在主函数中调用将 Flash 中的内容复制到 RAM 中的函数 memcopy()：

```
MemCopy(&RamfuncsLoadStart,&RamfuncsLoadEnd,&RamfuncsRunStart);
```

④ 在 DSP2833x_SysCtrl.c 中自定义段：

```
#pragma CODE_SECTION(InitFlash,"ramfuns");
```

2. 烧写 Flash 操作

在【Project Explorer】窗口中，"1dsp-01-wave"项目的文件结构如图 9-33 所示。

该项目中有 3 个命令文件（后缀为.cmd）：28335_RAM_lnk.cmd、DSP2833x_Headers_nonBIOS.cmd 和 F28335_FLASH.cmd，其中 F28335_FLASH.cmd 文件与前两个文件的状态不一样，图标上有斜线，表示编译项目是将其排除在外的，也可以说，其不在编译队列中。

（1）修改代码

在【Project Explorer】窗口中，在"1dsp-01-wave"项目下操作，右击【wave.c】文件名，在弹出的菜单中选择【Copy】，复制文件。

右击【1dsp-01-wave】项目名称，在弹出的菜单中选择【Paste】，在弹出的对话框中输入【wave2.c】，单击【OK】按钮，保存文件。

单击【wave2.c】打开文件，在其代码的 void main(void) 前后添加用于操作 Flash 的代码，如图 9-34 中的 wave2.c 所示。

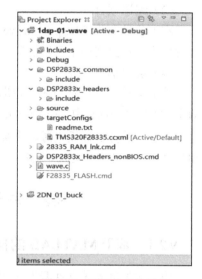

图 9-33　项目的文件结构

（2）替换文件

在【Project Explorer】窗口中，在"1dsp-01-wave"项目下操作，右击【wave.c】文件名，在弹出的菜单中选择【Exclude from Build】，将该文件从编译队列中去除。

图 9-34　修改代码

右击【28335_RAM_lnk.cmd】文件名，在弹出的菜单中选择【Exclude from Build】，将该文件从编译队列中去除。

右击【F28335_FLASH.cmd】文件名，在弹出的菜单中选择【Exclude from Build】，将该文件加入编译队列。由于之前 F28335_FLASH.cmd 不在编译队列，所以再次选择能将该文件加入编译队列。

（3）编译项目

右击项目名称"1dsp-01-wave"，选择【Build Project】进行编译。通过编译创建输出文件，此时生成的输出文件是可以烧写到 Flash 的。

（4）烧写输出文件

单击工具栏最右侧的 按钮，从 CCS Edit 模式切换到 CCS Debug 模式。在此过程中，将输出文件写入 Flash 中，在 CCS Debug 模式，仍然可以调试该项目。调试结束后，单击 按钮退出调试。关掉目标板电源，去掉仿真器后，重新打开目标板电源，此时目标板已经脱离 CCS 和仿真器，可以独立运行程序。

9.2　基于 MATLAB 的自动代码生成

9.2.1　基于 MATLAB 的自动代码生成流程

传统的控制系统软件开发过程是控制系统设计、控制系统仿真、源代码编写调试与实现，这其中最有可能出现问题的是软件实现的过程，也就是开发人员将在 MATLAB/Simulink 模块仿真后的模块编写为控制算法代码并在目标控制器中实现这一环节。为了加速软件开发过程，提高代码的可靠性，MATLAB Coder/Simulink Coder/Embedded Coder 可以将 MATLAB 代码（M 代码、MATLAB 工具箱、Simulink 模块）生成工程中常用的嵌入式或其他硬件平台的 C 或 C++

代码。该代码可以运行于实时的或非实时的微控制器和实时操作系统（RTOS），不仅支持包括 TMS320F28335 在内的 TI 公司 DSP 系列产品，同样支持 Freescale、Infineon 等各大单片机公司的产品，能够有效缩短快速原型化和硬件在回路测试周期。

在代码生成过程中,把 Simulink 模型生成 C 代码,需要调用 MATLAB Coder+Simulink Coder 的相关模块；如果希望把 Simulink 模型转换成嵌入式 C 代码,也就是可以用于单片机或 DSP 的代码,则需要借助 Embedded Coder。

自动代码生成流程如图 9-35 所示。

（1）模型解析

开发人员在 MATLAB 中搭建模型,单击【Build】按钮后,Real-time Workshop(RTW)会对模型文件进行解析和编译,生成模型描述文件,文件名为 model.rtw。

（2）代码生成

目标语言编辑器（TLC）解析生成 model.rtw 文件的模型信息,将 Simulink 模型转换成 C 或 C++代码（目标指定代码）。TLC 文件包括 3 种：系统 TLC 文件、模块 TLC 文件（对底层驱动模块的描述性文件）和功能库文件。模型转换成 C 代码的过程会调用一系列 TLC 文件。RTW 调用 TLC 文件时,会首先检查模型所在的文件夹有没有所需要的 TLC 文件,如果没有,则再到系统默认的文件夹中寻找,所以一般情况下,不要直接修改安装文件夹的 TLC 文件,而是把需要修改的文件复制到模型所在的文件夹中再进行修改。

（3）生成可执行文件

生成自定义联编文件（model.mk）,它描写了如何将源文件编译生成输出文件,其中包括模型信息、编译工具地址、库文件地址等。之后,调用编译器的 make 机制功能,把源文件、main 文件及各种库文件都编译、链接,变成目标可执行文件（.exe）,即可调用 CCS 编译器编译并下载程序到目标机中。

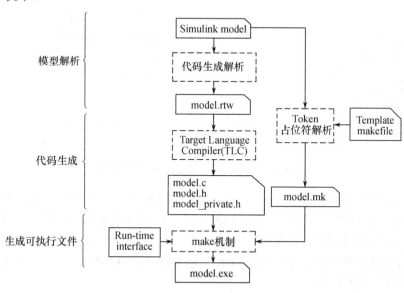

图 9-35　自动代码生成流程

9.2.2　基于 DSP 的自动代码生成技术的软件设置

在利用 MATLAB 的自动代码生成功能之前,需要首先在系统中安装 MATLAB 软件（以 2018b 为例）、Code Composer Studio（以 CCS9.2 为例）、TI controlSUITE、TI C2000Ware 等。

完成 MATLAB 安装后，需要安装其支持的 DSP 硬件包。在 MATLAB 界面中的 Environment 选项选择 Add-Ons 中的【Get Hardware Support Package】，打开硬件支持包，选择如图 9-36 所示的 Embedded Coder Support Package for Texas Instruments C2000 Processors，在弹出的界面中单击【Install】按钮，即可安装对应 C2000 系列 DSP 的支持自动代码生成的模块库。之后打开 CCS9.2，安装进行自动代码生成所需要的编译器，选择如图 9-37（a）所示的【Help】→【Install New Software】，在弹出的如图 9-37（b）所示的对话框中选择【Code Generation Tools Updates】，完成对 CCS 中自动代码生成编译器的安装。

图 9-36　MATLAB 硬件支持包

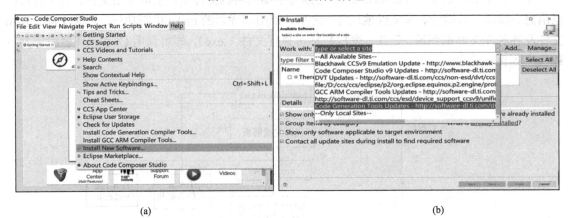

（a）　　　　　　　　　　　　　　　　　　（b）

图 9-37　CCS 自动代码生成编译器的安装

确保 CCS 相关编译器安装完成后，返回 MATLAB 软件。单击安装好的硬件支持包中的【Manage】按钮，在弹出的界面（见图 9-38）中选择 C2000 系列嵌入式代码生成支持包，并进入如图 9-39 所示的设置界面，对希望执行嵌入式代码生成的硬件进行选择，并安装或升级执行相关硬件代码生成时所需要的软件（TI controlSUITE、TI C2000Ware、CCS 编译器及涉及不同 DSP 芯片时需要的头文件）。

9.2.3　基于 MATLAB 的自动代码生成模块

完成了相关软件的安装和配置后，即可在 MATLAB/Simulink 库中找到【Embedded Coder Support Package for Texas Instruments C2000 Processors】，可看到 MATLAB 自动代码生成技术所支持的众多 C2000 系列 DSP 芯片，包括 C281x、C2833x、F2807x 等系列，如图 9-40 所示。

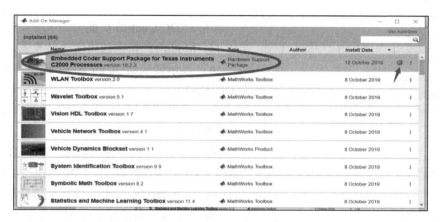

图 9-38　嵌入式代码生成管理支持包

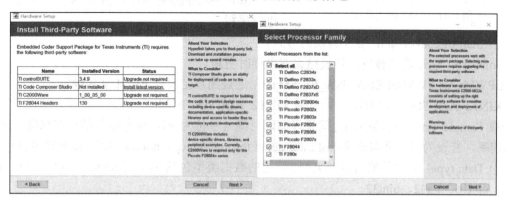

图 9-39　MATLAB 自动代码生成支持包的设置

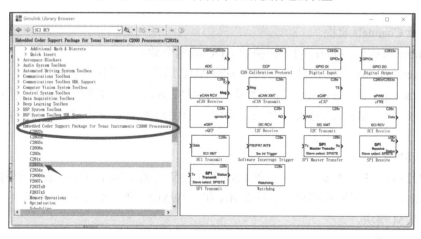

图 9-40　适用于 C2000 系列 DSP 的支持自动代码生成的模块库

本节将 C280x/C2833x 系列芯片对应的模块为例，介绍一些典型模块的用法。

1. ADC 模块

C280x/C2833x ADC 模块（见图 9-40）用来将连接到 ADC 模块输入引脚的模拟量转换为数字量，并把转换结果保存到结果寄存器中。它支持双通道模式或级联模式。在双通道模式下，转换器 A 和转换器 B 可用两个 ADC 模块进行配置。在级联模式下，转换器 A 和转换器 B 可由同一个 ADC 模块进行配置。ADC 模块的输出数据类型为 uint16，值的范围为 0~4095。该模块的设置如图 9-41 所示。

图 9-41 ADC 模块设置

（1）ADC Control 页面

① Module：指定使用哪个转换器。

A：显示转换器 A 的 ADC 通道（ADCINA0～ADCINA7）。

B：显示转换器 B 的 ADC 通道（ADCINB0～ADCINB7）。

A and B：显示转换器 A 和 B 的 ADC 通道（ADCINA0～ADCINA7，ADCINB0～ADCINB7）。

② Conversion mode：待转换信号的采样类型。

Sequential：对选中的通道连续采样。

Simultaneous：对转换器 A 和 B 的响应通道同时进行采样。

③ Start of conversion：启动转换的方式。

Software：通过软件触发，转换结果在采样时更新。

EPWMxA/EPWMxB/EPWMxA_EPWMxB：通过用户定义的 PWM 事件触发。

XINT2_ADCSOC：由外部信号引脚 XINT2_ADCSOC 控制。

④ Sample time：待转换信号的采样间隔时间（单位为 s），这也是从结果寄存器中读出数据的速率。若设为-1，并勾选【Post interrupt at the end of conversion】，则可实现异步执行。

⑤ Data type：输出数据的数据类型。可用的数据类型包括 auto、double、single、int8、uint8、int16、uint16、int32、uint32。

⑥ Post interrupt at the end of conversion：选中该复选框后，每次转换结束时都会产生一个异步中断。

（2）Input Channels 页面

① Number of conversion：用于转换的 ADC 通道个数。

② Conversion no：将每次转换与其相关的 ADC 通道一一对应。

③ Use multiple output ports：当一个以上的 ADC 通道同时存在时，可以使用多重端口输出；当一个以上的 ADC 通道同时存在，而用户未使用多重端口输出时，数据将以向量形式输出。

2．ePWM 模块

C280x/C2833x ePWM 模块用来设置 DSP 的事件管理器（Event Manager），以输出增强型脉冲编码调制波形。该模块有两路输出 EPWMA 和 EPWMB。通过配置 ePWM 模块，用户最多可使用 6 个 ePWM 模块。

（1）General 页面

ePWM 模块参数配置的 General 页面如图 9-42 所示。

① Allow use of 16 HRPWMs（for C28044）instead of 6 PWMs：若 PWM 信号分辨率过低，则启用 C28044 上的 16 路高分辨率 PWM。

② Module：指定 ePWM 模块。

③ Timer period units：定时器周期的单位，时钟周期设置为秒时，定时器周期将会进行下变频处理，寄存器类型将由 double 型变为 uint16 型。为了提高性能，应尽量选择【Clock cycles】，这样可以避免计算开销和舍入误差。

④ Specify timer period via：指定定时器周期的来源。当选择通过对话框确定时，下方的参数项为"Timer period"；当选择通过输入端口确定时，下方的参数项为"Timer initial period"，并生成一个输入端口"T"。

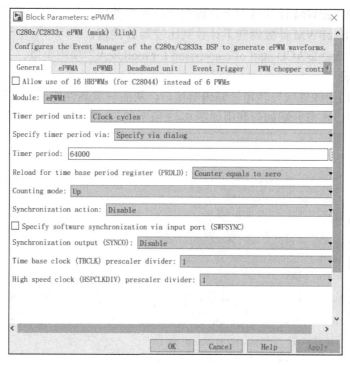

图 9-42　ePWM 模块参数配置的 General 页面

⑤ Timer period：设置 PWM 波的周期，单位由"Timer period units"项确定为时钟周期或秒。当使用"HRPWM"项时，用户可设置一个高精度的浮点值，TBPRDHR 寄存器将记录下该值。

⑥ Counting mode：设置计数模式。ePWM 模块可工作在 3 种不同的模式下：Up、Down 和 Up-Down 模式。其中，Down 模式与 HRPWM 是不兼容的。因此，为了避免出现错误，当使能 HRPWM 时，不应选用 Down 模式。

（2）Event Trigger 页面

设置通过 EPWMA 和/或 EPWMB 的输出控制 ADC 模块开始转换，其关键参数设置说明如下。

① Enable ADC start of conversion for moduleA：使能 ePWM 触发转换器 A 的 A/D 转换（默认为关闭）。

② Number of event for SOCA to be generated：使能"Enable ADC start of conversion for moduleA"项后，该项才处于有效状态，可指定触发转换器 A 的 A/D 转换开始的事件频率。

First event：每个事件都可触发 ADC 模块开始转换（默认）。

Second event：每两个事件可触发 ADC 模块开始转换。

Third event：每三个事件可触发 ADC 模块开始转换。

③ Start of conversion for moduleA event selection：选中"Enable ADC start of conversion for moduleA"项，该项用于指定触发 ADC 模块开始转换的计数器匹配条件，选项如下。

CTR=PRD：ePWM 计数器计数到周期值。

CTR=Zero or CTR=PRD：TB 计数器等于零（TBCTR=0x0000）或等于周期（TBCTR=

TBPRD）。

CTRU=CMPA：ePWM 计数器向上计数到比较器 A 的值。

CTRD=CMPA：ePWM 计数器向下计数到比较器 A 的值。

CTRU=CMPB：ePWM 计数器向上计数到比较器 B 的值。

CTRD=CMPB：ePWM 计数器向下计数到比较器 B 的值。

其余选项与"Enable ACD start of conversion for moduleA"项相类似。

3．eQEP 模块

eQEP 模块可用于线性或旋转增量编码器接口，从而获取高性能运动位置控制系统的位置、方向、速度等信息。本节介绍如何利用如图 9-43 所示的 eQEP 模块配置正交编码脉冲电路。

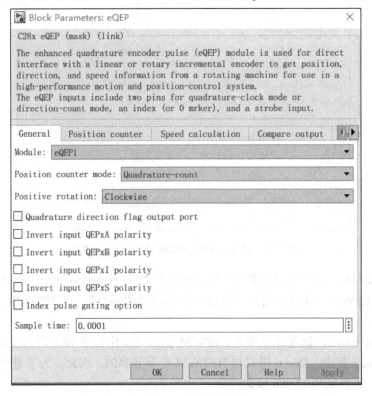

图 9-43　eQEP 模块配置界面

（1）General 页面

① Module：如果芯片上有一个以上的 eQEP 模块，选择需要配置的 eQEP 模块。

② Position counter mode：选择 eQEP 模块对输入信号的编码模式。可选项为 Quadrature-count（默认）、Direction-count、Up-count 和 Down-count。

③ Positive rotation：选择正参考方向。只有当"Position counter mode"项选择了"Quadrature-count"后，该项才会出现。可选项为 Clockwise（默认）、Counterclockwise。

④ Quadrature direction flag output port：选中该项后，生成正交模块的方向标志位输出口。只有当"Position counter mode"项选择了"Quadrature-count"后，该项才会出现。

⑤ Invert input QEPxA polarity、Invert input QEPxB polarity、Invert input QEPxI polarity、Invert input QEPxS polarity：选中上述任意一项后，对应的 eQEP 模块的输入信号极性反转。

⑥ Index pulse gating option：选通标志脉冲。

⑦ Sample time：设置采样时间（单位为 s）。

（2）Position counter 页面

① Output position counter：使能位置计数器信号（PCSOUT）的输出，该项默认为选中状态。

② Maximum position counter value：设置位置计数器的最大值。可选范围为 0～4294967295。

③ Enable set to init value on index event：使能在索引事件出现时位置计数器置初值，默认为禁用状态。

Set to init value on index event：设置上升沿或下降沿为索引事件。只有当"Enable set to init value on index event"项选中时，该项才会出现。可选项为 the Rising edge（默认）和 the Falling edge。

④ Enable set to init value on strobe event：使能在选通事件出现时位置计数器置初值，默认为禁用状态。

Set to init value on strobe event：设置上升沿或下降沿为选通事件。只有当"Enable set to init value on strobe event"项选中时，该项才会出现。可选项为 the Rising edge 默认和 the Falling edge。

⑤ Enable software initialization：使能通过软件将位置计数器置初值，默认为禁用状态。

Software initialization source：选择通过开始运行时或通过输入口设置初始值。只有当"Enable software initialization"项选中时，该项才会出现。

Initialization value：设置位置计数器的初值，可选范围为 0～4294967295，默认值为 2147483648。只有当 Enable set to init value on index event、Enable set to init value on strobe event、Enable software initialization 中的一项或一项以上选中时，该项会出现。

Position counter reset mode：选择位置计数器重置模式。可选项为 Reset on an index event（默认）、Reset on the maximum position、Reset on the first index event 和 Reset on a time unit event。

⑥ Output position counter error flag：选中该项后，可输出位置计数器的错误标志位。只有当"Position counter reset mode"项设置为"Reset on an index event"时，该项才会出现。

（3）Speed calculation 页面

① Enable eQEP capture：使能 eQEP 模块的边沿捕捉单元，该项默认为禁用状态。

② Output capture timer：选中该项后，将捕捉定时器的值输出到捕捉周期寄存器。该项默认为禁用状态。

③ Output capture period timer：选中该项后，将捕捉周期输出到捕捉周期寄存器。该项默认为禁用状态。

④ eQEP capture timer prescaler：选择 eQEP 模块捕捉定时器的预分频系数。可选项为 1、2、4、8、16、32、64 和 128（默认）。

⑤ Unit position event prescaler：选择正交时钟（QCLK）的预分频系数。可选项为 4、8、16、32、64、128、256、512、1024 和 2048（默认）。

⑥ Enable and output overflow error flag：选中该项后，当在位置事件中出现了捕捉定时器溢出事件时，将输出 eQEP 溢出错误标志。

⑦ Enable and output direction change error flag：使能并输出方向改变错误标志位。

⑧ Capture timer and position：选择锁存捕捉定时器和捕捉周期寄存器的触发事件。可选项为 On position counter read（默认）或 On unit time-out event。

⑨ Output capture timer latched value：输出 QCTMRLAT 寄存器中保存的捕捉定时器的值。

⑩ Output capture timer period latched value：输出 QCPRDLAT 寄存器中保存的捕捉定时器周期的值。

⑪ Output position counter latched value：输出 QPOSLAT 寄存器中保存的位置计数器的值。

4．SCI Receive 模块

SCI Receive 模块通过串口接收主机数据。SCI Receive 模块支持目标和其他外设间的异步串行数字通信（使用不归零码 NRZ）。对话框如图 9-44 所示。

图 9-44　SCI Receive 模块配置页面

① SCI module：选择 SCI 模块。

② Additional package header：指定数据包头部附加字符，应与单引号一同添加。该字符不属于数据包的内容，只是表明一个数据包的头部。该字符必须属于 ASCII 码表。

③ Additional package terminator：指定数据包尾部附加字符，应与单引号一同添加。该字符不属于数据包的内容，只是表明一个数据包的尾部。该字符必须属于 ASCII 码表。

④ Data type：选择输出数据的数据类型。可选项为 single、int8、uint8、int16、uint16、int32、uint32。

⑤ Data length：SCI Receive 模块接收到的数据类型（不是字节）的个数。

⑥ Initial output：设置 SCI Receive 模块的默认值。当"Action taken when connection times out"项选择"Output the last received value"，但是还没有接收到任何数据时，输出"Initial output"中的值。

⑦ Action taken when connection times out：设置连接超时时的输出值。选择"Output the last received value"时，输出最后接收到的值。若没有接收到任何值，则输出"Initial output"中指定的值；选择"Output custom value"时，在下方的"Output value when connection times out"项中指定要输出的值。

⑧ Sample time：采样时间。

⑨ Output receiving status：输出处理状态，并生成输出口"status"。

⑩ Enable receive FIFO interrupt：使能 FIFO 中断。当 FIFO 缓存满时，产生中断。

9.2.4　基于直流电机的控制系统自动代码生成

Simulink 模型中 Embedded Coder Support Package for Texas Instruments C2000 Processors 工具箱的各个模块可以直接生成嵌入式 C 代码。对于直流电机的控制问题，在构建控制算法完成仿真的基础上，在输入、输出及中断中引入 C2833x 工具箱中的模块，如图 9-45 所示。为了防止程序跑飞，将电机 PI 控制程序封装起来放在中断服务程序中，其中反馈（给定）使用工具箱的 ADC 功能，输出使用 DSP 的 ePWM 输出功能，该中断服务程序由 Interrupt 模块进行触发。添加 SCI 串口通信功能，通过 Simulink 上位机通信程序发送命令来控制电机的启动、停止及电压的给定，用给定电压值来控制电机的转速。

对于 Interrupt 模块，图 9-46 描述了其构成，其中 ADC 模块的输入为系统的反馈，来自电压霍尔传感器采样到的电压；Memory Copy 模块定义了一个全局变量 REF 来作为系统的给定，二者的误差信号送入 PI 调节器；PI 的输出为 IGBT 开关管的占空比，送给 ePWM 模块作为输出。除了 Embedded Coder Support Package for Texas Instruments C2000 Processors 工具箱提供的模块，在控制回路中还需借助 Simulink 相关模块构建 ADC scaling、PWM scaling 模块及两个子系统。

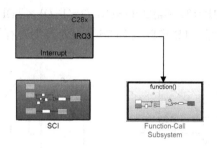

图 9-45　Simulink 代码生成主程序

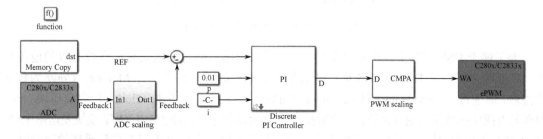

图 9-46　Interrupt 模块

如图 9-47 所示的 ADC scaling 模块为 ADC 模块。由于 TMS320F28335 的 ADC 模块的分辨率为 12 位，意味着 DSP 接收到的反馈值是一个 0～4095 的数据，而 ADC 模块引脚实际输入的是 0～3V 电压，故若想得到实际电压，需进行数据转换。其中，Gain 模块的值为 3/4096，将 ADC 模块引脚的输入值乘以 Gain 模块的值后，便得到实际输入电压；1.5 为电压霍尔传感器的偏置电压；10 为电压霍尔传感器的变比。最终输出的即为霍尔传感器的实际采样电压，并在 ADC scaling 模块后的信号线上设置全局观察变量 Feedback，用于之后的 SCI 通信。

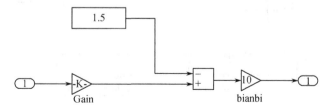

图 9-47　ADC scaling 模块

考虑到 PI 调节器输出的为占空比，而 DSP 引脚输出的信号实际为 DSP 比较寄存器的值，故引入如图 9-48 所示的 PWM scaling 模块。

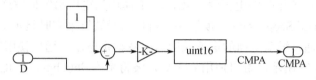

图 9-48　PWM scaling 模块

DSP 的 PWM 计数原理图如图 9-49 所示。若其计数模式为连续增减计数，令占空比 $D=\dfrac{t_{on}}{T_s}$，在连续增减计数模式下，DSP 比较寄存器的值为

$$CMP=(T_s-T_{on})/2=(1-D)T_s/2=(1-D)\times TBPRD$$

式中，CMP 为比较寄存器的值；TBPRD 设为 7500，为周期寄存器的值。PWM scaling 模块完全是按照此公式所搭建的。

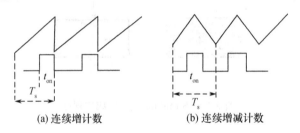

(a) 连续增计数   (b) 连续增减计数

图 9-49　DSP 的 PWM 计数原理图

为了便于 DSP 接收上位机发送来的命令，并及时给上位机发送实时运行数据以便监控和记录，在系统中搭建了 DSP 的 SCI 通信子系统，其结构如图 9-50 所示。Memory Copy 为数据传输模块，地址设为&Feedback，将 Feedback 中的值经过向下取整模块（floor）和取余模块（mod），得到具有两位小数精度的反馈值，并将数据类型改为 uint16 后，通过 SCI XMT 模块发送给上位机。SCI RCV 模块用来接收上位机发送的命令数据，然后传送给全局变量 REF 作为系统的给定值。

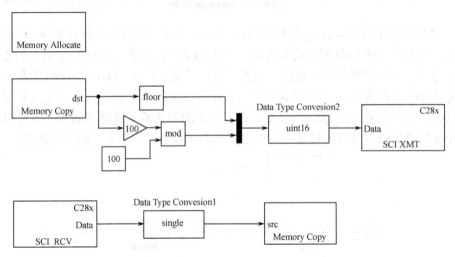

图 9-50　DSP 的 SCI 通信子系统

对应地，要在上位机设置或显示通信的信息，就需要在 MATLAB 下构建单独的上位机通信子系统，用于给 DSP 发送命令并接收数据。如图 9-51 所示。SCI RCV 模块为电压反馈值接收模块，用于接收电机工作时的电压值；SCI XMT 模块为电压给定值发送模块，用于发送给定电压的命令；Dashboard Scope 为仪表板模块，可作为示波器来实时显示给定与反馈的电压值；Slider 为滑动模块，通过滑动上面的进度条即可改变给定电压。通信使用的是 USB 转 RS-232 串口，其配置如图 9-52 所示，端口使用 COM1，波特率为 9600bps，停止位为 1，奇/偶校验方式选择 none，超时警告设置为 1s。

将上位机与 DSP 板卡连接上电后，单击工具条中的【Deploy to Hardware】选项，MATLAB 会自动连接 Code Composer Studio（CCS）完成编译工作。编译成功后，弹出代码自动生成报告，如图 9-53 所示。在报告中可查看生成的 C 代码，并自动将生成的代码下载到 DSP 板卡中。

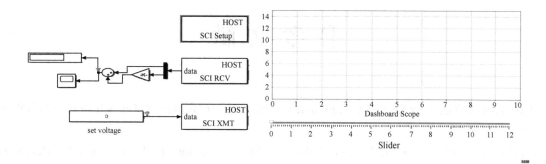

图 9-51　上位机通信子系统

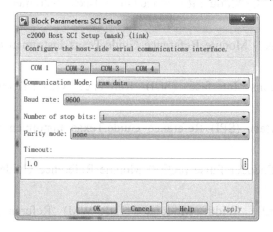

图 9-52　上位机与 DSP 通信串口配置图

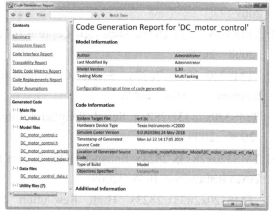

图 9-53　代码自动生成报告

　　完成上述步骤后，给定电压为直流电机的最大输入电压 12V，上位机显示电机的反馈电压（红色），如图 9-54 所示，能够完全跟踪上给定电压（黑色），达到稳态，验证了所设计控制器的控制效果。

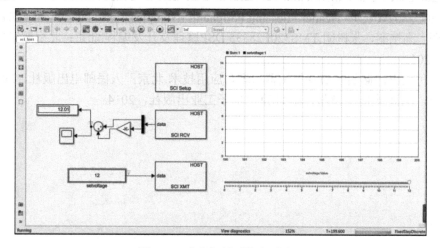

图 9-54　上位机界面的电压波形

参 考 文 献

[1] TMS320x2833x/2823x System Control and Interrupts Reference Guide.Texas Instruments,2007～2010.

[2] TMS320x2833x/2823x Enhanced Pulse Width Modulator (ePWM) Module Reference Guide.Texas Instruments, 2008～2009.

[3] TMS320x2833x Analog-to-Digital Converter (ADC) Module Reference Guide.Texas Instruments, 2007.

[4] TMS320x2833x/2823x Enhanced Capture (eCAP) Module Reference Guide.Texas Instruments, 2008～2009.

[5] TMS320x2833x/2823x Serial Communications Interface (SCI) Reference Guide.Texas Instruments, 2008～2009.

[6] TMS320x2833x/2823x Serial Peripheral Interface (SPI) Reference Guide.Texas Instruments, 2008～2009.

[7] TMS320x2833x/2823x Enhanced Quadrature Encoder Pulse (eQEP) Module Reference Guide. Texas Instruments,2008～2009.

[8] TMS320x2833x/2823x High Resolution Pulse Width Modulator (HRPWM) Reference Guide.Texas Instruments, 2008～2009.

[9] TMS320F28335, TMS320F28334, TMS320F28332,TMS320F28235, TMS320F28234, TMS320 F28232 Digital Signal Controllers (DSCs) Data Manual.Texas Instruments, 2007～2010.

[10] TMS320C28x Optimizing C/C++Compiler v6.0 User's Guide.Texas Instruments, 2011.

[11] TMS320C28xCPU and Instruction Set Reference Guide.Texas Instruments, 2001～2009.

[12] TMS320C2802xC/C++ Header Files and Peripheral Examples.Texas Instruments, 2010.

[13] 刘凌顺，高艳丽，张树团.TMS320F28335 DSP原理及开发编程.北京：北京航空航天大学出版社，2011.

[14] 姚睿，付大丰，储剑波.DSP控制器原理与应用技术.北京：人民邮电出版社，2014.

[15] 巫付专，沈虹.电能变换与控制.北京：电子工业出版社，2014.